STARK

2023

Abitur

Original-Prüfungsaufgaben
mit Lösungen

Gymnasium · Gesamtschule NRW

Mathematik LK

STARK

16. ergänzte Auflage
www.stark-verlag.de

Inhalt

Abiturprüfung 2020*

* Da die Aufgabe B4 in den Jahrgängen bis 2020 für das Abitur seit 2021 nicht mehr prüfungsrelevant ist, wird diese nicht mehr abgedruckt.

Abiturprüfung 2021

Abiturprüfung 2022

Sobald die Original-Prüfungsaufgaben 2022 freigegeben sind, können sie als PDF auf der Plattform MyStark heruntergeladen werden (Zugangscode vgl. Farbseiten vorne im Buch).

Bei MyStark finden Sie:
- **Interaktives Training** zum hilfsmittelfreien Teil A des Abiturs
- **Lernvideos** zum Einsatz Ihres GTR bzw. CAS
- **Jahrgang 2022**, sobald dieser zum Download bereit steht
- alle **Original-Prüfungsaufgaben** der Jahre **2017 bis 2022** mit Lösungen, die nicht im Buch abgedruckt sind

Ausführliche Infos inkl. Zugangscode zu MyStark finden Sie auf den Farbseiten vorne in diesem Buch.

Sitzen alle mathematischen Begriffe? Im Interaktiven Training und unter www.stark-verlag.de/mathematik-glossar/ finden Sie ein kostenloses Glossar zum schnellen Nachschlagen aller wichtigen Definitionen mitsamt hilfreicher Abbildungen und Erläuterungen.

Autorinnen und Autoren:

Georg Breitenfeld

Übungsaufgaben im Stil der Abiturprüfung – Prüfungsteil A: b, d; Prüfungsteil B: B4;
Lösungen zur Abiturprüfung 2018 – Prüfungsteil A: b, d; Prüfungsteil B: B5 (GTR/CAS);
Lösungen zur Abiturprüfung 2019 – Prüfungsteil A: b, d; Prüfungsteil B: B5 (GTR/CAS);
Lösungen zur Abiturprüfung 2020 – Prüfungsteil B: B2 (CAS), B5 (GTR/CAS);
Lösungen zur Abiturprüfung 2021 – Prüfungsteil B: B2 (CAS), B4 (GTR);
Lösungen zur Abiturprüfung 2022;
Download: 2017 – A Teilaufgabe d, B5 (GTR), B5 (CAS); 2020 – B2 (GTR); 2021 – B2 (GTR), B4 (CAS)

Herbert Kompernaß

Übungsaufgaben im Stil der Abiturprüfung – Prüfungsteil A: a, c; Prüfungsteil B: B1, B2, B3;
Lösungen zur Abiturprüfung 2018 – Prüfungsteil A: a, c; Prüfungsteil B: B1 (GTR), B2 (GTR/CAS), B3 (GTR/CAS);
Lösungen zur Abiturprüfung 2019 – Prüfungsteil A: a, c; Prüfungsteil B: B1 (GTR), B2 (CAS), B3 (GTR/CAS);
Lösungen zur Abiturprüfung 2020 – Prüfungsteil B: B1 (GTR), B3 (GTR/CAS);
Lösungen zur Abiturprüfung 2021 – Prüfungsteil B: B1 (GTR), B3 (GTR/CAS);
Lösungen zur Abiturprüfung 2022;
Download: 2017 – A Teilaufgaben a, b und c, B1 (GTR), B1 (CAS), B2 (GTR), B2 (CAS), B3 (GTR/CAS); 2018 – B1 (CAS); 2019 – B1 (CAS), B2 (GTR); 2020 – B1 (CAS); 2021 – B1 (CAS)

Kristin Menke

Lösungen zur Abiturprüfung 2020 – Prüfungsteil A;
Lösungen zur Abiturprüfung 2021 – Prüfungsteil A: A3, Prüfungsteil B: B5 (GTR/CAS);
Lösungen zur Abiturprüfung 2022;
Download: 2021 – A1, A2

Vorwort

Liebe Schülerin, lieber Schüler,

Sie haben Mathematik in Nordrhein-Westfalen als Leistungskurs belegt und planen, in diesem Fach Ihr Abitur abzulegen. Mit diesem Buch helfen wir Ihnen, sich effektiv auf das **Zentralabitur 2023** vorzubereiten:

- Sie erhalten im ersten Teil des Buches viele Informationen zur **gezielten Vorbereitung auf die Abiturprüfung**. Dazu gehören u. a. eine Aufstellung der für die Prüfung 2023 relevanten inhaltlichen Schwerpunkte und Fokussierungen, Hinweise zum Ablauf der Prüfung sowie alles Wissenswerte zur Struktur und zu den Anforderungen der Prüfungsaufgaben.
- Sie finden darüber hinaus zahlreiche **praktische Hinweise**, die Ihnen sowohl bei der Vorbereitung auf das Abitur als auch während der Prüfung dazu verhelfen, Prüfungsaufgaben gut zu lösen.
- Das Buch enthält **Übungsaufgaben** im Stil der schriftlichen Abiturprüfung sowie die vom Ministerium für Schule und Bildung des Landes Nordrhein-Westfalen gestellten **Original-Abituraufgaben 2018 bis 2022**.
- Zu sämtlichen Aufgaben wurden von unseren Autoren **vollständige, kommentierte Lösungsvorschläge** sowie separate **Hinweise und Tipps zum Lösungsansatz** ausgearbeitet, die Ihnen das selbstständige Lösen der Aufgaben erleichtern.
- Zudem ist dieses Buch ein **ActiveBook** – das bedeutet, Sie erhalten zusätzliches Übungsmaterial **online bei MyStark**:
  - **Interaktives Training** zum hilfsmittelfreien Teil A
  - **Lernvideos** zum Einsatz Ihres GTR bzw. CAS
  - **Jahrgang 2022**, sobald dieser zum Download bereit steht
  - **Original-Abituraufgaben** der Jahre **2017 bis 2022**, die nicht im Buch abgedruckt sind

  Ausführliche Infos dazu inkl. Zugangscode zu MyStark finden Sie auf den Farbseiten vorne in diesem Buch.

Sollten nach Erscheinen dieses Bandes noch wichtige Änderungen in der Abiturprüfung 2023 vom Schulministerium bekannt gegeben werden, finden Sie aktuelle Informationen dazu ebenfalls bei MyStark.

Wir wünschen Ihnen viel Erfolg bei der Abiturprüfung!

Ihr Stark Verlag

Stichwortverzeichnis 2018–2021

Folgende Abkürzungen wurden zur Kennzeichnung der einzelnen Aufgaben gewählt:

Ü/A c	**Ü**bungsaufgabe, Aufgabe **A**, Teilaufgabe **c**
19/B1 a (1)	Abiturprüfung 20**19**, Aufgabe **B1**, Teilaufgabe **a (1)**

I. Analysis

Aufgaben ohne Hilfsmittel

Aufgaben mit CAS

Aufgaben mit GTR

II. Analytische Geometrie

Aufgaben ohne Hilfsmittel

Aufgaben mit CAS / GTR

III. Stochastik

Aufgaben ohne Hilfsmittel

Aufgaben mit CAS/GTR

Hinweise und Tipps zum Abitur 2023

1 Ablauf der Prüfung

Die zentrale schriftliche Abiturprüfung

In Nordrhein-Westfalen gibt es im Fach Mathematik zentrale schriftliche Abiturprüfungen. Die Aufgaben werden im Auftrag des Ministeriums für Schule und Bildung erstellt. Grundlage für die zentral gestellten Aufgaben der schriftlichen Abiturprüfung sind die verbindlichen Vorgaben der Kernlehrpläne für die gymnasiale Oberstufe.
Die schriftliche Abiturprüfung in Mathematik besteht aus einem **Prüfungsteil A**, der **hilfsmittelfrei** zu bearbeitende Aufgaben umfasst, und einem **Prüfungsteil B**, bestehend aus Aufgaben mit realitätsnahem Kontext und innermathematischen Argumentationsaufgaben **mit Hilfsmitteln**.
Seit dem Abitur 2021 haben sich die zeitlichen Vorgaben für die Bearbeitung geändert. Die Aufgaben der früheren Abiturprüfungen sind inhaltlich (allerdings nicht unbedingt vom Umfang her) als Übungsmaterial weiterhin gut geeignet.

Aufbau der Prüfungsaufgaben

Die schriftliche Abiturprüfung für den Leistungskurs gliedert sich in zwei Prüfungsteile:

- Für den **Prüfungsteil A** erhält die Schule einen Satz **hilfsmittelfrei** zu bearbeitender Aufgaben, die grundlegende mathematische Kompetenzen abfragen. Diese sind verbindlich zu bearbeiten, d. h., es findet keine Auswahl durch die Fachlehrkraft statt. Die Aufgaben können aus allen Inhaltsfeldern (Analysis, Analytische Geometrie/Lineare Algebra und Stochastik) und deren Verknüpfungen sein. Beim Lösen der Aufgaben darf **kein Taschenrechner** und **keine Formelsammlung** verwendet werden.
- Für den **Prüfungsteil B** erhält die Schule zwei Aufgabensätze – einen GTR-Aufgabensatz und einen CAS-Aufgabensatz. Jeder Aufgabensatz beinhaltet 2 Analysisaufgaben, 1 Aufgabe zur Vektoriellen Geometrie und 1 Stochastikaufgabe.
  Die **Fachlehrkraft** stellt aus einem der beiden Aufgabensätze (GTR oder CAS) die Aufgaben für den Prüfungsteil B nach folgenden Vorgaben zusammen:
  Der Prüfungsteil B wird aus **3 Aufgaben** gebildet, wobei eine **Analysisaufgabe**, die Aufgabe zur **Vektoriellen Geometrie** und die **Stochastikaufgabe** zu wählen sind.
  Zugelassene **Hilfsmittel** für den Prüfungsteil B:
  - GTR (grafikfähiger Taschenrechner) **oder** CAS (Computer-Algebra-System)
  - Mathematische Formelsammlung
  - Deutsches Wörterbuch

Dauer der Prüfung

Für die Bearbeitung stehen Ihnen im Leistungskurs insgesamt **270 Minuten** zur Verfügung. Dabei beträgt die Arbeitszeit für den Prüfungsteil A, der von Ihnen zu Beginn der Prüfung bearbeitet wird, maximal 70 Minuten. Sobald Sie mit dem Prüfungsteil A fertig sind, können Sie Ihre Ausarbeitungen bei der Aufsicht führenden Lehrkraft abgeben. Sie erhalten dann die Aufgaben des Prüfungsteils B, einschließlich der zugelassenen Hilfsmittel. Sollten Sie den Prüfungsteil A schneller bearbeiten können, dürfen Sie auch schon früher mit dem Prüfungsteil B beginnen. Sie haben dann für diesen entsprechend mehr Zeit.

2 Inhaltliche Schwerpunkte und Fokussierungen 2023

Die inhaltlichen **Schwerpunkte und Fokussierungen** für den **Leistungskurs** Mathematik in der **Abiturprüfung 2023** sind folgende:

Schwerpunkte und Fokussierungen	Beispiele
Funktionen und Analysis	
• Funktionen als mathematische Modelle	2018 – Aufgabe B1 (GTR)
• Fortführung der Differenzialrechnung	
– Behandlung von ganzrationalen Funktionen, natürlicher Exponential- und Logarithmusfunktion und deren Verknüpfungen bzw. Verkettungen mit Untersuchung von Eigenschaften in Abhängigkeit von Parametern	2021 – Aufgabe B1 (GTR)
– notwendige Ableitungsregeln (Produkt-, Kettenregel)	2019 – Aufgabe A, Teilaufgabe a
• Grundverständnis des Integralbegriffs	2018 – Aufgabe A, Teilaufgabe c
• Integralrechnung	2019 – Aufgabe A, Teilaufgabe b
Analytische Geometrie und Lineare Algebra	
• lineare Gleichungssysteme	2020 – Aufgabe B3 (GTR/CAS), Teilaufgabe c (2)
• Darstellung und Untersuchung geometrischer Objekte	2019 – Aufgabe B3 (GTR/CAS)
• Lagebeziehungen und Abstände	2019 – Aufgabe B3 (GTR/CAS)
• Skalarprodukt	2018 – Aufgabe A, Teilaufgabe a

Stochastik	
• Kenngrößen von Wahrscheinlichkeitsverteilungen	2018 – Aufgabe A, Teilaufgabe d
• Binomialverteilung und Normalverteilung	2019 – Aufgabe B5 (GTR/CAS)
• Testen von Hypothesen	2018 – Aufgabe B5 (GTR/CAS)

3 Leistungsanforderung und Bewertung

Im Leistungskurs beläuft sich die Höchstpunktzahl für den Prüfungsteil A (ohne Hilfsmittel) auf 30 Punkte und für den Prüfungsteil B (mit Hilfsmitteln) auf 90 Punkte (Analysis 40 Punkte, Vektorielle Geometrie und Stochastik jeweils 25 Punkte).

Die Bewertung der Klausuraufgaben erfolgt auf der Grundlage eines der Aufgabenstellung beigefügten Bewertungsschemas. Darin sind Teilleistungen ausgewiesen, die die mit der jeweiligen Aufgabe verbundenen Anforderungen aufschlüsseln. Das Bewertungsschema ist Grundlage der Beurteilung. Von der Modelllösung abweichende Lösungen werden entsprechend bewertet, die für die Aufgabenstellung vorgesehene Höchstpunktzahl kann aber nicht überschritten werden. Ferner können nur ganze Punktzahlen vergeben werden. Ausschlaggebend ist hier die fachliche Richtigkeit und Vollständigkeit.

Ein weiteres wichtiges Bewertungskriterium ist die Darstellungsleistung, in welche der richtige Einsatz der Fachsprache und die Strukturiertheit der Ausführungen einfließen. Die Bewertung der Darstellungsleistung wird in die Bewertung der inhaltlichen Leistungen integriert. Punktabzug aufgrund von gehäuften Verstößen gegen die sprachliche Richtigkeit (Rechtschreibung und Grammatik) kann im Anschluss an die Bewertung der inhaltlichen Leistungen erfolgen.

4 Operatoren und Anwendungsbereiche

Bei der Formulierung der zentralen Prüfungsaufgaben werden sogenannte **Operatoren** verwendet, die sicherstellen sollen, dass alle Schüler*innen und Lehrer*innen unter einer bestimmten Aufgabenstellung das Gleiche verstehen. Damit Sie die Aufgabenstellungen korrekt erfassen können, ist es sehr zu empfehlen, sich mit diesen Operatoren auseinanderzusetzen. Im Folgenden finden Sie eine vollständige Liste dieser Operatoren.
Es können auch Operatoren verwendet werden, die nicht in dieser Liste enthalten sind, wenn davon auszugehen ist, dass die jeweilige Aufgabe im Sinne der Aufgabenstellung bearbeitet werden kann. Beispiele hierfür sind: herleiten, ordnen, prüfen, vergleichen, darstellen.
Die Operatoren können durch Zusätze (wie „rechnerisch“ oder „grafisch“) konkretisiert werden.

Operator	Definition	Beispiel
angeben, nennen	Objekte, Sachverhalte, Begriffe, Daten ohne nähere Erläuterungen, Begründungen und ohne Darstellung von Lösungsansätzen oder Lösungswegen aufzählen.	2019 – Aufgabe A, Teilaufgabe c (1)
begründen, nachweisen, zeigen	Aussagen oder Sachverhalte durch Gesetzmäßigkeiten bzw. kausale Zusammenhänge bestätigen. Die Art des Vorgehens, die frei wählbar ist, dokumentieren.	2019 – Aufgabe B3 (GTR/CAS), Teilaufgabe h
berechnen	Ergebnisse mit Darstellung von Ansatz und Berechnung gewinnen.	2019 – Aufgabe A, Teilaufgabe b (1)
bestimmen, ermitteln	Zusammenhänge bzw. Lösungswege aufzeigen, das Vorgehen darstellen und die Ergebnisse formulieren.	2018 – Aufgabe B3 (GTR/CAS), Teilaufgabe b (2)
beurteilen	Zu Sachverhalten ein selbstständiges Urteil unter Verwendung von Fachwissen und Fachmethoden formulieren und begründen.	2019 – Aufgabe B5 (GTR/CAS), Teilaufgabe c (4)
entscheiden	Sich bei Alternativen eindeutig auf eine Möglichkeit festlegen, eine Begründung ist nicht erforderlich (sofern sie nicht durch einen ergänzenden Operator gefordert wird).	2019 – Aufgabe B2 (CAS), Teilaufgabe a (1)
erläutern	Sachverhalte verständlich und nachvollziehbar machen und in Zusammenhänge einordnen.	2018 – Aufgabe B3 (GTR/CAS), Teilaufgabe a
grafisch darstellen, zeichnen	Hinreichend exakte grafische Darstellungen von Objekten oder Daten anfertigen.	2021 – Aufgabe B2 (CAS), Teilaufgabe a (1)
deuten, interpretieren	Zusammenhänge bzw. Ergebnisse begründet auf gegebene Fragestellungen beziehen.	2019 – Aufgabe B1 (GTR), Teilaufgabe b (1)
untersuchen	Sachverhalte, Probleme, Fragestellungen nach bestimmten, fachlich üblichen bzw. sinnvollen Kriterien bearbeiten und das Vorgehen darstellen.	2021 – Aufgabe B1 (GTR), Teilaufgabe a (3)
skizzieren	Wesentliche Eigenschaften von Sachverhalten oder Objekten grafisch darstellen (auch Freihandskizzen möglich).	2021 – Aufgabe A3, Teilaufgabe c (2)

5 Methodische Hinweise und allgemeine Tipps zur schriftlichen Prüfung

Vorbereitung

- Bereiten Sie sich **langfristig** (spätestens ab Januar) auf die Abiturprüfung vor und fertigen Sie sich eine Übersicht über die von Ihnen bereits bearbeiteten Themen, Inhalte und Verfahren an. Teilen Sie die Inhalte in sinnvolle Teilbereiche ein und legen Sie fest, bis wann Sie welche Teilbereiche bearbeitet haben wollen.
  Es ist zweckmäßig, alle schriftlichen Bearbeitungen dieser Aufgaben übersichtlich aufzubewahren, das erleichtert spätere Wiederholungen.
- Benutzen Sie zur Prüfungsvorbereitung neben diesem Übungsbuch Ihre **Unterrichtsaufzeichnungen** und das Lehrbuch.
- Verwenden Sie während der Prüfungsvorbereitung grundsätzlich die **Hilfsmittel**, die auch in der Prüfung zugelassen sind. Prägen Sie sich wichtige Seiten in Ihrer Formelsammlung ein und nutzen Sie Ihren Taschenrechner mit allen Funktionen.
- Oft ist der Zeitfaktor ein großes Problem. Testen Sie, ob Sie eine Aufgabe in der dafür vorgegebenen Zeit allein lösen können. **Simulieren Sie selbst eine Prüfungssituation.**
- Gehen Sie optimistisch in die Prüfung. Wer sich gut vorbereitet hat, braucht sich keine Sorgen zu machen.

Bearbeitung der Prüfung

- Es ist hilfreich, wenn Sie bei der Analyse der Aufgabenstellungen wichtige Angaben oder Informationen (z. B. gegebene Größen, Lösungshinweise) **farbig markieren**.
- Um den Lösungsansatz zu einer Aufgabe zu finden oder die gegebene Problemstellung zu veranschaulichen, kann das **Anfertigen einer Skizze** nützlich sein.
- Beachten Sie, dass in manchen Teilaufgaben „**Zwischenlösungen**" angegeben sind, die Ihnen als Kontrolle dienen bzw. mit denen Sie weiterarbeiten können.
- Falls Sie mit einer Aufgabe gar nicht weiterkommen, so halten Sie sich nicht zu lange daran auf. Versuchen Sie, mit der nächsten Teilaufgabe oder mit einer Aufgabe aus einem anderen Schwerpunkt weiterzumachen. Wenn Sie die anderen Aufgaben bearbeitet haben, kommen Sie nochmals auf die angefangene Aufgabe zurück und versuchen Sie in Ruhe, eine Lösung zu finden.
- Achten Sie auf die **sprachliche Richtigkeit** und eine **saubere äußere Form** Ihrer Lösungen.

Lösungsplan

Aufgrund des Umfangs und der Komplexität von Aufgaben auf Abiturniveau empfiehlt es sich, beim Lösen systematisch zu arbeiten. Folgende Vorgehensweise hilft Ihnen dabei:

Schritt 1:
Nehmen Sie sich ausreichend Zeit zum **Analysieren** der Aufgabenstellung. Stellen Sie fest, zu welchem Themenbereich die Aufgabe gehört. Sammeln Sie alle Informationen, welche direkt gegeben sind, und achten Sie darauf, ob evtl. versteckte Informationen enthalten sind.

Schritt 2:
Markieren Sie die **Operatoren** in der Aufgabenstellung. Diese geben an, was in der Aufgabe von Ihnen verlangt wird, insbesondere auch, ob und in welcher Form der Taschenrechner verwendet werden darf. Vergegenwärtigen Sie sich die Bedeutung der verwendeten Fachbegriffe.

Schritt 3:
Versuchen Sie, den Sachverhalt zu veranschaulichen. Fertigen Sie gegebenenfalls mithilfe der Angaben und Zwischenergebnisse aus vorherigen Teilaufgaben eine **Skizze** an.

Schritt 4:
Erarbeiten Sie nun schrittweise den **Lösungsplan**, um aus den gegebenen Größen die gesuchte Größe zu erhalten. Notieren Sie sich, welche Einzel- bzw. Zwischenschritte auf dem Lösungsweg notwendig sind. Prinzipiell haben Sie zwei Möglichkeiten, oft hilft auch eine Kombination beider Vorgehensweisen:

- Sie gehen vom Gegebenen aus und versuchen, das Gesuchte zu erschließen.
- Sie gehen von dem Gesuchten aus und überlegen „rückwärts", wie Sie zur Ausgangssituation kommen.

Bei diesem Schritt wird dann sukzessive die **Lösung dargestellt**.

Schritt 5:
Suchen Sie nach geeigneten Möglichkeiten, das Endergebnis zu **kontrollieren**. Oftmals sind bereits Überschlagsrechnungen, Punktproben oder Grobskizzen ausreichend.

Anhand der folgenden **Beispielaufgabe** werden diese Schritte veranschaulicht:

Gegeben ist eine Schar von Funktionen f_k durch die Gleichung $f_k(x) = kx^3 + 4x^2$ mit $k \in \mathbb{R} \setminus \{0\}$. Der Graph von f_k sei G_k.

a) Untersuchen Sie rechnerisch G_k auf Extrempunkte.

b) Zeigen Sie: Die Stammfunktion der Schar ist

$$F_k(x) = \frac{k}{4}x^4 + \frac{4}{3}x^3.$$

Berechnen Sie für $k = -1$ die Fläche, die G_k mit der x-Achse einschließt.

Lösungsvorschlag für Teilaufgabe a:

Schritt 1:

- Themenbereich: Kurvendiskussion einer Funktionenschar
- Der Funktionsterm weist einen Parameter k auf. Dieser Parameter bereitet jedoch beim Rechnen keine Probleme, solange er nicht im Nenner, unter einer Wurzel usw. steht. Er wird ganz normal wie eine Zahl behandelt.
- Der Definitionsbereich ist nicht angegeben, daher wird $\mathbb{R}$ als der größtmögliche angenommen.

Schritt 2:

- Der Operator „Untersuchen Sie rechnerisch" bedeutet, mögliche Eigenschaften festzustellen und anzugeben.
- Unter Extrempunkten versteht man Hoch- oder Tiefpunkte.

Schritt 3:

Veranschaulichen Sie im Grafikfenster Ihres Taschenrechners die Graphen der Funktionenschar, indem Sie den Parameter der Funktion mithilfe eines Schiebereglers variieren oder indem Sie für den Parameter geeignete Zahlen einsetzen und die Graphen zeichnen lassen.

Schritt 4:

Ausgehend von der gegebenen Funktionenschar werden mögliche Extremstellen berechnet und damit Art und Lage der Extrempunkte bestimmt:

- f_k ist ein Polynom und lässt sich trotz Parameter leicht ableiten (Summenregel, Faktorregel, Potenzregel):

  $$f_k'(x) = 3kx^2 + 8x$$

  Die Nullstellen der Ableitung sind mögliche Extremstellen:

  $$3kx^2 + 8x = x \cdot (3kx + 8) = 0 \overset{k \neq 0}{\Leftrightarrow} x = 0 \vee x = -\frac{8}{3k}$$

- Ob tatsächlich Extremstellen vorliegen, lässt sich durch Einsetzen in die zweite Ableitung überprüfen:

  $$f_k''(x) = 6kx + 8$$

  $$f_k''(0) = 8 > 0 \Rightarrow \text{Minimum bei } x = 0$$

  $$f_k''\left(-\frac{8}{3k}\right) = 6k\left(-\frac{8}{3k}\right) + 8 = -8 < 0 \Rightarrow \text{Maximum bei } x = -\frac{8}{3k}$$

- Um die Lage angeben zu können, braucht man noch die y-Koordinate. Dazu werden die Extremstellen in den Funktionsterm f_k eingesetzt:

  $$f_k(0) = 0$$

  $$f_k\left(-\frac{8}{3k}\right) = k\left(-\frac{8}{3k}\right)^3 + 4\left(-\frac{8}{3k}\right)^2 = -\frac{512}{27k^2} + \frac{256 \cdot 3}{3 \cdot 9k^2} = \frac{256}{27k^2}$$

- Ergebnis:

  $$\text{Tiefpunkt } (0\,|\,0) \text{ und Hochpunkt } \left(-\frac{8}{3k}\,\middle|\,\frac{256}{27k^2}\right)$$

Schritt 5:
Um das Ergebnis zu überprüfen, könnte man die Funktion f_k für ein gewähltes k skizzieren. Ablesen der Extrempunkte aus dem Graphen ermöglicht einen Vergleich mit den berechneten Punkten.

Lösungsvorschlag für Teilaufgabe b:

Schritt 1:
- Themenbereich: Flächenberechnung mithilfe eines Integrals
- Es sind die Funktion, die Stammfunktion und der Parameterwert $k=-1$ gegeben. Weiter ist implizit gegeben, dass die Funktion mindestens zwei verschiedene Nullstellen hat, weil der Graph eine Fläche mit der x-Achse einschließt.

Schritt 2:
- Der erste Operator ist „Zeigen Sie“; das bedeutet, dass Sie die Aussage mithilfe von Berechnungen bestätigen sollen. Die Funktion und die zugehörige Stammfunktion sind dabei gegeben.
- Um zu zeigen, dass F(x) eine Stammfunktion von f(x) ist, kann entweder f(x) integriert oder F(x) abgeleitet werden. Es muss dann $F'(x)=f(x)$ gelten. Da das Bilden der Ableitung leichter ist, als die Funktion zu integrieren, bietet es sich hier an, die Stammfunktion abzuleiten.

$$F(x)=\frac{k}{4}x^4+\frac{4}{3}x^3$$

$$F'(x)=kx^3+4x^2 \quad \Rightarrow \quad F'(x)=f(x)$$

- Der zweite Operator in der Aufgabe ist „Berechnen Sie“; das bedeutet, dass Sie das Ergebnis durch Berechnungen erzielen sollen.

Schritt 3:
Nutzen Sie die Lage des Hochpunkts und die Vorgabe $k=-1$, um den Graphen zu skizzieren.

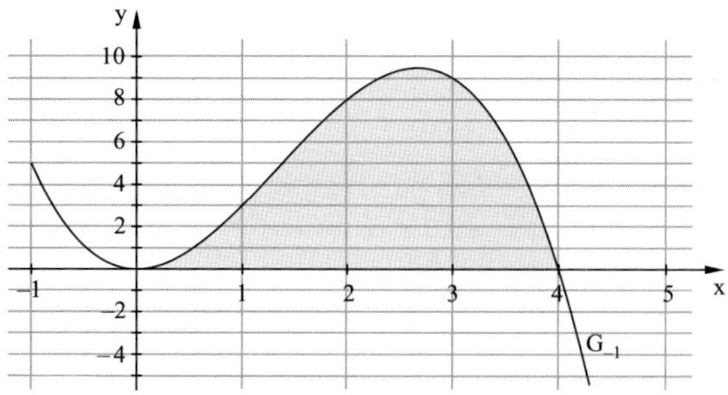

Schritt 4: Vom Gegebenen zum Gesuchten
Wie Sie an der Lösungsskizze erkennen, brauchen Sie für die Bestimmung der Fläche die beiden Nullstellen:

$$-x^3+4x^2=0 \quad \Leftrightarrow \quad x^2(-x+4)=0 \quad \Leftrightarrow \quad x_1=0 \;\vee\; x_2=4$$

Für die Berechnung der Fläche benötigen Sie die Stammfunktion der Funktion, die angegeben ist:

$$\int_0^4 f(x)\,dx = [F(x)]_0^4 = \left[-\frac{1}{4}x^4 + \frac{4}{3}x^3\right]_0^4 = -\frac{256}{4} + \frac{256}{3} = \frac{256}{12} = \frac{64}{3}$$

Schritt 4: Vom Gesuchten zum Gegebenen

Um die gesuchte Fläche zu berechnen, benötigen Sie die Stammfunktion der Funktion, die angegeben ist:

$$\int_{x_1}^{x_2} f(x)\,dx = [F(x)]_{x_1}^{x_2} = \left[-\frac{1}{4}x^4 + \frac{4}{3}x^3\right]_{x_1}^{x_2}$$

Für die Berechnung des Integrals benötigen Sie die Integralgrenzen. Diese sind die Nullstellen der Funktion, wie Sie an der Lösungsskizze erkennen können.

$$-x^3 + 4x^2 = 0 \quad \Leftrightarrow \quad x^2(-x+4) = 0 \quad \Leftrightarrow \quad x_1 = 0 \vee x_2 = 4$$

Damit ergibt sich für das Integral:

$$\left[-\frac{1}{4}x^4 + \frac{4}{3}x^3\right]_{x_1}^{x_2} = \left[-\frac{1}{4}x^4 + \frac{4}{3}x^3\right]_0^4 = -\frac{256}{4} + \frac{256}{3} = \frac{256}{12} = \frac{64}{3}$$

Schritt 5:

Um die Fläche abzuschätzen, können Sie in der Skizze die Kästchen abzählen, die von dem Graphen und der x-Achse eingeschlossen werden. Man erhält ca. 21 Kästchen, das passt gut zu dem errechneten Wert.

6 Hinweise zum Lösen mit dem GTR bzw. CAS

Der GTR bzw. das CAS ist ein Hilfsmittel zum Lernen (und auch zum Lehren) von Mathematik. In den vergangenen Jahren ist Ihnen der GTR bzw. das CAS ein selbstverständlicher Begleiter beim Lösen von mathematischen Aufgabenstellungen geworden. Die folgenden Hinweise haben für alle GTR bzw. CAS Gültigkeit, sodass Sie die Hinweise auf das von Ihnen verwendete System übertragen können.

Vor der Prüfung

- Achten Sie vor Prüfungen (und insbesondere vor der Abiturprüfung) darauf, dass Sie den Akku Ihres Geräts geladen bzw. neue Batterien eingesetzt oder als Ersatz griffbereit haben.
- Vor Beginn der Prüfung sind die GTR- bzw. CAS-Geräte in einen einheitlichen Ausgangszustand zu versetzen. Ihre Schule hat dazu spezielle (systemabhängige) Anweisungen. Es kann sein, dass Ihr System in einen Prüfungsmodus versetzt wird – ebenso ist es denkbar, dass der Speicher vollständig gelöscht wird. Wenn Sie auf Ihrem System Dateien gespeichert haben, die Sie später wieder benötigen, sollten Sie vorher zu Hause ein Back-up durchführen.

- Machen Sie sich rechtzeitig mit Bedienungshilfen Ihres Systems vertraut. So kann man z. B. den Kontrast oder die Bildschirmhelligkeit ändern (das kann bei bestimmten Lichtverhältnissen im Prüfungsraum nützlich sein). Bei manchen Systemen kann man auch Schriftgrößen ändern. Sie sollten auch wissen, wo Sie die Sprachlokalisation einstellen – wenn Sie in der Prüfung versehentlich Ihr System z. B. auf norwegische Sprache einstellen, sollten Sie wissen, wie Sie dies wieder ändern können.
- Machen Sie sich damit vertraut, wo Sie Grundeinstellungen Ihres Systems ändern können, z. B. die Anzahl angezeigter Dezimalstellen oder das Winkelmaß, in dem Ihr System in der Grundeinstellung rechnet.
- Machen Sie sich mit dem Variablenmanagement Ihres Geräts vertraut, sodass Sie Variablen löschen können oder überprüfen können, welche Variablen belegt sind. Das kann vermeintliche Fehlberechnungen (zustande gekommen durch belegte Variablen) verhindern. Manche Geräte zeigen sogar bereits bei der Eingabe an, wenn eine Variable durch einen Wert belegt ist.
- Machen Sie sich mit dem Dokumentenmanagement Ihres Systems vertraut. Moderne Geräte eröffnen die Möglichkeit, Berechnungen in Dokumenten zu speichern. Sie sollten wissen, wie Sie neue Dokumente erzeugen, abspeichern, editieren und später darauf zugreifen können.
- Ihr Gerät besitzt eine „Rückgängig-Funktion". Sie sollten wissen, wie Sie diese benutzen können.
- Machen Sie sich rechtzeitig mit den Hilfesystemen Ihres Geräts vertraut. So gibt es z. B. die Möglichkeit, zu einzelnen Befehlen eine kleine Syntax-Erklärung anzeigen zu lassen. Das kann bei Unsicherheiten während der Prüfung hilfreich sein.
- Machen Sie sich mit dem Funktionsplotter Ihres Systems vertraut, sodass Sie Sicherheit im Einstellen des Anzeigebereichs gewinnen. Für verschiedene Bedürfnisse gibt es oftmals eigene Einstellungsmöglichkeiten (automatische Anpassung an vorher gewählten x-Bereich, Auswahl bestimmter Quadranten u. Ä.).
- CAS rechnen (nach Möglichkeit) exakt. Machen Sie sich damit vertraut, wie Sie bewusst Näherungslösungen erzwingen können.
- Entwickeln Sie eine eigene Systematik für die Vergabe von Variablen und Bezeichnungen. Beispiele:
  - „f(x)" für den Funktionsterm
  - „a1f(x)" für den Term der ersten Ableitung
  - „a2f(x)" für den Term der zweiten Ableitung
  - „va", „vb" für die Vektoren $\vec{a}$ und $\vec{b}$
  - „a" für den Ortsvektor des Punktes A
  - „gg(x)", „gh(x)" für die Gerade g bzw. die Gerade h
  - …

Während der Prüfung

- Wenn Ihr Gerät ein Dokumentenmanagement besitzt, sollten Sie sich angewöhnen, für zumindest jede größere Aufgabenstellung ein eigenes Dokument zu verwenden. Das hat den Vorteil, dass in einem neuen Dokument der Variablenspeicher zurückgesetzt wird und Sie daher jeden Variablennamen im Dokument nutzen können. Zudem können Sie dadurch Fehler durch unwissentliches Übernehmen von Variablen, die bereits mit Werten belegt sind, vermeiden. Wenn Sie im weiteren Verlauf der Prüfung an einer anderen Aufgabe arbeiten, können Sie das zugehörige Dokument öffnen und müssen nicht alle Variablen und Funktionen neu definieren.
- Es ist zweckmäßig, Namen von Variablen und Funktionen so zu wählen, wie sie in der Aufgabenstellung vorgegeben werden. Achten Sie darauf, dass Sie den gleichen Namen nicht mehrfach vergeben und dadurch die definierten Werte oder Terme überschreiben. Manche Geräte können jedoch nur mit der Variable x umgehen, benennen Sie daher bei der Eingabe im Rechner z. B. das t in f(t) entsprechend in x als f(x) um.
- Sollte ein unerwartetes Ergebnis auftreten, überprüfen Sie immer Ihre Eingabe. So kann es sein, dass z. B. der Term „$ab - a \cdot b$" nicht von Ihrem Gerät vereinfacht wird, weil Sie im ersten Teil vergessen haben, das Multiplikationszeichen einzugeben und Ihr Gerät nun dies als eigenständige Variable „ab" interpretiert.
- Machen Sie sich stets die vorliegende Situation klar und prüfen Sie die von Ihrem Gerät erhaltenen Ergebnisse auf Plausibilität. Vertrauen Sie Ihrem Gerät nicht blind.
- Vergessen Sie nicht, dass Sie mit einem GTR bzw. CAS schnell z. B. Funktionsgraphen erhalten. Das kann Überlegungen unterstützen, wie z. B. die Frage nach Vorzeichenbereichen oder Steigungsverhalten.
- Beachten Sie die Formulierung von Aufgabenstellungen. Manchmal werden Anforderungen an die Dokumentation von Lösungen gestellt.

Zur Dokumentation von Lösungen

- Dokumentieren Sie Ihre Lösungen nachvollziehbar.
- Bei Ihrer Dokumentation soll erkennbar sein, auf welche Art und in welchem Umfang Sie Ihr Gerät eingesetzt haben.
  Beispiel: Sie lösen die Gleichung $3x^3 - 2x^2 + 2 = 1$ und dokumentieren:

  $3x^3 - 2x^2 + 2 = 1$

  GTR/CAS: $x \approx -0{,}528$

- Verzichten Sie in Ihren Lösungen auf Syntax.

- Kommt in der Aufgabenstellung der Operator „berechnen“ oder der Zusatz „rechnerisch“ in Verbindung mit einem anderen Operator vor, müssen Sie sowohl den Ansatz als auch den Rechenweg mit den einzelnen Berechnungen dokumentieren. Alle mathematischen Ausdrücke wie z. B. Gleichungen oder Terme sind explizit anzugeben. Die Ermittlung der Lösung z. B. durch ein Abtasten des Graphen oder die Angabe des entsprechenden Rechnerbefehls reichen nicht aus.
- Achten Sie darauf, die mit dem GTR oder CAS gewonnenen Ergebnisse auch in den Sachzusammenhang einzuordnen.
- Kommt in der Aufgabenstellung das Wort „exakt“ vor, so reicht eine Lösung mit dem GTR nicht aus. Ein GTR liefert meistens nur Näherungslösungen.

Übungsaufgaben im Stil der Abiturprüfung
Prüfungsteil A – Aufgabe ohne Hilfsmittel

a) Gegeben sind die Funktionen f und g mit den Funktionsgleichungen
$f(x) = x^3 - 2x^2,\ x \in \mathbb{R}$ und $g(x) = 4x - x^3,\ x \in \mathbb{R}$.

(1) Ermitteln Sie die Gleichung der Tangente an den Graphen der Funktion g im Punkt $P(0 \mid g(0))$.

(2) Berechnen Sie den Inhalt der Fläche, die von den Graphen der Funktionen f und g begrenzt wird.

b) Es ist die Funktionenschar f_a mit $f_a(x) = (x - a) \cdot e^x$ und $x, a \in \mathbb{R}$ gegeben. Dargestellt in der Abbildung ist der Graph von f_a mit $a = 1$.

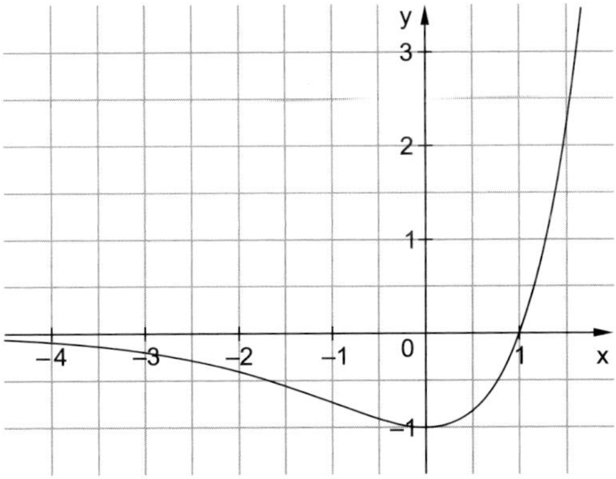

(1) Berechnen Sie die Ableitungsfunktionen f_a' und f_a''.
Leiten Sie daraus die Stammfunktion F_a her.

(2) Jeder Graph der Funktionenschar f_a besitzt genau einen Tiefpunkt.
Ermitteln Sie den Tiefpunkt von f_a und die Ortslinie der Tiefpunkte.

(3) Die nebenstehende Abbildung zeigt die Graphen f_0 und f_a.
Berechnen Sie den Wert von a, sodass die Fläche zwischen den Graphen f_0 und f_a im Intervall [0; 1] den Wert 1 hat.

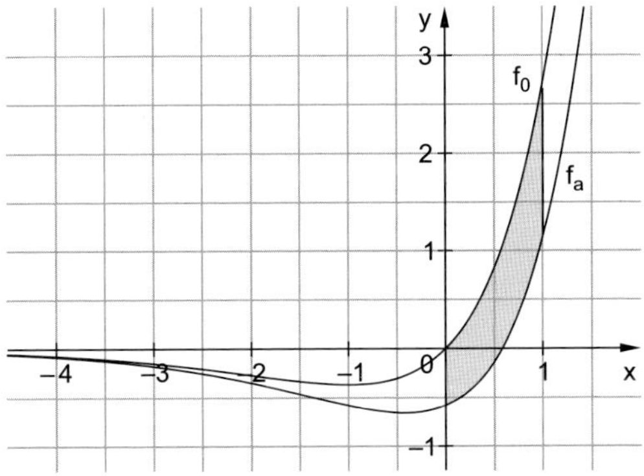

c) Gegeben sind die Punkte $A(0|0|0)$, $B(3|0|6)$, $C(1|6|2)$ und $D_k(5-2k|1|k)$, $k \in \mathbb{R}$ sowie die Ebene E mit der Gleichung $E: -2x_1 + x_3 = 0$.

(1) Bestimmen Sie den Parameter k so, dass der Punkt D_k in der Ebene E liegt, und geben Sie die Koordinaten des zugehörigen Punktes an.
[*Zur Kontrolle:* $D_2(1|1|2)$]

(2) Weisen Sie durch Rechnung nach, dass der Punkt D_2 innerhalb des Parallelogramms liegt, das von den Vektoren $\overrightarrow{AB}$ und $\overrightarrow{AC}$ aufgespannt wird.

(3) Bestimmen Sie, wie weit der Punkt D_2 vom Schnittpunkt der Diagonalen des Parallelogramms entfernt ist.

d) Der Fußballverein Fortuna 09 veranstaltet zur Aufbesserung seiner Vereinskasse beim nächsten Heimspiel eine Lotterie. Es werden Lose zum Preis von 2 € das Stück verkauft. In der Lotterie befinden sich nur Nieten oder Gewinne. Jeder Gewinn beträgt 5 € und wird als Verzehrgutschein ausgegeben. Von den insgesamt 1 000 zur Verfügung stehenden Losen sind 850 Nieten.

(1) Ordnen Sie den folgenden Ereignissen den korrekten Term zur Berechnung der Wahrscheinlichkeit zu, wenn die Zufallsgröße X die Anzahl der Gewinne angibt.

A: Von 10 gekauften Losen gewinnt kein Los.

B: Von 10 gekauften Losen sind genau 2 Gewinnlose.

C: Unter 10 gekauften Losen ist mindestens ein Gewinnlos.

$P_1 = \binom{10}{0} \cdot 0{,}85^0 \cdot 0{,}15^{10}$ $\qquad$ $P_2 = \binom{10}{8} \cdot 0{,}15^8 \cdot 0{,}85^2$

$P_3 = 10 \cdot 0{,}15^1 \cdot 0{,}85^9$ $\qquad$ $P_4 = \binom{10}{2} \cdot 0{,}15^2 \cdot 0{,}85^8$

$P_5 = \binom{10}{0} \cdot 0{,}15^0 \cdot 0{,}85^{10}$ $\qquad$ $P_6 = 1 - 0{,}85^{10}$

(2) Ermitteln Sie, mit welchen Einnahmen der Verein rechnen kann, wenn alle Lose verkauft und alle Gewinne eingelöst werden.

(3) Bestimmen Sie, wie viele Lose ein Besucher im Durchschnitt kaufen muss, wenn er mit den Gewinnen einen Verzehr von 30 € bezahlen will.
Beurteilen Sie, ob sich der Kauf der Lose lohnt.

Hinweise und Tipps

Teilaufgabe a

(1) Überlegen Sie, welche Steigung die Tangente an den Graphen der Funktion g im Punkt P hat.

Bestimmen Sie die Ableitung von g mithilfe der Potenz- und Summenregel.

Was folgt für den y-Achsenabschnitt der Tangente an den Graphen der Funktion g, wenn der Punkt P den x-Wert 0 besitzt?

(2) Berechnen Sie für die Integrationsgrenzen die Schnittstellen von f und g durch Gleichsetzen der Funktionsterme.

Bestimmen Sie die Differenzfunktion von f und g als Funktion, über die integriert wird.

Beachten Sie beim Integrieren die Anzahl der Schnittstellen.

Bestimmen Sie eine Stammfunktion mithilfe der Potenzregel.

Denken Sie daran, dass ein Flächeninhalt immer positiv ist.

Teilaufgabe b

(1) Berechnen Sie die Ableitungen von f_a mithilfe der Produktregel.

Beachten Sie, welches Schema hinter den Ableitungen erkennbar ist.

Schließen Sie daraus auf die Stammfunktion F_a.

(2) Setzen Sie die 1. Ableitung gleich 0.

Lösen Sie die entstehende Gleichung nach x auf.

Die y-Koordinate erhalten Sie durch Einsetzen in die Funktionsgleichung.

Um die Ortslinie zu ermitteln, kombinieren Sie die x- und die y-Koordinate miteinander.

(3) Berechnen Sie den Flächeninhalt mithilfe eines Integrals in Abhängigkeit von a.

Setzen Sie den Flächeninhalt gleich 1 und lösen Sie die entstehende Gleichung nach a auf.

Teilaufgabe c

(1) Wenn ein Punkt in einer Ebene liegen soll, dann müssen die Koordinaten des Punktes die Ebenengleichung erfüllen.

(2) Der Punkt D_2 liegt dann innerhalb des Parallelogramms, das ausgehend vom Punkt A von den Vektoren $\overrightarrow{AB}$ und $\overrightarrow{AC}$ aufgespannt wird, wenn sich sein Ortsvektor als Linearkombination dieser Vektoren mit Koeffizienten aus dem Intervall [0; 1] darstellen lässt.

Prüfen Sie, ob $\vec{d}_2 = \vec{a} + r \cdot \overrightarrow{AB} + s \cdot \overrightarrow{AC}$ mit $0 \leq r, s \leq 1$ gilt.

(3) Beachten Sie, dass sich die Diagonalen in einem Parallelogramm halbieren.

Der Abstand zweier Punkte $P(p_1 | p_2 | p_3)$ und $Q(q_1 | q_2 | q_3)$ berechnet sich nach der Formel:
$d(P; Q) = \sqrt{(p_1 - q_1)^2 + (p_2 - q_2)^2 + (p_3 - q_3)^2}$

Teilaufgabe d

(1) Beachten Sie, dass die Zufallsgröße X die Anzahl der Gewinne angibt.

Überlegen Sie, wie viele Gewinnlose in der Lotterie sind und wie hoch damit die Trefferwahrscheinlichkeit p ist.

(2) Stellen Sie die Einnahmen des Vereins den Ausgaben des Vereins gegenüber.

(3) Berechnen Sie den durchschnittlichen Gewinn pro Los und ermitteln Sie, wie viele Lose für einen Verzehr von 30 € damit durchschnittlich gekauft werden müssen.

Entscheiden Sie, ob sich der Kauf lohnt.

Lösung

a) (1) Die Steigung der Tangente ist gleich der Steigung des Graphen der Funktion g im Punkt P.

Mit der Ableitung $g'(x) = 4 - 3x^2$ erhält man:
$g'(0) = 4 - 3 \cdot 0^2 = 4$

Da der Punkt $P(0 | g(0))$ der Schnittpunkt mit der y-Achse ist, ist der y-Achsenabschnitt der Tangente durch die y-Koordinate von P gegeben.
$g(0) = 4 \cdot 0 - 0^3 = 0$

Die Gleichung der Tangente lautet also:
$y = 4 \cdot x + 0 \quad \Leftrightarrow \quad y = 4x$

(2) Zur Berechnung des Inhalts der von den Graphen der Funktionen f und g eingeschlossenen Fläche werden die Schnittstellen von f und g bestimmt. Diese ergeben sich durch Gleichsetzen der Funktionsterme.

$$\begin{aligned} f(x) &= g(x) \\ x^3 - 2x^2 &= 4x - x^3 \qquad | + x^3 - 4x \\ 2x^3 - 2x^2 - 4x &= 0 \\ 2x \cdot (x^2 - x - 2) &= 0 \end{aligned}$$

Ein Produkt wird null, wenn wenigstens ein Faktor null ist.

$x_1 = 0 \ \vee \ x^2 - x - 2 = 0$

$$x_{2;3} = -\frac{-1}{2} \pm \sqrt{\left(\frac{-1}{2}\right)^2 - (-2)}$$

$$x_{2;3} = \frac{1}{2} \pm \sqrt{\frac{1}{4} + 2}$$

$$x_{2;3} = \frac{1}{2} \pm \frac{3}{2}$$

$$x_2 = 2; \ x_3 = -1$$

Zur Berechnung des Flächeninhalts wird über die Differenzfunktion integriert.

$d(x) = f(x) - g(x) = x^3 - 2x^2 - (4x - x^3) = 2x^3 - 2x^2 - 4x$

Da Flächeninhalte immer positiv sind, wird der Betrag benötigt.

$$A = \left| \int_{-1}^{0} d(x)\,dx \right| + \left| \int_{0}^{2} d(x)\,dx \right|$$

$$= \left| \int_{-1}^{0} \left(2x^3 - 2x^2 - 4x\right) dx \right| + \left| \int_{0}^{2} \left(2x^3 - 2x^2 - 4x\right) dx \right|$$

$$= \left| \left[\frac{1}{2}x^4 - \frac{2}{3}x^3 - 2x^2\right]_{-1}^{0} \right| + \left| \left[\frac{1}{2}x^4 - \frac{2}{3}x^3 - 2x^2\right]_{0}^{2} \right|$$

$$= \left| 0 - \left(\frac{1}{2}\cdot(-1)^4 - \frac{2}{3}\cdot(-1)^3 - 2\cdot(-1)^2\right) \right| + \left| \frac{1}{2}\cdot 2^4 - \frac{2}{3}\cdot 2^3 - 2\cdot 2^2 - 0 \right|$$

$$= \left| 0 - \left(\frac{1}{2} + \frac{2}{3} - 2\right) \right| + \left| \left(8 - \frac{16}{3} - 8\right) \right|$$

$$= \frac{5}{6} + \frac{16}{3}$$

$$= \frac{5}{6} + \frac{32}{6}$$

$$= \frac{37}{6} = 6\frac{1}{6} \text{ [FE]}$$

Die Fläche, die von den Graphen der Funktionen f und g begrenzt wird, beträgt $6\frac{1}{6}$ FE.

b) (1) Mithilfe der Produktregel folgt:

$f_a(x) = (x-a) \cdot e^x$

$f'_a(x) = (x-a) \cdot e^x + e^x = (x-a+1) \cdot e^x$

$f''_a(x) = (x-a+1) \cdot e^x + e^x = (x-a+2) \cdot e^x$

Da bei jeder weiteren Ableitungsfunktion der Term e^x hinzukommt, muss für die Bildung der Stammfunktion der Term e^x von der Funktionsgleichung abgezogen werden:

$F_a(x) = (x-a) \cdot e^x - e^x = (x-a-1) \cdot e^x$

(2) Die notwendige Bedingung für Tiefpunkte lautet: $f'_a(x) = 0$

$f'_a(x) = (x-a+1) \cdot e^x = 0$

Wegen $e^x \neq 0$ folgt:

$x - a + 1 = 0$

$x = a - 1$

Für die y-Koordinate gilt:

$f_a(a-1) = (a-1-a) \cdot e^{a-1} = -e^{a-1}$

Damit ist der Tiefpunkt $T_a(a-1 | -e^{a-1})$.

Es gilt:

$x = a - 1$

$y = -e^{a-1}$

Durch Einsetzen von $x = a - 1$ folgt die Ortslinie der Tiefpunkte:

$y = -e^x$

(3) Der Graph von f_0 liegt oberhalb von f_a. Daher gilt für die Fläche zwischen f_0 und f_a im Intervall [0; 1]:

$$\int_0^1 x \cdot e^x - (x-a) \cdot e^x \, dx = \int_0^1 a \cdot e^x \, dx = a \cdot [e^x]_0^1 = a \cdot (e-1)$$

Da diese Fläche 1 betragen soll, muss gelten:

$a \cdot (e-1) = 1$

$$a = \frac{1}{e-1}$$

Für $a = \frac{1}{e-1}$ hat die Fläche zwischen f_0 und f_a im Intervall [0; 1] den Wert 1.

c) (1) Wenn der Punkt $D_k(5-2k\,|\,1\,|\,k)$ in der Ebene E liegen soll, dann müssen seine Koordinaten die Ebenengleichung erfüllen:

$$\begin{aligned} -2\cdot(5-2k)+k &= 0 \\ -10+4k+k &= 0 \quad |+10 \\ 5k &= 10 \quad |:5 \\ k &= 2 \end{aligned}$$

Für $k=2$ liegt der Punkt D_2 in der Ebene E. Seine Koordinaten lauten $D_2(1\,|\,1\,|\,2)$.

(2) Der Punkt D_2 liegt innerhalb des Parallelogramms, das von den Vektoren $\overrightarrow{AB}$ und $\overrightarrow{AC}$ aufgespannt wird, wenn gilt:

$$\vec{d}_2 = \vec{a} + r\cdot\overrightarrow{AB} + s\cdot\overrightarrow{AC} = \begin{pmatrix}0\\0\\0\end{pmatrix} + r\cdot\begin{pmatrix}3\\0\\6\end{pmatrix} + s\cdot\begin{pmatrix}1\\6\\2\end{pmatrix} \quad \text{mit } 0\le r,\ s\le 1$$

Eine Punktprobe führt auf:

$$\begin{pmatrix}1\\1\\2\end{pmatrix} = \begin{pmatrix}0\\0\\0\end{pmatrix} + r\cdot\begin{pmatrix}3\\0\\6\end{pmatrix} + s\cdot\begin{pmatrix}1\\6\\2\end{pmatrix}$$

I $\quad 1 - 3r + s$

II $\quad 1 = 6s \quad \Leftrightarrow \quad s = \frac{1}{6}$

III $\quad 2 = 6r + 2s \quad \Leftrightarrow \quad 1 = 3r + s$

Durch Einsetzen von $s=\frac{1}{6}$ in Gleichung I bzw. III folgt:

$$\begin{aligned} 1 &= 3r + \frac{1}{6} \quad \left|-\frac{1}{6}\right. \\ \frac{5}{6} &= 3r \quad \left|\cdot\frac{1}{3}\right. \\ \frac{5}{18} &= r \end{aligned}$$

Der Punkt D_2 liegt innerhalb des Parallelogramms, da $0 \le r = \frac{5}{18} \le 1$ und $0 \le s = \frac{1}{6} \le 1$ gilt.

(3) Für den Diagonalenschnittpunkt M des Parallelogramms gilt:

$$\vec{m} = \vec{a} + \frac{1}{2}\cdot\overrightarrow{AB} + \frac{1}{2}\cdot\overrightarrow{AC} = \begin{pmatrix}0\\0\\0\end{pmatrix} + \frac{1}{2}\cdot\begin{pmatrix}3\\0\\6\end{pmatrix} + \frac{1}{2}\cdot\begin{pmatrix}1\\6\\2\end{pmatrix} = \begin{pmatrix}1,5\\0\\3\end{pmatrix} + \begin{pmatrix}0,5\\3\\1\end{pmatrix} = \begin{pmatrix}2\\3\\4\end{pmatrix}$$

Alternativ:

$$\vec{m} = \vec{b} + \frac{1}{2}\cdot\overrightarrow{BC} = \begin{pmatrix}3\\0\\6\end{pmatrix} + \frac{1}{2}\cdot\begin{pmatrix}-2\\6\\-4\end{pmatrix} = \begin{pmatrix}3\\0\\6\end{pmatrix} + \begin{pmatrix}-1\\3\\-2\end{pmatrix} = \begin{pmatrix}2\\3\\4\end{pmatrix}$$

Die Koordinaten des Diagonalenschnittpunktes sind $M(2\,|\,3\,|\,4)$.

Für den Abstand der Punkte D_2 und M gilt:

$$d(D_2; M) = |\overrightarrow{D_2M}| = \left| \begin{pmatrix} 2 \\ 3 \\ 4 \end{pmatrix} - \begin{pmatrix} 1 \\ 1 \\ 2 \end{pmatrix} \right| = \left| \begin{pmatrix} 1 \\ 2 \\ 2 \end{pmatrix} \right| = \sqrt{1^2 + 2^2 + 2^2} = \sqrt{9} = 3\,[\text{LE}]$$

Der Punkt D_2 ist damit 3 LE von dem Diagonalenschnittpunkt entfernt.

d) (1) Es handelt sich um einen 10-stufigen Bernoulli-Versuch. Die Wahrscheinlichkeit für ein Gewinnlos beträgt $p = \frac{150}{1\,000} = 0{,}15$ und die Wahrscheinlichkeit für eine Niete $q = \frac{850}{1000} = 0{,}85$. Die Zufallsgröße X, die die Anzahl der Gewinne angibt, ist daher binomialverteilt mit $n = 10$ und $p = 0{,}15$.

Für die Wahrscheinlichkeiten der Ereignisse erhält man:

$$P(A) = P(X = 0) = \binom{10}{0} \cdot 0{,}15^0 \cdot 0{,}85^{10}$$

$$P(B) = P(X = 2) = \binom{10}{2} \cdot 0{,}15^2 \cdot 0{,}85^8$$

$$P(C) = P(X \geq 1) = 1 - P(X = 0) = 1 - \binom{10}{0} \cdot 0{,}15^0 \cdot 0{,}85^{10} = 1 - 0{,}85^{10}$$

Die korrekte Zuordnung ist daher:
$A \Leftrightarrow P_5$; $B \Leftrightarrow P_4$; $C \Leftrightarrow P_6$

(2) Durch den Verkauf aller Lose erzielt der Verein Einnahmen in Höhe von:
$1\,000 \cdot 2\,€ = 2\,000\,€$

Durch das Einlösen der Gewinnlose entstehen dem Verein Ausgaben in Höhe von:
$150 \cdot 5\,€ = 750\,€$

Als Saldo ergibt sich ein Betrag von:
$2\,000\,€ - 750\,€ = 1\,250\,€$

(3) Der durchschnittliche Gewinn pro Los beträgt bei einer Gewinnwahrscheinlichkeit von $p = 0{,}15$:
$0{,}15 \cdot 5\,€ = 0{,}75\,€$

Für einen Verzehr von 30 € benötigt man also durchschnittlich:
$30 : 0{,}75 = 40$ Lose

Die Kosten für den Kauf von 40 Losen betragen:
$40 \cdot 2\,€ = 80\,€$

D. h., der Kauf lohnt sich nicht, da die Kosten (80 €) den Gewinn (30 €) übersteigen.

Übungsaufgaben im Stil der Abiturprüfung
Prüfungsteil B – Analysis B1

Eingeschlossen von der Bundesstraße B 480, die in einem geeigneten Koordinatensystem entlang der x-Achse verläuft, und dem Graphen der Funktion f mit der Gleichung

$$f(x)=\frac{1}{8}(x-2)^2\cdot(x+2)^2,\quad x\in\mathbb{R}$$

befindet sich ein See. Der Sachverhalt ist in Abbildung 1 skizziert.

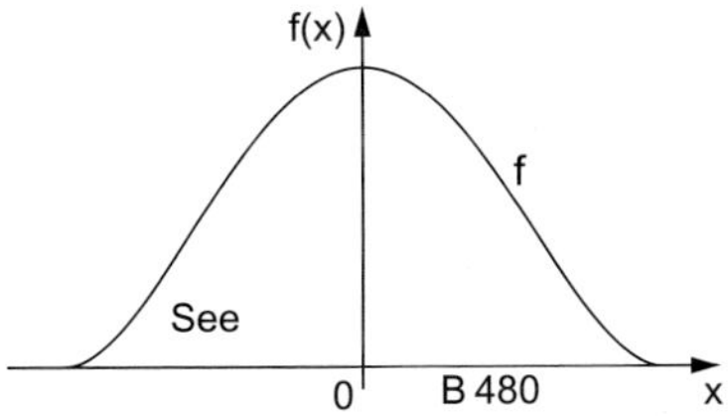

Abbildung 1

a) (1) Zeigen Sie rechnerisch, dass sich die Funktion f auch in der Form

$$f(x)=\frac{1}{8}x^4-x^2+2$$

darstellen lässt und dass der Graph der Funktion f achsensymmetrisch zur y-Achse ist.

(2) Es wird vermutet, dass im Punkt S des Sees, der am weitesten von der Bundesstraße entfernt ist, eine Verschmutzung stattgefunden hat.
Bestimmen Sie unter Angabe der Ableitungen der Funktion f und des rechnerischen Nachweises der hinreichenden Bedingung die Koordinaten von S.

b) An der Stelle des Sees, an dem die Verschmutzung vermutet wird, werden Wasserproben entnommen und die Anzahl der Kleinlebewesen in den Proben wird ermittelt. Die Ergebnisse der Proben sind in der Tabelle dargestellt:

Zeit in Tagen nach Beobachtungsbeginn	0	1	4	10	21
Anzahl der Kleinlebewesen	2 000	1 810	1 350	740	250

Tabelle

(1) Begründen Sie, warum im angegebenen Zeitraum von einer exponentiellen Abnahme ausgegangen werden kann.

(2) Die Anzahl der Kleinlebewesen in den Proben soll durch eine Funktion der Form $a(t)=b\cdot e^{kt},\ 0\le t\le 21$ modelliert werden, wobei die Parameter b und k geeignet zu wählen sind und t als Maßzahl zur Einheit 1 Tag sowie a(t) als die Anzahl der Kleinlebewesen zum Zeitpunkt t aufgefasst wird.
Bestimmen Sie die Parameter b und k unter Berücksichtigung, dass zu Beginn der Beobachtung 2 000 Kleinlebewesen und nach 21 Tagen nur noch 250 Kleinlebewesen vorhanden sind.

(3) Berechnen Sie, während welchen Tages nach Beobachtungsbeginn gemäß der Modellierung nur noch 30 % des ursprünglich ermittelten Anfangsbestandes an Kleinlebewesen vorhanden sind.

c) Einige Tage nachdem die Verschmutzung bemerkt worden ist, hat sie sich bis an die Bundesstraße ausgebreitet. Die Abgrenzung des verschmutzten Bereichs kann durch die Graphen der abschnittsweise definierten Funktionenschar g_a mit der Gleichung

$$g_a(x)=\begin{cases}(2ax+2)\cdot e^{-ax}, & x\geq 0\\(2-2ax)\cdot e^{ax}, & x<0\end{cases}$$

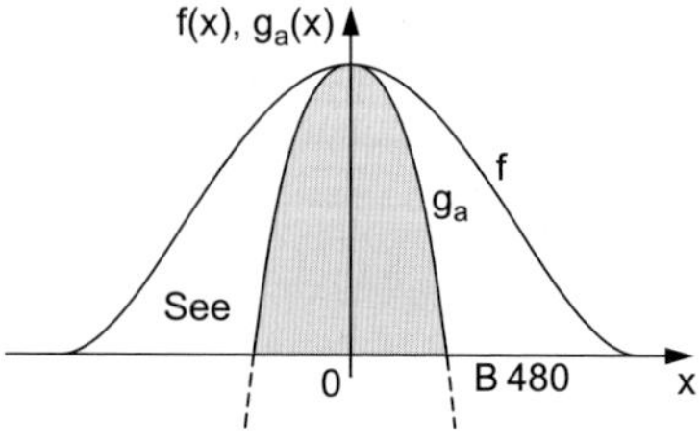

Abbildung 2

beschrieben werden, wobei für den Parameter $-10\leq a\leq -1$ gilt.

In Abbildung 2 ist zur Verdeutlichung des Sachverhaltes beispielhaft der Graph der Funktion g_a für $a=-1{,}5$ eingezeichnet.

(1) Zeigen Sie rechnerisch, dass der Graph der Funktion g_a achsensymmetrisch zur y-Achse ist.

(2) Weiter ist die abschnittsweise definierte Funktionenschar G_a mit der Gleichung

$$G_a(x)=\begin{cases}\dfrac{-2e^{-ax}\cdot(ax+2)}{a}+\dfrac{4}{a}, & x\geq 0\\[2ex]\dfrac{2e^{ax}\cdot(2-ax)}{a}-\dfrac{4}{a}, & x<0\end{cases}$$

für $-10\leq a\leq -1$ gegeben.
Weisen Sie unter Verwendung der Ableitungsregeln nach, dass die Funktion G_a eine Stammfunktion der Funktion g_a ist. Dabei darf ohne Nachweis verwendet werden, dass G_a stetig und differenzierbar ist.

(3) Der Inhalt der Fläche, die der verschmutzte Bereich einnimmt, soll durch eine vom Parameter a abhängige Funktion A(a) angegeben werden.
Leiten Sie mithilfe der Stammfunktion aus Teilaufgabe c (2) eine integralfreie Darstellung für den Flächeninhalt A(a) her. Nutzen Sie bei der Herleitung aus, dass der verschmutzte Bereich achsensymmetrisch zur y-Achse liegt.

[*Zur Kontrolle:* $A(a)=\frac{-4e+8}{a}$]

(4) Begründen Sie, dass die Funktion A(a) aus Teilaufgabe c (3) für $-10\leq a\leq -1$ streng monoton steigend ist.

(5) Geben Sie die flächenmäßig größte Ausdehnung des verschmutzten Bereichs an und berechnen Sie, wie viel Prozent der gesamten Seefläche dies sind.

(6) Für die flächenmäßig größte Ausdehnung soll der verschmutzte Bereich anstatt mit der abschnittsweise definierten Funktion g_a mit einer Parabel 2. Grades angenähert werden.
Bestimmen Sie die Gleichung der Parabel so, dass sie den Hochpunkt $S(0\,|\,2)$ besitzt und die Fläche, die von der Parabel und der Bundesstraße eingeschlossen wird, mit der flächenmäßig größten Ausdehnung des verschmutzten Bereichs aus Teilaufgabe c (5) übereinstimmt.
[Runden Sie die Koeffizienten in der Parabelgleichung dabei auf 3 Stellen nach dem Komma.]

Hinweise und Tipps

Teilaufgabe a

(1) Multiplizieren Sie den Funktionsterm aus und vergleichen Sie.

Der Graph der Funktion f ist achsensymmetrisch zur y-Achse, wenn $f(-x) = f(x)$ gilt. Bei einer ganzrationalen Funktion ist dies der Fall, wenn der Funktionsterm nur Potenzen von x mit geraden Exponenten aufweist.

(2) Überlegen Sie, welche Bedeutung die Eigenschaft „am weitesten von der Bundesstraße entfernt“ für den Graphen der Funktion hat.

Die notwendige Bedingung für eine Maximalstelle ist: $f'(x) = 0$

Die hinreichende Bedingung für eine Maximalstelle ist: $f'(x) = 0$ und $f''(x) < 0$

Vergessen Sie nicht, die Koordinaten des Punktes anzugeben.

Teilaufgabe b

(1) Von einer exponentiellen Abnahme kann dann ausgegangen werden, wenn der Abnahmefaktor je Zeiteinheit annähernd gleich ist.

Berechnen Sie den Abnahmefaktor durch Aufstellen geeigneter Gleichungen.

(2) Stellen Sie mithilfe der vorgegebenen Wertepaare ein Gleichungssystem auf und lösen Sie dieses.

(3) Berechnen Sie 30 % des Anfangsbestandes. Setzen Sie das Ergebnis mit dem Funktionsterm gleich und lösen Sie die Gleichung.

Teilaufgabe c

(1) Der Graph der Funktion g_a ist achsensymmetrisch zur y-Achse, wenn $g_a(-x) = g_a(x)$ gilt.

(2) Die Funktion G_a ist eine Stammfunktion von g_a, wenn $G_a'(x) = g_a(x)$ gilt.

Verwenden Sie die Produkt- und Kettenregel beim Ableiten.

(3) Der verschmutzte Bereich entspricht dem Flächeninhalt, den die abschnittsweise definierte Funktion g_a mit der x-Achse einschließt.

Stellen Sie diesen Flächeninhalt mithilfe eines bestimmten Integrals dar.

Leiten Sie dann mit dem Hauptsatz der Integral- und Differentialrechnung eine integralfreie Darstellung her.

(4) Eine Funktion ist dann streng monoton steigend, wenn ihre 1. Ableitung größer als null ist.

(5) Nutzen Sie aus, dass die Funktion A(a) nach Teilaufgabe c (4) streng monoton steigend ist und ihr Maximum am rechten Rand des Definitionsbereichs annimmt.

Berechnen Sie die gesamte Seefläche mit einem geeigneten Verfahren.

Überlegen Sie, welcher Wert der Grundwert ist, und berechnen Sie den prozentualen Anteil.

(6) Stellen Sie mithilfe des vorgegebenen Hochpunktes die Scheitelpunktform der Parabel auf.

Berechnen Sie den Inhalt der Fläche, die von der Parabel und der x-Achse eingeschlossen wird, in Abhängigkeit von dem Parameter der Parabelgleichung.

Setzen Sie den berechneten Flächeninhalt mit dem Ergebnis aus Teilaufgabe c (5) gleich und lösen Sie die Gleichung nach dem Parameter auf.

Vergessen Sie nicht, die Gleichung der Parabel vollständig anzugeben.

Lösung

a) (1) Der Funktionsterm von f wird ausmultipliziert.

$$f(x)=\frac{1}{8}(x-2)^2\cdot(x+2)^2=\frac{1}{8}((x-2)\cdot(x+2))^2$$
$$=\frac{1}{8}(x^2-4)^2=\frac{1}{8}(x^4-8x^2+16)=\frac{1}{8}x^4-x^2+2$$

Der Funktionsterm von f weist nur Potenzen von x mit geraden Exponenten auf. Daher gilt:

$$f(-x)=\frac{1}{8}(-x)^4-(-x)^2+2=\frac{1}{8}x^4-x^2+2=f(x)$$

Der Graph der Funktion f ist achsensymmetrisch zur y-Achse.

(2) Der Punkt, der am weitesten von der Bundesstraße entfernt ist, ist der lokale (relative) Hochpunkt des Graphen der Funktion f.

Die 1. Ableitung der Funktion f wird mit der Summen- und Potenzregel bestimmt:

$$f'(x)=\frac{1}{8}\cdot 4x^3-2x$$
$$=\frac{1}{2}x^3-2x$$

Notwendige Bedingung für eine Maximalstelle: $f'(x)=0$

$f'(x)=0 \quad \Leftrightarrow$

$x_1=-2$ oder $x_2=0$ oder $x_3=2$

Die Stellen $x_1=-2$ und $x_3=2$ kommen für ein Maximum nicht infrage, da sie die gemeinsamen Punkte des Graphen der Funktion f mit der x-Achse sind. Somit bleibt nur $x_2=0$ als Kandidat für eine Maximalstelle.

Für die 2. Ableitung der Funktion f gilt:

$$f''(x)=\frac{3}{2}x^2-2$$

Hinreichende Bedingung für eine Maximalstelle: $f'(x)=0$ und $f''(x)<0$

$f''(0)=-2<0$

Durch Berechnung des Funktionswertes $f(0)=2$ ergibt sich, dass der Punkt $S(0\,|\,2)$ am weitesten von der Bundesstraße entfernt ist.

GTR

$f(x):=\frac{1}{8}\cdot x^4-x^2+2$	Fertig
$a1f(x):=\frac{1}{2}\cdot x^3-2\cdot x$	Fertig
polyRoots(a1f(x),x)	{-2,0,2}
$a2f(x):=\frac{3}{2}\cdot x^2-2$	Fertig
a2f(0)	-2

CAS

$f(x):=\frac{1}{8}\cdot x^4-x^2+2$	Fertig
$a1f(x):=\frac{d}{dx}(f(x))$	Fertig
a1f(x)	$\frac{x^3}{2}-2\cdot x$
solve(a1f(x)=0,x)	x=-2 or x=0 or x=2
$a2f(x):=\frac{d^2}{dx^2}(f(x))$	Fertig
a2f(x)	$\frac{3\cdot x^2}{2}-2$
a2f(0)	-2

GTR/CAS

f(0)	2

b) (1) Von einer exponentiellen Abnahme kann dann ausgegangen werden, wenn der Abnahmefaktor je Zeiteinheit annähernd gleich ist.

Ist B_0 der Anfangsbestand und q der Abnahmefaktor, so erhält man zu den angegebenen Zeiten bei einer exponentiellen Abnahme folgende allgemeine Werte:

Zeit in Tagen nach Beobachtungsbeginn	0	1	4	10	21
Anzahl der Kleinlebewesen	2 000	1 810	1 350	740	250
Werte bei exponentieller Abnahme	B_0	$B_0 \cdot q^1$	$B_0 \cdot q^4$	$B_0 \cdot q^{10}$	$B_0 \cdot q^{21}$

Aus der ersten Spalte der Tabelle kann der Anfangsbestand $B_0 = 2\,000$ abgelesen werden. Aus den weiteren Spalten erhält man dann:

$$1810 = 2\,000 \cdot q^1 \Rightarrow q = \frac{1810}{2\,000} = 0{,}905$$

$$1\,350 = 2\,000 \cdot q^4 \Rightarrow q = \sqrt[4]{\frac{1\,350}{2\,000}} \approx 0{,}906$$

$$740 = 2\,000 \cdot q^{10} \Rightarrow q = \sqrt[10]{\frac{740}{2\,000}} \approx 0{,}905$$

$$250 = 2\,000 \cdot q^{21} \Rightarrow q = \sqrt[21]{\frac{250}{2\,000}} \approx 0{,}906$$

GTR/CAS

$\text{approx}\left(\frac{1810}{2000}\right)$	0.905
$\text{approx}\left(\sqrt[4]{\frac{1350}{2000}}\right)$	0.906413
$\text{approx}\left(\sqrt[10]{\frac{740}{2000}}\right)$	0.905358
$\text{approx}\left(\sqrt[21]{\frac{250}{2000}}\right)$	0.905724

Der Wachstumsfaktor q ist annähernd gleich. Daher kann von einer exponentiellen Abnahme ausgegangen werden.

(2) Unter Berücksichtigung der beiden im Aufgabentext angegebenen Probenergebnisse ergibt sich folgendes Gleichungssystem:

$$\text{I} \quad a(0) = b \cdot e^{k \cdot 0} \Leftrightarrow 2\,000 = b \cdot e^0 \Leftrightarrow 2\,000 = b$$

$$\text{II} \quad a(21) = b \cdot e^{k \cdot 21} \Leftrightarrow 250 = b \cdot e^{k \cdot 21}$$

Einsetzen von $b = 2\,000$ aus Gleichung I in Gleichung II führt auf:

$250 = 2\,000 \cdot e^{k \cdot 21}$

Als Lösung ergibt sich:

$k \approx -0{,}099$

Die Modellierung führt also auf eine Funktion mit der Gleichung:

$a(t) = 2\,000 \cdot e^{-0{,}099t}, \; 0 \le t \le 21$

GTR

$\text{nSolve}(250=2000 \cdot e^{k \cdot 21}, k)$	-0.099021

CAS

$\text{solve}(250=2000 \cdot e^{k \cdot 21}, k)$	k=-0.099021

(3) 30 % des Anfangsbestandes sind:
$0{,}3 \cdot 2\,000 = 600$

Gesucht ist also der Wert t, für den gilt:
$600 = 2\,000 \cdot e^{-0{,}099t}$

Wegen $t \approx 12{,}1613 > 12$ sind während des 13. Tages nur noch 30 % der zu Beobachtungsbeginn ermittelten Kleinlebewesen in den Proben enthalten.

GTR

nSolve$(600=2000 \cdot e^{-0.099 \cdot t}, t)$	12.1613

CAS

solve$(600=2000 \cdot e^{-0.099 \cdot t}, t)$	t=12.1613

c) (1) Die Symmetrie der Funktion wird untersucht, indem –x in den Funktionsterm eingesetzt wird.

Für alle $x > 0$ ist $-x < 0$. Beim Einsetzen von –x muss somit der untere Funktionsterm der abschnittsweise definierten Funktion g_a herangezogen werden:

$$\begin{aligned} g_a(-x) &= (2 - 2a \cdot (-x)) \cdot e^{a \cdot (-x)} \\ &= (2 + 2ax) \cdot e^{-ax} \\ &= (2ax + 2) \cdot e^{-ax} = g_a(x) \end{aligned}$$

Der Graph der Funktion g_a ist daher achsensymmetrisch zur y-Achse.

(2) Die Funktion G_a ist eine Stammfunktion von g_a, wenn $G'_a(x) = g_a(x)$ gilt.

Die Funktion G_a wird abschnittsweise mit der Produkt- und Kettenregel abgeleitet.

Für $x \geq 0$ gilt:

$$\begin{aligned} G'_a(x) &= \frac{1}{a} \cdot \left(-2 \cdot (-a) \cdot e^{-ax} \cdot (ax + 2) - 2e^{-ax} \cdot a\right) \\ &= \frac{1}{a} \cdot \left(2ae^{-ax} \cdot (ax + 2) - 2ae^{-ax}\right) \\ &= \frac{1}{a} \cdot ae^{-ax} \cdot \left(2 \cdot (ax + 2) - 2\right) \\ &= e^{-ax} \cdot (2ax + 4 - 2) \\ &= e^{-ax} \cdot (2ax + 2) = g_a(x) \end{aligned}$$

Für $x < 0$ gilt:

$$\begin{aligned} G'_a(x) &= \frac{1}{a} \cdot \left(2ae^{ax} \cdot (2 - ax) + 2e^{ax} \cdot (-a)\right) \\ &= \frac{1}{a} \cdot \left(2ae^{ax} \cdot (2 - ax) - 2ae^{ax}\right) \\ &= \frac{1}{a} \cdot ae^{ax} \cdot \left(2 \cdot (2 - ax) - 2\right) \\ &= e^{ax} \cdot (4 - 2ax - 2) \\ &= e^{ax} \cdot (2 - 2ax) = g_a(x) \end{aligned}$$

(3) Gesucht ist eine integralfreie Darstellung für den Flächeninhalt, der von der abschnittsweise definierten Funktion g_a mit der x-Achse eingeschlossen wird. Da die Funktion g_a achsensymmetrisch zur y-Achse ist, entspricht diese Fläche zweimal der Fläche, die der Graph von g_a mit den Koordinatenachsen im ersten Quadranten einschließt.

Berechnung der Nullstelle von g_a für $x \geq 0$:

$$\begin{aligned} (2ax+2)\cdot e^{-ax} &= 0 && \left|: e^{-ax} \neq 0\right. \\ 2ax+2 &= 0 && \left|-2\right. \\ 2ax &= -2 && \left|:2a\right. \\ x &= -\frac{1}{a} \end{aligned}$$

CAS

$ga(x):=(2\cdot a\cdot x+2)\cdot e^{-a\cdot x}$	*Fertig*
$\text{solve}(ga(x)=0,x)$	$x=\frac{-1}{a}$

Mit der Stammfunktion $G_a(x)$ aus Teilaufgabe c (2) und dem Hauptsatz der Integral- und Differentialrechnung folgt:

$$A(a) = 2\cdot\int_0^{-\frac{1}{a}} g_a(x)\,dx = 2\cdot[G_a(x)]_0^{-\frac{1}{a}} = 2\cdot\left[G_a\left(-\tfrac{1}{a}\right)-G(0)\right]$$

$$= 2\cdot\left[\frac{-2e^{-a\cdot\left(-\frac{1}{a}\right)}\cdot\left(a\cdot\left(-\frac{1}{a}\right)+2\right)}{a}+\frac{4}{a}-\left(\frac{-2e^0\cdot(0+2)}{a}+\frac{4}{a}\right)\right]$$

$$= 2\cdot\left[\frac{-2e\cdot(-1+2)}{a}-\frac{-2\cdot 2}{a}\right]$$

$$= 2\cdot\left[\frac{-2e}{a}+\frac{4}{a}\right]$$

$$= \frac{-4e+8}{a}\ \text{[FE]}$$

CAS

$sga(x):=\frac{-2\cdot e^{-a\cdot x}\cdot(a\cdot x+2)}{a}+\frac{4}{a}$	*Fertig*
⚠ $2\cdot\left[sga\left(\frac{-1}{a}\right)-sga(0)\right]$	$\left[\frac{-4\cdot(e-2)}{a}\right]$

(4) Eine Funktion ist dann streng monoton steigend, wenn ihre 1. Ableitung größer als null ist.

Als Ableitung ergibt sich:

$$A'(a) = -\frac{1}{a^2}\cdot(-4e+8) = \frac{4e-8}{a^2} = \frac{4\cdot(e-2)}{a^2}$$

CAS

$i(a):=\frac{-4\cdot e^1+8}{a}$	*Fertig*
$a1i(a):=\frac{d}{da}(i(a))$	*Fertig*
$a1i(a)$	$\frac{4\cdot(e-2)}{a^2}$

Da $e > 2$ ist, ist der Zähler positiv. Der Nenner ist wegen des Quadrates auch positiv. Insgesamt gilt also $A'(a) > 0$. Die Funktion A(a) ist damit streng monoton steigend.

(5) Da die Funktion A(a) nach Teilaufgabe c (4) streng monoton steigend ist, nimmt sie ihr Maximum am rechten Rand des Definitionsbereichs für $a = -1$ an.

Die flächenmäßig größte Ausdehnung des verschmutzten Bereichs beträgt:

$$A(-1) = \frac{-4e+8}{-1} \approx 2{,}873\,[\text{FE}]$$

GTR/CAS

$\frac{-4 \cdot e^1 + 8}{-1}$ 2.87313

Die Nullstellen der Funktion f, durch die der See begrenzt wird, können aus der Funktionsgleichung $f(x) = \frac{1}{8}(x-2)^2 \cdot (x+2)^2$ direkt abgelesen werden. Sie lauten $x_1 = 2$ und $x_2 = -2$.

Die Fläche des gesamten Sees entspricht dem Wert des Integrals über die Funktion f im Intervall [–2; 2]:

$$\int_{-2}^{2} f(x)\,dx = \frac{64}{15} \approx 4{,}267\,[\text{FE}]$$

GTR/CAS

$\int_{-2}^{2} f(x)\,dx$ 4.26667

Um den prozentualen Anteil zu berechnen, wird die Größe des verschmutzten Bereichs ins Verhältnis zur Größe des Sees gesetzt:

$$\frac{2{,}873}{4{,}267} \approx 0{,}673$$

GTR/CAS

$\frac{2.873127313836}{4.2666666666668}$ 0.673389

Die flächenmäßig größte Ausdehnung des verschmutzten Bereichs beträgt damit ca. 67 % der gesamten Seefläche.

(6) Da die gesuchte Parabel über einen Hochpunkt verfügt, ist sie nach unten geöffnet. Mit dem Scheitelpunkt $S(0\,|\,2)$ kann für die Parabelgleichung folgender Ansatz gewählt werden:

$$p(x) = -a \cdot (x-0)^2 + 2 = -ax^2 + 2, \text{ mit } a > 0$$

Zur Berechnung der Fläche, die von der Parabel p und der x-Achse eingeschlossen wird, werden zunächst die Nullstellen von p bestimmt:

$$\begin{aligned} p(x) &= 0 \\ -ax^2 + 2 &= 0 \quad &|-2 \\ -ax^2 &= -2 \quad &|:(-a) \\ x^2 &= \frac{2}{a} \\ x_1 = -\sqrt{\frac{2}{a}} &\text{ und } x_2 = \sqrt{\frac{2}{a}} \end{aligned}$$

CAS

$p(x) := -a \cdot x^2 + 2$ *Fertig*

solve(p(x)=0,x)

$x = \frac{-\sqrt{2}}{\sqrt{a}}$ and $\frac{1}{a} \geq 0$ or $x = \frac{\sqrt{2}}{\sqrt{a}}$ and $\frac{1}{a} \geq 0$

Bei der Berechnung des Flächeninhalts mithilfe des bestimmten Integrals kann ausgenutzt werden, dass die Parabel p achsensymmetrisch zur y-Achse ist.

$$A = 2 \cdot \int_0^{\sqrt{\frac{2}{a}}} p(x)\,dx$$

$$= 2 \cdot \left[-\frac{1}{3}ax^3 + 2x \right]_0^{\sqrt{\frac{2}{a}}}$$

$$= 2 \cdot \left[-\frac{1}{3}a \cdot \frac{2}{a} \cdot \sqrt{\frac{2}{a}} + 2 \cdot \sqrt{\frac{2}{a}} - 0 \right]$$

$$= 2 \cdot \left[-\frac{2}{3} \cdot \sqrt{\frac{2}{a}} + 2 \cdot \sqrt{\frac{2}{a}} \right]$$

$$= \frac{8}{3} \cdot \sqrt{\frac{2}{a}} \text{ [FE]}$$

CAS

$$2 \cdot \int_0^{\sqrt{\frac{2}{a}}} p(x)\,dx \qquad \frac{8 \cdot \sqrt{\frac{2}{a}}}{3}$$

Der Parameter a wird durch Gleichsetzen dieses Flächeninhalts mit der flächenmäßig größten Ausdehnung des verschmutzten Bereichs aus Teilaufgabe c(5) bestimmt:

$$\frac{8}{3} \cdot \sqrt{\frac{2}{a}} = \frac{-4e + 8}{-1}$$

Als Lösung ergibt sich $a \approx 1{,}723$.
Die Gleichung der Parabel lautet damit:
$p(x) = -1{,}723x^2 + 2$

GTR

$$\text{nSolve}\left(\frac{8}{3} \cdot \sqrt{\frac{2}{a}} = \frac{-4 \cdot e^1 + 8}{-1}, a\right) \qquad 1.72289$$

CAS

$$\text{solve}\left(\frac{8 \cdot \sqrt{\frac{2}{a}}}{3} = \frac{-4 \cdot e^1 + 8}{-1}, a\right) \qquad a=1.72289$$

Übungsaufgaben im Stil der Abiturprüfung
Prüfungsteil B – Analysis B2

Das seitliche Profil einer Wasserrutsche in einem Freibad kann durch den Graphen der Funktion f mit der Gleichung

$f(x) = (x+1) \cdot e^{1-x}, \quad 0 \le x \le 5$[1]

modelliert werden (x und f(x) in Metern). Das Schwimmbecken wird im Bereich der Rutsche auf der linken Seite durch den negativen Teil der y-Achse begrenzt und der obere Beckenrand befindet sich auf Höhe der x-Achse. Für den Wasserspiegel der Wasseroberfläche wird angenommen, dass er 20 cm unterhalb des Beckenrandes liegt. Der Sachverhalt ist in Abbildung 1 veranschaulicht.

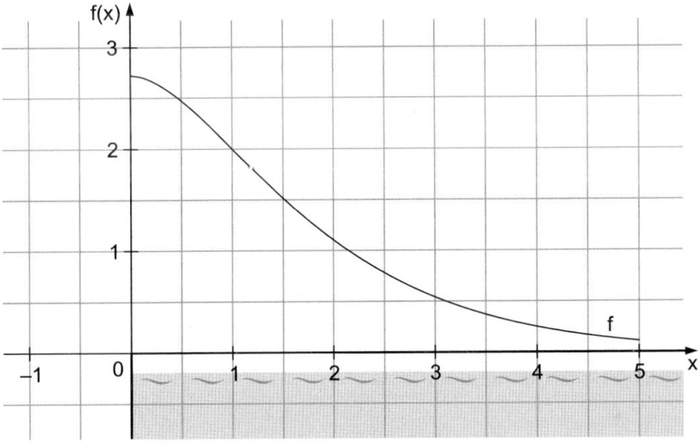

Abbildung 1

a) (1) Ermitteln Sie, in welcher Höhe über der Wasseroberfläche das Ende der Rutsche liegt.

(2) Zeigen Sie rechnerisch, dass die Profillinie der Rutsche auf der gesamten Länge fällt, und bestimmen Sie das durchschnittliche Gefälle der Rutsche.

(3) Bestimmen Sie durch Rechnung denjenigen Punkt auf der Profillinie der Rutsche, in dem das Gefälle am größten ist.
Aus Sicherheitsgründen darf der Neigungswinkel der Rutsche an keiner Stelle 60° überschreiten.
Überprüfen Sie, ob die Rutsche dieser Norm gerecht wird.

1 Die Funktion f ist für alle $x \in \mathbb{R}$ definiert, wird aber nur für $0 \le x \le 5$ zur Modellierung verwendet.

b) Damit sich direkt unterhalb der Rutsche keine Schwimmer mehr aufhalten können, soll die Rutsche auf beiden Seiten von der Profillinie bis zur Wasseroberfläche mit einer ebenen Verkleidung versehen werden.

(1) Berechnen Sie die Größe der insgesamt zu verkleidenden Fläche.

(2) Die Verkleidung auf jeder Seite der Rutsche soll in zwei Teilflächen zerlegt werden, für die unterschiedliche Materialien verwendet werden. Der Inhalt einer dieser beiden Teilflächen ist durch den Term

$$\int_0^{x_0} f(x)\,dx - x_0 \cdot f(x_0)$$

gegeben, wobei $0 < x_0 < 5$ gilt.
Erläutern Sie, welcher Flächeninhalt durch den Term beschrieben wird, und skizzieren Sie die Zerlegung der Verkleidung für den Wert $x_0 = 2$ in Abbildung 2.

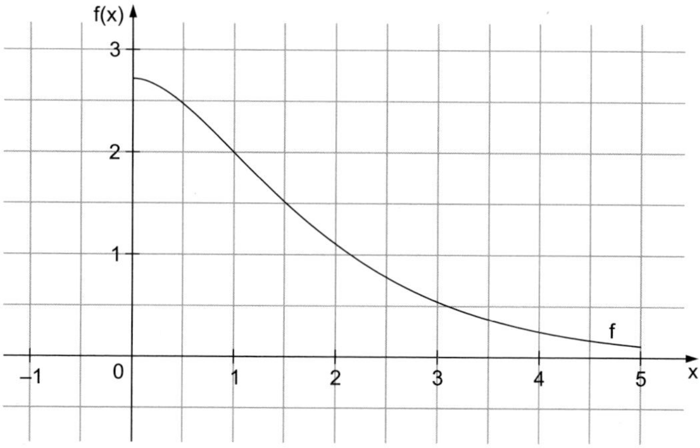

Abbildung 2

(3) Eine Stammfunktion von f(x) hat die Form $F(x) = (ax + b) \cdot e^{1-x}, \; x \in \mathbb{R}$.
Bestimmen Sie die reellen Zahlen a und b rechnerisch.
[*Zur Kontrolle:* $a = -1, b = -2$]

(4) Weisen Sie mithilfe der zugehörigen Stammfunktion nach, dass durch

$$A(x_0) = (2 \cdot e^{x_0} - x_0^2 - 2x_0 - 2) \cdot e^{1-x_0}$$

eine integralfreie Darstellung des Terms aus Teilaufgabe b(2) gegeben ist.

c) Einige Badegäste beschweren sich, dass man aufgrund des niedrigen Gefälles zu langsam rutscht. Daher wird eine neue Rutsche geplant, die folgende Vorgaben erfüllt:
   - Die Profillinie der neuen Rutsche wird durch den Graphen einer ganzrationalen Funktion 3. Grades modelliert.
   - In einer horizontalen Entfernung von 1 Meter vom Startpunkt weist die Rutsche ein Gefälle von 45° auf und besitzt den gleichen vertikalen Abstand zur Wasseroberfläche wie die vorhandene Rutsche.
   - Der Endpunkt der neuen Rutsche stimmt mit dem Endpunkt der alten Rutsche überein und die Rutsche läuft am Ende horizontal aus.

   (1) Bestimmen Sie die Gleichung einer ganzrationalen Funktion g(x), deren Graph diese Vorgaben erfüllt.
   [*Zur Kontrolle:* Die Funktion mit auf 4 Nachkommastellen gerundeten Koeffizienten lautet: $g(x) = -0{,}0034x^3 + 0{,}1559x^2 - 1{,}3015x + 3{,}1490$]

   (2) Zeigen Sie, dass dem Wunsch der Badegäste nachgekommen wird und das durchschnittliche Gefälle bei der neuen Rutsche größer ist als bei der alten Rutsche.

   (3) Begründen Sie, dass auch die neue Rutsche die Vorgabe, dass der Neigungswinkel an keiner Stelle 60° überschreitet, erfüllt.

   (4) Ermitteln Sie den maximalen Abstand zwischen den Profillinien der beiden Rutschen.

Hinweise und Tipps

Teilaufgabe a

(1) Beachten Sie, dass der Abstand bis zur Wasseroberfläche und nicht bis zur x-Achse gesucht ist.

(2) Die Profillinie der Rutsche fällt auf der gesamten Länge, wenn der Graph der Funktion f im gesamten Definitionsbereich streng monoton fallend ist.

Bestimmen Sie die 1. Ableitung von f und zeigen Sie, dass $f'(x) < 0$ gilt für $0 < x < 5$.

Berechnen Sie die durchschnittliche/mittlere Steigung des Graphen der Funktion f mit der Formel $m = \frac{f(x_2) - f(x_1)}{x_2 - x_1}$.

Oder

Zeichnen Sie den Graphen der Funktion f und bestimmen Sie die durchschnittliche/mittlere Steigung grafisch mit einer Sekante durch zwei Punkte des Graphen.

(3) Das größte Gefälle der Rutsche liegt an der Minimalstelle der 1. Ableitung $f'(x)$ vor.

Überprüfen Sie als Kandidaten hierfür die Nullstellen der 2. Ableitung $f''(x)$ und die Randstellen des Definitionsbereichs.

Bestimmen Sie den Winkel α, der zu dem größten Gefälle gehört, mithilfe des Tangens.

Teilaufgabe b

(1) Beachten Sie, dass beide Seiten verkleidet werden sollen und dass die Verkleidung bis zur Wasseroberfläche reichen soll.

Berechnen Sie den Inhalt einer Seitenfläche, indem Sie zum Flächeninhalt zwischen der Profillinie und der x-Achse den Flächeninhalt eines Rechtecks addieren.

Oder

Stellen Sie die Wasseroberfläche als Funktion dar und berechnen Sie den Inhalt einer Seitenfläche als Flächeninhalt zwischen zwei Funktionsgraphen.

(2) Überlegen Sie, welcher Flächeninhalt durch das bestimmte Integral angegeben wird und welcher Flächeninhalt davon abgezogen wird.

Markieren Sie in der Abbildung den Flächeninhalt, der übrig bleibt.

Vergessen Sie nicht, auch die zweite Teilfläche, in die die Verkleidung zerlegt wird, einzuzeichnen.

(3) Die Funktion F ist eine Stammfunktion der Funktion f, wenn $F'(x) = f(x)$ gilt.

Bilden Sie $F'(x)$ und bestimmen Sie a und b, indem Sie die Funktionsterme miteinander vergleichen.

(4) Berechnen Sie den Term $\int_0^{x_0} f(x)\,dx - x_0 \cdot f(x_0)$ so weit wie möglich und formen Sie $A(x_0)$ aus der Aufgabenstellung um, bis die Terme übereinstimmen.

Teilaufgabe c

(1) Eine ganzrationale Funktion 3. Grades besitzt folgende Gleichung: $g(x) = ax^3 + bx^2 + cx + d$ mit $a \neq 0$.

Leiten Sie aus den beiden anderen Vorgaben für die Rutsche vier Gleichungen ab und bestimmen Sie die Parameter in der Funktionsgleichung durch Lösen des linearen Gleichungssystems.

(2) Bestimmen Sie die durchschnittliche/mittlere Steigung des Graphen der ganzrationalen Funktion g und vergleichen Sie den Wert mit dem Ergebnis aus Teilaufgabe a(2).

(3) Berechnen Sie $\tan(60°)$ und zeigen Sie grafisch, dass die 1. Ableitung $g'(x)$ und damit das Gefälle der neuen Rutsche diesen Wert nicht unterschreiten.

(4) Stellen Sie den Abstand zwischen den Profillinien der Rutschen als Differenzfunktion dar.

Ermitteln Sie die Extremstellen durch Zeichnen und Analysieren des Graphen.

Beachten Sie, dass neben den Extremstellen auch die Randstellen für den maximalen (betragsmäßig größten) Abstand infrage kommen.

Lösung

a) (1) Da die Wasseroberfläche 20 cm = 0,2 m unterhalb des Beckenrandes liegt, muss zum Funktionswert f(5) noch der Wert 0,2 addiert werden:
$f(5) + 0,2 \approx 0,31$

GTR/CAS

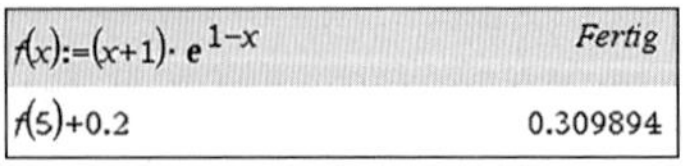

Das Ende der Rutsche liegt ca. 0,31 m (= 31 cm) über der Wasseroberfläche.

(2) Die Profillinie der Rutsche fällt auf der gesamten Länge, wenn der Graph der Funktion f im gesamten Definitionsbereich streng monoton fallend ist.
Dies ist der Fall, wenn $f'(x) < 0$ ist für $0 < x < 5$. (Die Ränder des Definitionsbereichs können bei der Untersuchung auf Monotonie vernachlässigt werden.)

Mit der Produkt- und Kettenregel ergibt sich für die 1. Ableitung:

$$\begin{aligned} f'(x) &= 1 \cdot e^{1-x} + (x+1) \cdot e^{1-x} \cdot (-1) \\ &= e^{1-x} - (x+1) \cdot e^{1-x} \\ &= e^{1-x} - x \cdot e^{1-x} - e^{1-x} \\ &= -x \cdot e^{1-x} \end{aligned}$$

CAS

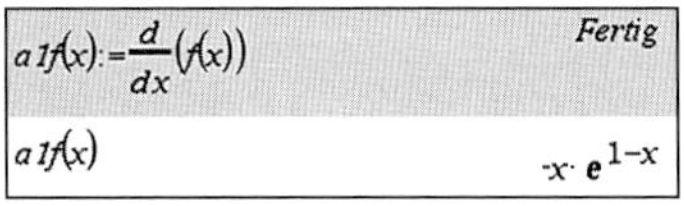

Für $x > 0$ gilt folgende Abschätzung:

$$f'(x) = \underbrace{-x}_{<0} \cdot \underbrace{e^{1-x}}_{>0} < 0$$

Der Graph der Funktion f ist streng monoton fallend für $x > 0$. Die Profillinie der Rutsche fällt daher auf der gesamten Länge.

Das durchschnittliche Gefälle der Rutsche entspricht der mittleren Steigung des Funktionsgraphen von f im Definitionsbereich $0 \leq x \leq 5$.

$$m = \frac{f(5) - f(0)}{5 - 0} \approx -0,52$$

GTR/CAS

Alternativ:
Die mittlere Steigung m kann auch grafisch anhand der Gleichung der Sekante durch die Punkte $P(0\,|\,f(0))$ und $Q(5\,|\,f(5))$ ermittelt werden.

Das durchschnittliche Gefälle der Rutsche beträgt ca. 0,52 m je Meter in horizontaler Richtung.

GTR/CAS

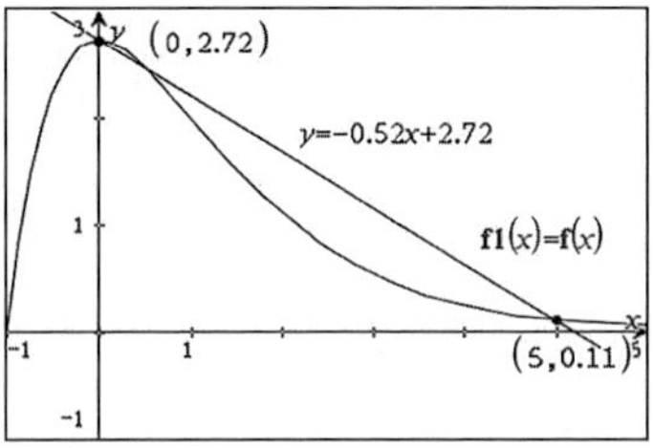

(3) Das Gefälle der Rutsche wird durch die 1. Ableitung $f'(x)$ beschrieben. Das größte Gefälle liegt an der Minimalstelle der Funktion $f'(x)$ vor. Dafür infrage kommen die Nullstellen der 2. Ableitung $f''(x)$ oder die Randstellen des Definitionsbereichs.

Mit der Produkt- und Kettenregel ergibt sich für die 2. Ableitung:

$$f''(x) = -1 \cdot e^{1-x} + (-x) \cdot e^{1-x} \cdot (-1)$$
$$= -e^{1-x} + x \cdot e^{1-x}$$
$$= (x-1) \cdot e^{1-x}$$

CAS

$a2f(x) := \frac{d^2}{dx^2}(f(x))$	*Fertig*
$a2f(x)$	$(e \cdot x - e) \cdot e^{-x}$

Notwendige Bedingung für eine Minimalstelle der Funktion $f'(x)$: $f''(x) = 0$

$$(x-1) \cdot e^{1-x} = 0 \quad |: e^{1-x} \neq 0$$
$$x - 1 = 0 \quad |+1$$
$$x = 1$$

Berechnung des Funktionswertes der Funktion $f'(x)$:

$f'(1) = -1$

Zu überprüfen sind noch die Randstellen:

$f'(0) = 0$

$f'(5) \approx -0{,}09$

GTR/CAS

$a1f(x) := -x \cdot e^{1-x}$	*Fertig*
$a1f(1)$	-1
$a1f(0)$	0.
$a1f(5)$	-0.091578
$f(1)$	2

Das größte Gefälle besitzt die Rutsche nach 1 Meter in horizontaler Richtung. Mit $f(1) = 2$ lauten die Koordinaten des zugehörigen Punktes $(1|2)$.

Der Winkel α, der zu diesem Gefälle gehört, berechnet sich durch:

$$\tan(\alpha) = -1$$
$$\alpha = \tan^{-1}(-1)$$
$$\alpha = -45°$$

GTR/CAS

$\tan^{-1}(-1)$	-45.

Da Neigungswinkel immer zwischen 0° und 90° angegeben werden, beträgt der zugehörige Neigungswinkel 45°. Die Rutsche wird der Norm daher gerecht.

b) (1) Die zu verkleidende Fläche auf einer Seite der Rutsche setzt sich aus der Fläche zwischen der Profillinie der Rutsche und dem oberen Beckenrand (x-Achse) sowie der rechteckigen Fläche zwischen dem Beckenrand und der Wasseroberfläche im Bereich $0 \leq x \leq 5$ zusammen. Da beide Seiten der Rutsche verkleidet werden sollen, wird mit 2 multipliziert.

$$A = 2 \cdot \left(\int_0^5 f(x)\,dx + 5 \cdot 0{,}2 \right) \approx 12{,}62\,[m^2]$$

GTR/CAS

$a := 2 \cdot \left(\int_0^5 f(x)\,dx + 5 \cdot 0.2 \right)$	12.6167

Alternativ:

Wird die Wasseroberfläche durch die Funktion $h(x) = -0{,}2$ dargestellt, berechnet sich die zu verkleidende Fläche als Integral über die Differenzfunktion $f(x) - h(x)$ im Bereich $0 \le x \le 5$. Da beide Seiten der Rutsche verkleidet werden sollen, wird mit 2 multipliziert.

$$A = 2 \cdot \int_0^5 (f(x) - h(x))\,dx \approx 12{,}62\,[m^2]$$

Der Flächeninhalt der zu verkleidenden Fläche beträgt ca. 12,62 m^2.

GTR/CAS

$h(x) := -0.2$	Fertig
$a := 2 \cdot \int_0^5 (f(x) - h(x))\,dx$	12.6167

(2) Das Integral $\int_0^{x_0} f(x)\,dx$ gibt den Inhalt der Fläche zwischen der Profillinie der Rutsche und der x-Achse im Bereich $0 \le x \le x_0$ an. Durch Subtraktion des Terms $x_0 \cdot f(x_0)$ wird davon der Flächeninhalt des Rechtecks mit den Eckpunkten $(0|0)$, $(x_0|0)$, $(x_0|f(x_0))$ und $(0|f(x_0))$ abgezogen.

Übrig bleibt also der Flächeninhalt zwischen der Profillinie der Rutsche und einer zur x-Achse parallel verlaufenden Linie durch den Punkt mit den Koordinaten $(x_0|f(x_0))$.

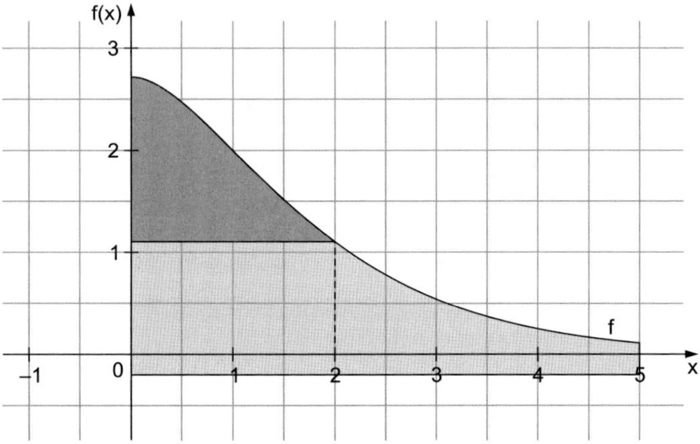

Abbildung 2

(3) Die Funktion F ist eine Stammfunktion der Funktion f, wenn $F'(x) = f(x)$ gilt.

Mit der Produkt- und Kettenregel gilt:

$$\begin{aligned} F'(x) &= a \cdot e^{1-x} + (ax + b) \cdot e^{1-x} \cdot (-1) \\ &= a \cdot e^{1-x} - (ax + b) \cdot e^{1-x} \\ &= (-ax + a - b) \cdot e^{1-x} \end{aligned}$$

Ein Vergleich von F'(x) und f(x) führt auf folgende Bedingungen:

I $\quad -a = 1 \;\Leftrightarrow\; a = -1$

II $\; a - b = 1$

Einsetzen von $a = -1$ in Gleichung II ergibt:

$-1 - b = 1 \;\Leftrightarrow\; b = -2$

Die Gleichung der Stammfunktion lautet damit $F(x) = (-x - 2) \cdot e^{1-x}$.

(4) Mit dem Hauptsatz der Integral- und Differenzialrechnung folgt:

$$\int_0^{x_0} f(x)\,dx - x_0 \cdot f(x_0)$$
$$= [F(x)]_0^{x_0} - x_0 \cdot f(x_0)$$
$$= F(x_0) - F(0) - x_0 \cdot f(x_0)$$
$$= (-x_0 - 2) \cdot e^{1-x_0} - (-2) \cdot e^1 - x_0 \cdot (x_0 + 1) \cdot e^{1-x_0}$$
$$= 2 \cdot e^1 - (x_0^2 + 2x_0 + 2) \cdot e^{1-x_0}$$

CAS

$sf(x):=(-x-2)\cdot e^{1-x}$	*Fertig*
$ia(x0):=sf(x0)-sf(0)-x0\cdot f(x0)$	*Fertig*
$ia(x0)$	$2\cdot e-(x0^2+2\cdot x0+2)\cdot e^{1-x0}$

Durch Umformen des vorgegebenen Terms $A(x_0)$ ergibt sich:

$$A(x_0) = (2 \cdot e^{x_0} - x_0^2 - 2x_0 - 2) \cdot e^{1-x_0}$$
$$= 2 \cdot e^{x_0} \cdot e^{1-x_0} - (x_0^2 + 2x_0 + 2) \cdot e^{1-x_0}$$
$$= 2 \cdot e^{x_0 + 1 - x_0} - (x_0^2 + 2x_0 + 2) \cdot e^{1-x_0}$$
$$= 2 \cdot e^1 - (x_0^2 + 2x_0 + 2) \cdot e^{1-x_0}$$

Ein Vergleich ergibt, dass die beiden Terme übereinstimmen. Durch den Term $A(x_0)$ ist daher eine integralfreie Darstellung des Terms gegeben.

c) (1) Eine ganzrationale Funktion 3. Grades besitzt die Gleichung:

$g(x) = ax^3 + bx^2 + cx + d$ mit $a \neq 0$

Eine horizontale Entfernung von 1 Meter vom Startpunkt der Rutsche wird durch $x = 1$ ausgedrückt.
Wegen $\tan(45°) = 1$ führt die Forderung, dass die Rutsche bei $x = 1$ ein Gefälle von 45° aufweist, auf die Gleichung $g'(1) = -1$.
Dass der vertikale Abstand zur Wasseroberfläche bei $x = 1$ für beide Rutschen gleich ist, entspricht der Gleichung $g(1) = f(1)$.
Die Endpunkte der Rutschen stimmen überein, wenn $g(5) = f(5)$ gilt.
Die neue Rutsche läuft am Ende horizontal aus, wenn die Gleichung $g'(5) = 0$ erfüllt ist.

Insgesamt führen die Vorgaben auf folgende Gleichungen:

I $\quad g'(1) = -1$

II $\quad g(1) = f(1)$

III $\quad g(5) = f(5)$

IV $\quad g'(5) = 0$

Mit $g(x) = ax^3 + bx^2 + cx + d$ und der Ableitung $g'(x) = 3ax^2 + 2bx + c$ ergibt sich aus diesen Gleichungen folgendes lineares Gleichungssystem:

I $\quad 3a + 2b + c = -1$

II $\quad a + b + c + d = f(1)$

III $\quad 125a + 25b + 5c + d = f(5)$

IV $\quad 75a + 10b + c = 0$

GTR/CAS

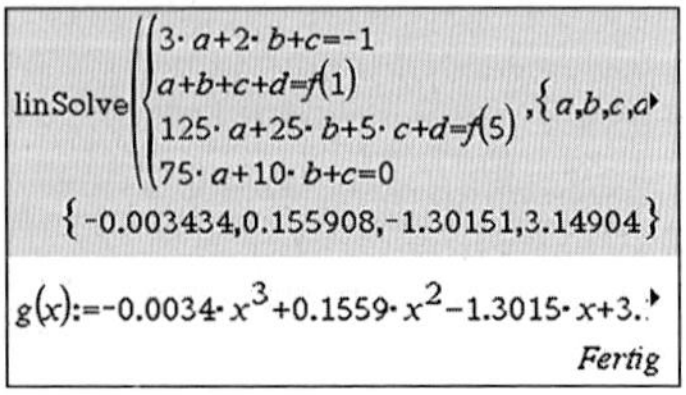

Die Lösungen lauten:
$a \approx -0{,}0034$, $b \approx 0{,}1559$, $c \approx -1{,}3015$ und $d \approx 3{,}1490$

Für die Gleichung der ganzrationalen Funktion g(x) folgt damit:
$g(x) = -0{,}0034x^3 + 0{,}1559x^2 - 1{,}3015x + 3{,}1490, \quad 0 \le x \le 5$

(2) Für das durchschnittliche Gefälle der neuen Rutsche gilt:

$$m_{neu} = \frac{g(5) - g(0)}{5 - 0} \approx -0{,}61$$

Das durchschnittliche Gefälle der neuen Rutsche ist mit 0,61 m je Meter in horizontaler Richtung größer als das in Teilaufgabe a(2) berechnete durchschnittliche Gefälle der alten Rutsche. Dieses lag bei nur ca. 0,52 m.

GTR/CAS

oder

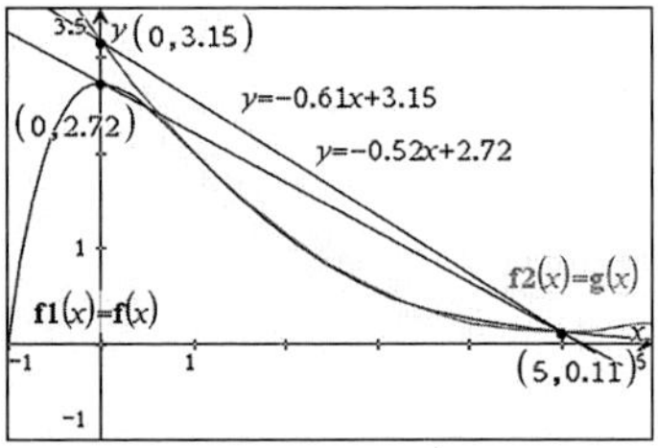

(3) Wegen $\tan(60°) \approx 1{,}73$ darf das Gefälle der neuen Rutsche, welches durch die 1. Ableitung $g'(x)$ angegeben wird, den Wert $-1{,}73$ nicht unterschreiten.

GTR/CAS

Zu zeigen ist also, dass folgende Ungleichung erfüllt ist:
$g'(x) > -1{,}73$ für $0 \le x \le 5$

Nach Teilaufgabe c(1) gilt für die 1. Ableitung $g'(x) = 3ax^2 + 2bx + c$. Durch Einsetzen von $a \approx -0{,}0034$, $b \approx 0{,}1559$ und $c \approx -1{,}3015$ ergibt sich:
$g'(x) = -0{,}0102x^2 + 0{,}3118x - 1{,}3015$

Die oben aufgestellte Ungleichung kann grafisch überprüft werden.
Da der Graph der 1. Ableitung im Bereich $0 \le x \le 5$ oberhalb der Geraden mit der Gleichung $y = -1{,}73$ verläuft, gilt die Ungleichung und die neue Rutsche erfüllt die Vorgabe, dass der Neigungswinkel an keiner Stelle 60° überschreitet.

GTR/CAS

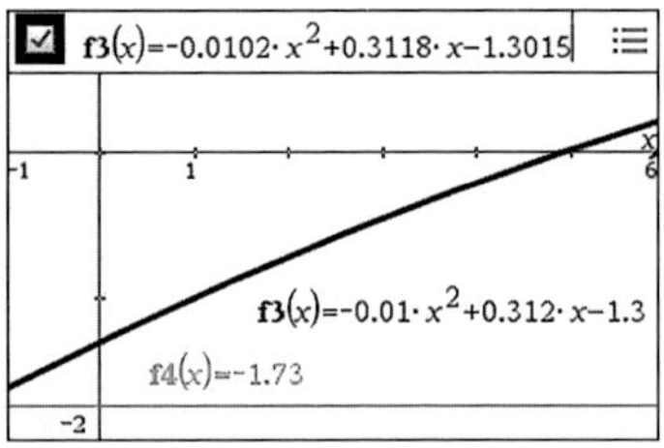

(4) Der Abstand der beiden Graphen, die die Profillinien der Rutschen darstellen, wird durch die Differenzfunktion d(x) = f(x) – g(x) angegeben. Die Extremstellen sowie die Randstellen sind mögliche Kandidaten für den maximalen (betragsmäßig größten) Abstand.

Durch Zeichnen und Analysieren des Graphen der Differenzfunktion im Bereich $0 \leq x \leq 5$ ergibt sich, dass an den Stellen $x_1 = 2{,}18$ und $x_2 = 4{,}21$ Extremstellen vorliegen:

$d(2{,}18) \approx -0{,}04$

$d(4{,}21) \approx 0{,}03$

Untersuchung der Randstellen:

$d(0) \approx -0{,}43$

$d(5) \approx 0$

Der betragsmäßig größte Abstand liegt am Intervallanfang x = 0 vor. Der maximale Abstand zwischen den Profillinien der beiden Rutschen beträgt daher ca. 0,43 m (= 43 cm).

GTR/CAS

d(x):=f(x)–g(x)	Fertig

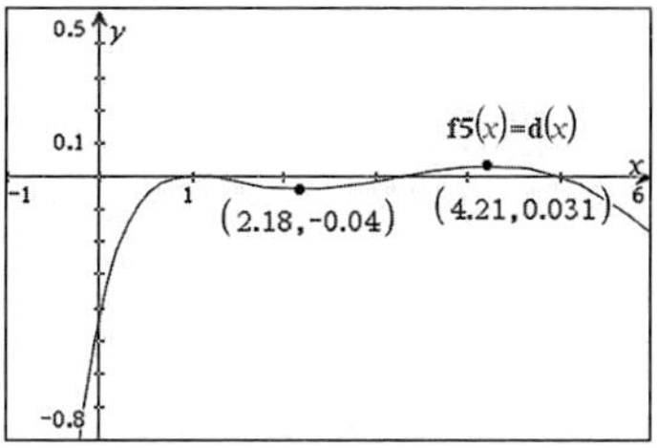

d(0)	0.430718
d(5)	-0.004106

Übungsaufgaben im Stil der Abiturprüfung
Prüfungsteil B – Vektorielle Geometrie B3

Eine große Ausstellungshalle mit den Maßen 9 m × 15 m × 7 m wird als Teil des ersten Oktanten betrachtet. Der Boden der Halle liegt in der x_1x_2-Ebene, zwei Seitenwände der Halle befinden sich in der x_1x_3- bzw. x_2x_3-Ebene.

In der Halle steht eine 3 m hohe Dreieckspyramide ABCS auf Stützen. Die Grundfläche der Pyramide hat die Form eines gleichschenkligen Dreiecks mit der Basis $\overline{BC}$. Der Abstand der Grundfläche der Pyramide vom Boden der Halle ist überall gleich. Ebenso haben alle Punkte der Kante $\overline{BC}$ von der x_1x_3-Ebene den gleichen Abstand.

Die Gegebenheiten sind in der Abbildung 1 dargestellt.

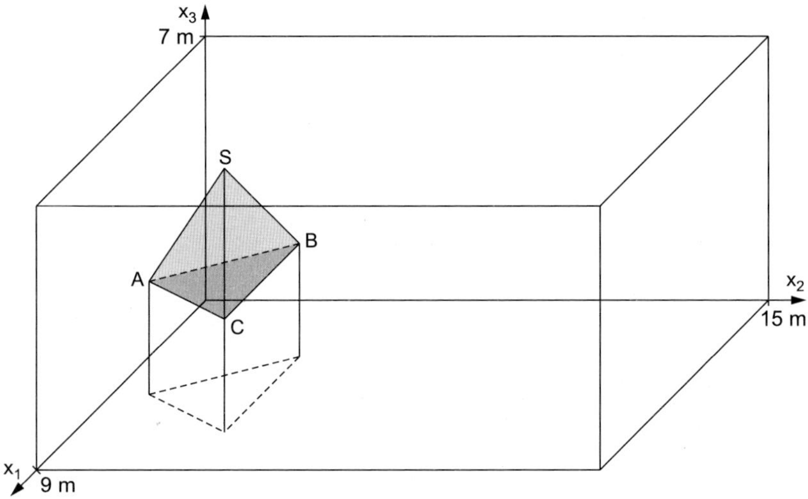

Abbildung 1

a) (1) Die Eckpunkte der Grundfläche der Pyramide besitzen die Koordinaten A(a | 1 | 3), B(3 | 4 | b) und C(7 | c | d).
Geben Sie mit Begründung die fehlenden Koordinaten der Eckpunkte der Grundfläche an.
[*Zur Kontrolle:* A(5 | 1 | 3), B(3 | 4 | 3) und C(7 | 4 | 3)]

(2) Durch die senkrechte Projektion der Pyramide auf den Boden der Halle wird die Pyramidenspitze S auf den Punkt S"(5 | 3 | 0) abgebildet.
Bestimmen Sie mit Begründung die Koordinaten des Punktes S der Pyramidenspitze.
[*Zur Kontrolle:* S(5 | 3 | 6)]

b) Im Punkt $L_0(5|12|0)$ auf dem Boden der Halle wird eine punktförmige Lichtquelle positioniert, die sich noch in der Höhe verstellen lässt und mit der die Pyramide während Ausstellungen angestrahlt werden kann.

(1) Geben Sie eine Gleichung derjenigen Geraden g an, auf der alle Positionen liegen, in denen sich die höhenverstellbare Lichtquelle befinden kann.

(2) Berechnen Sie, auf welche Höhe die Lichtquelle eingestellt werden muss, damit der Schatten der Pyramidenspitze S auf die Kante zwischen der linken Hallenwand und der Hallendecke fällt.
[*Zur Kontrolle:* $L(5|12|3)$]

(3) Es wird angenommen, dass die Lichtquelle die Position $L(5|12|3)$ aus Teilaufgabe b(2) besitzt.
Begründen Sie, dass in diesem Fall von der Pyramidengrundfläche nur die Kante $\overline{BC}$ angestrahlt wird, und folgern Sie daraus, welche Form der Schatten der Pyramide aufweist.

c) Ausgehend von einem Punkt P auf der Kante $\overline{AS}$ wird die Pyramide durch ein Stoffsegel in zwei Teilkörper geteilt. Das Segel wird dabei so gespannt, dass es ohne durchzuhangen vom Punkt P bis zur Kante $\overline{BC}$ reicht (siehe Abbildung 2).

(1) Geben Sie eine Gleichung für die Kante $\overline{AS}$ der Pyramide an.

(2) Weisen Sie rechnerisch nach, dass das Stoffsegel die Form eines gleichschenkligen Dreiecks besitzt, unabhängig davon, welcher Punkt P auf der Kante $\overline{AS}$ gewählt wird.

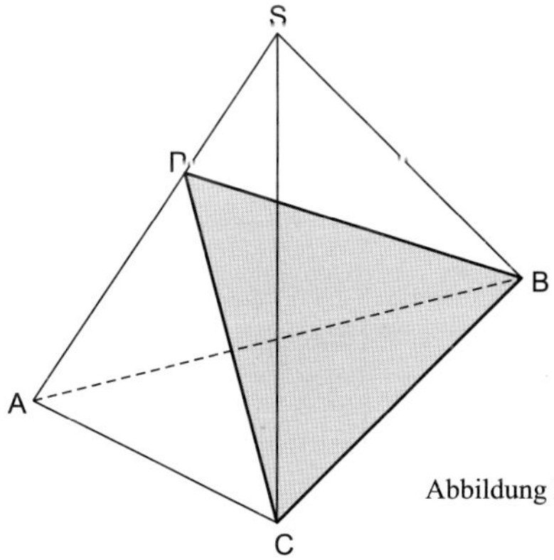

Abbildung 2

(3) Es gibt einen Punkt P_0, sodass der Flächeninhalt des Stoffsegels minimal wird. Bestimmen Sie für diesen Fall die Koordinaten von P_0 auf zwei Nachkommastellen genau und berechnen Sie näherungsweise den Flächeninhalt des Stoffsegels.

Die exakten Koordinaten des Punktes P_0, für den der Flächeninhalt des Stoffsegels minimal wird, lauten $P_0\left(5 \,\middle|\, \frac{25}{13} \,\middle|\, \frac{57}{13}\right)$. Gehen Sie für die restlichen Teilaufgaben davon aus, dass das Stoffsegel ausgehend von diesem Punkt aufgespannt wird.

(4) Leiten Sie eine Koordinatengleichung der Ebene her, in der das Stoffsegel liegt.
[*Zur Kontrolle:* E: $2x_2 + 3x_3 = 17$]

(5) Ermitteln Sie, unter welchem Winkel das Stoffsegel gegen die Grundfläche der Ausgangspyramide geneigt ist.

Hinweise und Tipps

Teilaufgabe a

(1) Alle Punkte der Pyramidengrundfläche sind vom Boden der Halle gleich weit entfernt. Überlegen Sie sich, welche Folgerung sich daraus für die x_3-Koordinaten der Punkte B und C ergibt.

Alle Punkte der Kante $\overline{BC}$ haben von der x_1x_3-Ebene den gleichen Abstand. Was ergibt sich daraus für die x_2-Koordinate des Punktes C?

Bei einem gleichschenkligen Dreieck liegt die Spitze des Dreiecks auf der Mittelsenkrechten zur Basis. Leiten Sie hieraus ab, welche x_1-Koordinate der Punkt A besitzt.

(2) Überlegen Sie, welche Koordinaten bei der Projektion erhalten bleiben.

In welcher Höhe liegt die Pyramidenspitze S?

Teilaufgabe b

(1) Überlegen Sie, welcher Richtungsvektor für die Gerade infrage kommt, auf der alle höhenverstellbaren Lichtquellen liegen.

Stellen Sie mithilfe dieses Richtungsvektors und eines Punktes der Geraden die Punkt-Richtungsform der Geradengleichung auf.

(2) Bestimmen Sie zunächst die Koordinaten des Schattenpunktes der Pyramidenspitze aus den gegebenen Informationen.

Stellen Sie eine Gleichung für den Lichtstrahl auf, auf dem der Schattenpunkt und die Pyramidenspitze liegen.

Die Koordinaten der höhenverstellbaren Lichtquelle müssen diese Gleichung erfüllen. Stellen Sie eine Vektorgleichung auf und lösen Sie diese.

(3) Vergleichen Sie, in welcher Höhe über dem Hallenboden die Lichtquelle und die Pyramidengrundfläche liegen.

Überlegen Sie, welcher Seite der Grundfläche die Lichtquelle zugewandt ist.

Stellen Sie eine Folgerung für die Form des Schattens der Pyramide auf.

Teilaufgabe c

(1) Beachten Sie, dass eine Kante Endpunkte besitzt. Bei der Zwei-Punkte-Form muss daher der Definitionsbereich des Parameters eingeschränkt werden.

Stellen Sie mithilfe der Endpunkte die Zwei-Punkte-Form der Kante auf.

(2) In einem gleichschenkligen Dreieck sind zwei Seiten gleich lang.

Die Länge der Strecke $\overline{RQ}$ zwischen den Punkten $R(r_1|r_2|r_3)$ und $Q(q_1|q_2|q_3)$ ist gleich dem Betrag des Vektors $|\overrightarrow{RQ}| = \sqrt{(q_1 - r_1)^2 + (q_2 - r_2)^2 + (q_3 - r_3)^2}$.

(3) Stellen Sie für den Flächeninhalt des Segels eine Funktion auf, die von einem Parameter abhängt.

Bestimmen Sie das Minimum durch Zeichnen und Analysieren des entsprechenden Graphen.

Berechnen Sie die Koordinaten von P_0 auf zwei Nachkommastellen genau und ermitteln Sie eine Näherung für den minimalen Flächeninhalt.

(4) Ein Normalenvektor der gesuchten Ebene steht senkrecht zu zwei beliebigen Vektoren, die die Ebene aufspannen.

Stellen Sie mithilfe des Normalenvektors die Punkt-Normalenform der Ebenengleichung auf und schreiben Sie diese in die Koordinatenform um.

(5) Überlegen Sie, welche Form ein Normalenvektor der Ebene besitzt, in der die Grundfläche der Ausgangspyramide liegt.

Der Neigungswinkel φ zwischen zwei Ebenen mit den Normalenvektoren $\vec{n}$ und $\vec{m}$ berechnet sich nach der Formel: $\cos\varphi = \frac{|\vec{n} \circ \vec{m}|}{|\vec{n}| \cdot |\vec{m}|}$

Lösung

a) (1) Der Abstand der Grundfläche der Pyramide vom Boden der Halle ist überall gleich. Die x_3-Koordinaten der Punkte A, B und C sind deswegen gleich. Da die x_3-Koordinate des Punktes A gleich 3 ist, sind auch die x_3-Koordinaten der Punkte B und C gleich 3.

Es gilt also:
$b = 3$ und $d = 3$

Alle Punkte der Kante $\overline{BC}$ haben von der x_1x_3-Ebene den gleichen Abstand. Deswegen besitzen alle Punkte der Kante die gleiche x_2-Koordinate. Da die x_2-Koordinate des Punktes B gleich 4 ist, ist die x_2-Koordinate von C auch gleich 4.

Es gilt also:
$c = 4$

Die Grundfläche der Pyramide ist ein gleichschenkliges Dreieck mit der Basis $\overline{BC}$. Der Punkt A liegt deswegen auf der Mittelsenkrechten zur Basis $\overline{BC}$. Die x_1-Koordinate von A ist somit gleich der x_1-Koordinate des Mittelpunktes der Kante $\overline{BC}$. Und diese ist gleich dem Mittelwert der x_1-Koordinaten der Punkte B und C.

Es gilt also:

$$a = \frac{3+7}{2} = 5$$

(2) Bei der senkrechten Projektion auf die x_1x_2-Ebene bleiben die x_1- und x_2-Koordinaten der Punkte erhalten.
Da die Grundfläche der Pyramide 3 m über dem Hallenboden liegt und die Höhe der Pyramide 3 m beträgt, ist die x_3-Koordinate des Punktes S gleich 6.

Die Spitze S der Pyramide hat die Koordinaten $S(5|3|6)$.

b) (1) Da sich die Lichtquelle lediglich in der Höhe verstellen lässt, ist nur die x_3-Koordinate des Richtungsvektors der gesuchten Geraden ungleich null.

Mit dem Punkt L_0 als Anbindungspunkt und dem Richtungsvektor $\begin{pmatrix}0\\0\\1\end{pmatrix}$ besitzt die Gerade g, auf der alle Positionen der höhenverstellbaren Lichtquelle liegen, die Gleichung:

$$g\colon \vec{x} = \vec{\ell}_0 + h \cdot \begin{pmatrix}0\\0\\1\end{pmatrix} = \begin{pmatrix}5\\12\\0\end{pmatrix} + h \cdot \begin{pmatrix}0\\0\\1\end{pmatrix};\ h \in \mathbb{R}$$

(2) Da der Schattenpunkt der Pyramidenspitze S auf die Kante zwischen der linken Hallenwand und der Hallendecke fällt, besitzt er die x_2-Koordinate 0 und die x_3-Koordinate 7. Seine x_1-Koordinate ist gleich 5, da die Lichtquelle und auch die Pyramidenspitze S diese x_1-Koordinate besitzen. Für den Schattenpunkt gilt daher $S'(5|0|7)$.

Für den Lichtstrahl, der durch den Schattenpunkt S' und durch die Pyramidenspitze S verläuft, ergibt sich folgende Gleichung:

$$\ell\colon \vec{x} = \vec{s}\,' + r \cdot \overrightarrow{S'S} = \begin{pmatrix}5\\0\\7\end{pmatrix} + r \cdot \begin{pmatrix}0\\3\\-1\end{pmatrix};\ r \geq 0$$

Die Koordinaten der höhenverstellbaren Lichtquelle müssen diese Gleichung erfüllen:

$$\begin{pmatrix}5\\12\\h\end{pmatrix} = \begin{pmatrix}5\\0\\7\end{pmatrix} + r \cdot \begin{pmatrix}0\\3\\-1\end{pmatrix}$$

Die Vektorgleichung führt auf folgende Koordinatengleichungen:

I $5 = 5$ (wahre Aussage)
II $12 = 3r$
III $h = 7 - r$

GTR

linSolve$\left(\begin{cases}12=3\cdot r\\ h=7-r\end{cases},\{r,h\}\right)$ $\{4,3\}$

CAS

solve$\left(\begin{bmatrix}5\\12\\h\end{bmatrix}=\begin{bmatrix}5\\0\\7\end{bmatrix}+r\cdot\begin{bmatrix}0\\3\\-1\end{bmatrix},\{r,h\}\right)$ $r=4$ and $h=3$

Als Lösung des Gleichungssystems ergibt sich $r = 4$ und $h = 3$.

Die Lichtquelle muss also in die Position $L(5|12|3)$ und damit auf eine Höhe von 3 m eingestellt werden.

(3) Der Abstand der Pyramidengrundfläche vom Hallenboden ist überall gleich 3 m. Die Lichtquelle in der Position L(5|12|3) liegt ebenfalls 3 m über dem Hallenboden und befindet sich auf der Seite, die der Kante $\overline{BC}$ zugewandt ist. Aus diesen Gründen wird von der Pyramidengrundfläche nur die Kante $\overline{BC}$ angestrahlt.

Unter der Annahme, dass sich die Lichtquelle in der Position L(5|12|3) befindet, besitzt der Schatten der Pyramide die Form eines Dreiecks mit den Eckpunkten B', C' und S'.

c) (1) Da die Kante $\overline{AS}$ die Endpunkte A und S besitzt, muss bei der Zwei-Punkte-Form der Definitionsbereich des Parameters eingeschränkt werden.

Mit dem Punkt A als Anbindungspunkt und dem Richtungsvektor $\overrightarrow{AS}$ besitzt die Kante $\overline{AS}$ die Gleichung:

$$g_{\overline{AS}}\colon \vec{x} = \vec{a} + r\cdot\overrightarrow{AS} = \begin{pmatrix}5\\1\\3\end{pmatrix} + r\cdot\left[\begin{pmatrix}5\\3\\6\end{pmatrix} - \begin{pmatrix}5\\1\\3\end{pmatrix}\right] = \begin{pmatrix}5\\1\\3\end{pmatrix} + r\cdot\begin{pmatrix}0\\2\\3\end{pmatrix};\ 0 \le r \le 1$$

(2) Ein Punkt P, der auf der Kante $\overline{AS}$ liegt, hat den Ortsvektor $\vec{p} = \begin{pmatrix}5\\1+2r\\3+3r\end{pmatrix}$, wobei $0 \le r \le 1$ gilt.

Für die Seitenlängen des Stoffsegels gilt:

$$|\overrightarrow{BC}| = \left|\begin{pmatrix}7\\4\\3\end{pmatrix} - \begin{pmatrix}3\\4\\3\end{pmatrix}\right| = \left|\begin{pmatrix}4\\0\\0\end{pmatrix}\right| = \sqrt{16} = 4\ [\text{m}]$$

$$|\overrightarrow{BP}| = \left|\begin{pmatrix}5\\1+2r\\3+3r\end{pmatrix} - \begin{pmatrix}3\\4\\3\end{pmatrix}\right| = \left|\begin{pmatrix}2\\-3+2r\\3r\end{pmatrix}\right| = \sqrt{2^2+(-3+2r)^2+(3r)^2}$$

$$= \sqrt{4+9-12r+4r^2+9r^2} = \sqrt{13r^2-12r+13}\ [\text{m}]$$

$$|\overrightarrow{CP}| = \left|\begin{pmatrix}5\\1+2r\\3+3r\end{pmatrix} - \begin{pmatrix}7\\4\\3\end{pmatrix}\right| = \left|\begin{pmatrix}-2\\-3+2r\\3r\end{pmatrix}\right| = \sqrt{(-2)^2+(-3+2r)^2+(3r)^2}$$

$$= \sqrt{4+9-12r+4r^2+9r^2} = \sqrt{13r^2-12r+13}\ [\text{m}]$$

GTR/CAS

Eingabe	Ausgabe
$b:=\begin{bmatrix}3\\4\\3\end{bmatrix}$	$\begin{bmatrix}3\\4\\3\end{bmatrix}$
$c:=\begin{bmatrix}7\\4\\3\end{bmatrix}$	$\begin{bmatrix}7\\4\\3\end{bmatrix}$
norm(c−b)	4

CAS

Eingabe	Ausgabe
$p:=\begin{bmatrix}5\\1+2\cdot r\\3+3\cdot r\end{bmatrix}$	$\begin{bmatrix}5\\2\cdot r+1\\3\cdot r+3\end{bmatrix}$
norm(p−b)	$\sqrt{13\cdot r^2-12\cdot r+13}$
norm(p−c)	$\sqrt{13\cdot r^2-12\cdot r+13}$

Wegen $|\overrightarrow{BP}| = |\overrightarrow{CP}|$ für alle $0 \le r \le 1$ sind alle Dreiecke, die das Stoffsegel bilden, gleichschenklig mit der Basis $\overline{BC}$ und den gleich langen Schenkeln $\overline{BP}$ und $\overline{CP}$.

(3) Der Flächeninhalt eines Dreiecks berechnet sich nach der Formel: $A = \frac{1}{2} \cdot g \cdot h$

Für den Flächeninhalt des Stoffsegels gilt:

$$A_{Segel} = \frac{1}{2} \cdot |\overrightarrow{BC}| \cdot h_{BC} = \frac{1}{2} \cdot 4 \cdot h_{BC} = 2 \cdot h_{BC} \; [m^2]$$

Bei einem gleichschenkligen Dreieck ist die Höhe zur Basis zugleich die Mittelsenkrechte.

Für den Mittelpunkt der Kante $\overline{BC}$ gilt:

$$\vec{m}_{BC} = \frac{1}{2} \cdot (\vec{b} + \vec{c}) = \begin{pmatrix} 5 \\ 4 \\ 3 \end{pmatrix}$$

GTR/CAS

$m := \frac{1}{2} \cdot (b+c)$ $\quad \begin{bmatrix} 5 \\ 4 \\ 3 \end{bmatrix}$

Für die Höhe h_{BC} des gleichschenkligen Dreiecks folgt damit:

CAS

norm$(p-m)$ $\quad \sqrt{13 \cdot r^2 - 12 \cdot r + 9}$

$$h_{BC} = |\overrightarrow{M_{BC}P}| = \left| \begin{pmatrix} 5 \\ 1+2r \\ 3+3r \end{pmatrix} - \begin{pmatrix} 5 \\ 4 \\ 3 \end{pmatrix} \right|$$

$$= \left| \begin{pmatrix} 0 \\ -3+2r \\ 3r \end{pmatrix} \right| = \sqrt{(-3+2r)^2 + (3r)^2} = \sqrt{13r^2 - 12r + 9} \; [m]$$

Der Flächeninhalt des Stoffsegels lässt sich damit als Funktion in Abhängigkeit des Parameters r darstellen:

$$A_{Segel}(r) = 2 \cdot \sqrt{13r^2 - 12r + 9}$$

Gesucht ist das Minimum dieser Funktion. Durch Zeichnen und Analysieren des Graphen ergibt sich, dass die Funktion $A_{Segel}(r)$ an der Stelle $r \approx 0{,}462$ ihren minimalen Wert annimmt.

GTR/CAS

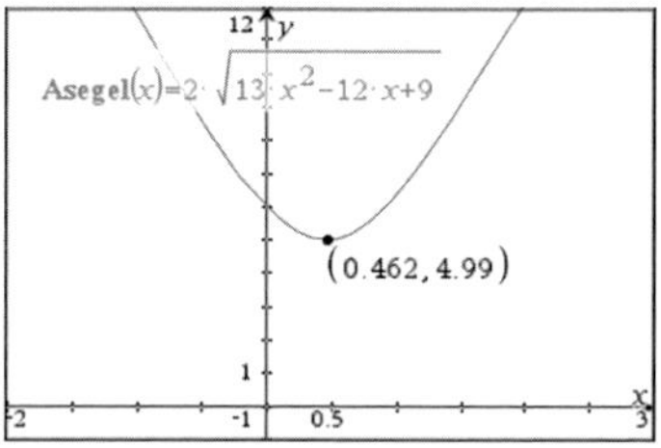

Durch Einsetzen von $r \approx 0{,}462$ ergeben sich die Koordinaten des Punktes P_0, für den der Flächeninhalt des Segels minimal wird:

$$\vec{p}_0 = \begin{pmatrix} 5 \\ 1 \\ 3 \end{pmatrix} + 0{,}462 \cdot \begin{pmatrix} 0 \\ 2 \\ 3 \end{pmatrix} = \begin{pmatrix} 5 \\ 1{,}924 \\ 4{,}386 \end{pmatrix} \Rightarrow P_0(5{,}00 \mid 1{,}92 \mid 4{,}39)$$

Der Flächeninhalt des Segels beträgt für diesen Fall näherungsweise:

$$A_{Segel}(0{,}462) \approx 4{,}99 \, [m^2]$$

(4) Ein Normalenvektor der gesuchten Ebene steht senkrecht zu zwei beliebigen Vektoren, die die Ebene aufspannen.

Die Ebene, in der das Stoffsegel liegt, wird z. B. durch die folgenden beiden Vektoren aufgespannt:

$$\overrightarrow{BC} = \vec{c} - \vec{b} = \begin{pmatrix} 4 \\ 0 \\ 0 \end{pmatrix}; \quad \overrightarrow{BP_0} = \vec{p}_0 - \vec{b} = \begin{pmatrix} 2 \\ -\frac{27}{13} \\ \frac{18}{13} \end{pmatrix}$$

Ist $\vec{n} = \begin{pmatrix} n_1 \\ n_2 \\ n_3 \end{pmatrix}$ ein Normalenvektor der gesuchten Ebene, so steht dieser senkrecht zu diesen beiden Vektoren. Es gilt also:

I $\overrightarrow{BC} \circ \vec{n} = 0$

II $\overrightarrow{BP_0} \circ \vec{n} = 0$

bzw. ausmultipliziert:

I $4n_1 = 0$

II $2n_1 - \frac{27}{13} n_2 + \frac{18}{13} n_3 = 0$

Wählt man $n_3 = 3$, ist $n_2 = 2$ und $n_1 = 0$.
Der Normalenvektor lautet somit:

$$\vec{n} = \begin{pmatrix} 0 \\ 2 \\ 3 \end{pmatrix}$$

GTR/CAS

$$\text{linSolve}\left(\begin{cases} 4 \cdot n1 = 0 \\ 2 \cdot n1 - \frac{27}{13} \cdot n2 + \frac{18}{13} \cdot n3 = 0 \end{cases}, \{n1, n2, \ldots\right) \quad \left\{0, \frac{2 \cdot c1}{3}, c1\right\}$$

$$n := \begin{bmatrix} 0 \\ 2 \\ 3 \end{bmatrix} \quad \begin{bmatrix} 0 \\ 2 \\ 3 \end{bmatrix}$$

Mit dem Punkt B und dem Normalenvektor $\vec{n}$ ergibt sich als Punkt-Normalenform der Ebenengleichung:

$$E: \begin{pmatrix} 0 \\ 2 \\ 3 \end{pmatrix} \circ \vec{x} - \begin{pmatrix} 0 \\ 2 \\ 3 \end{pmatrix} \circ \begin{pmatrix} 3 \\ 4 \\ 3 \end{pmatrix} = 0$$

$$E: \begin{pmatrix} 0 \\ 2 \\ 3 \end{pmatrix} \circ \begin{pmatrix} x_1 \\ x_2 \\ x_3 \end{pmatrix} - 17 = 0$$

Daraus folgt die Koordinatenform:

$E: 2x_2 + 3x_3 = 17$

GTR

$$\text{dotP}(n, b) \quad 17$$

CAS

$$\text{dotP}\left(n, \begin{bmatrix} x1 \\ x2 \\ x3 \end{bmatrix}\right) - \text{dotP}(n, b) = 0 \quad 2 \cdot x2 + 3 \cdot x3 - 17 = 0$$

(5) Die Ebene, in der die Grundfläche der Ausgangspyramide liegt, ist parallel zur x_1x_2-Koordinatenebene und besitzt die Koordinatenform $x_3 = 3$. Ihr Normalenvektor lautet daher:

$$\vec{m} = \begin{pmatrix} 0 \\ 0 \\ 1 \end{pmatrix}$$

GTR/CAS

$$m := \begin{bmatrix} 0 \\ 0 \\ 1 \end{bmatrix} \quad \begin{bmatrix} 0 \\ 0 \\ 1 \end{bmatrix}$$

Der Neigungswinkel φ zwischen zwei Ebenen mit den Normalenvektoren $\vec{n}$ und $\vec{m}$ berechnet sich nach der Formel: $\cos\varphi = \frac{\vec{n} \circ \vec{m}}{|\vec{n}| \cdot |\vec{m}|}$

$$\cos\varphi = \frac{\begin{pmatrix}0\\2\\3\end{pmatrix} \circ \begin{pmatrix}0\\0\\1\end{pmatrix}}{\left|\begin{pmatrix}0\\2\\3\end{pmatrix}\right| \cdot \left|\begin{pmatrix}0\\0\\1\end{pmatrix}\right|} \approx 0{,}83205$$

$\Rightarrow \quad \varphi \approx 33{,}69°$

GTR/CAS

$\frac{\text{dotP}(n,m)}{\text{norm}(n) \cdot \text{norm}(m)}$	0.83205
$\cos^{-1}(0.83205029433784)$	33.6901

Übungsaufgaben im Stil der Abiturprüfung
Prüfungsteil B – Stochastik B4

Geir Jordet, Professor für Sportwissenschaften in Oslo, hat das Elfmeterschießen anhand von Daten aus den letzten 30 Jahren wissenschaftlich untersucht. Dabei kam er zu interessanten Ergebnissen. Unter anderem fand er heraus, dass in der Theorie die durchschnittliche Trefferwahrscheinlichkeit beim Elfmeterschießen bei 75 % liegt.

a) Gehen Sie vereinfachend davon aus, dass bei einem Spiel nach der Verlängerung im Elfmeterschießen alle 5 Schützen einer Mannschaft mit der in der Studie ermittelten Wahrscheinlichkeit treffen.

(1) Berechnen Sie die Wahrscheinlichkeiten für folgende Ereignisse:

E_1: Die Mannschaft verwandelt keinen Elfmeter.

E_2: Die Mannschaft verwandelt mindestens 3 Elfmeter.

E_3: Die Mannschaft verschießt keinen Elfmeter.

(2) Es werden 5 oder mehr Elfmeter hintereinander ausgeführt.
Ermitteln Sie, für welche Anzahl an Elfmetern die Wahrscheinlichkeit für genau 5 verwandelte Elfmeter am größten ist, und geben Sie die entsprechende Wahrscheinlichkeit an.

b) Die Mannschaft FC Jericho hat in der vergangenen Spielzeit mit einer durchschnittlichen Elfmetertrefferquote von 60 % im Vergleich zu dem Ergebnis aus der Studie schlechter abgeschnitten. Ihr Trainer verordnete den Spielern in der Sommerpause ein intensives Elfmetertraining und behauptet, dass sich die Mannschaft hinsichtlich der Elfmeterquote dadurch erheblich verbessert habe.
Um dies den kritischen Sportjournalisten zu beweisen, wird im Abschlusstraining am Ende der Sommerpause mit den 23 Spielern des aktuellen Kaders ein Elfmeterturnier gegen eine Auswahl von Torwarten durchgeführt. Jeder Spieler schießt dabei zweimal aufs Tor.

(1) Geben Sie zur Überprüfung der Aussage des Trainers eine geeignete Nullhypothese an und ermitteln Sie eine passende Entscheidungsregel auf dem Signifikanzniveau von $\alpha = 0{,}05$.

(2) Bei dem öffentlichen Elfmeterturnier können die Spieler insgesamt 34 Elfmeter verwandeln.
Beurteilen Sie die Situation hinsichtlich der Versprechung des Trainers.

Im Nachhinein stellt sich heraus, dass das Elfmetertraining bei der Mannschaft doch zu keiner höheren Trefferquote geführt hat. Der Trainer gesteht ein, dass seine Einschätzung hinsichtlich einer gestiegenen Trefferquote fehlerhaft war.

(3) Geben Sie an, welchen Fehler der Trainer im stochastischen Sinne gemacht hat und wie hoch die Wahrscheinlichkeit seines Auftretens im vorliegenden Fall ist.

c) Es wird angenommen, dass die Zufallsgröße G, die die Körpergröße der Fußballspieler des FC Jericho in cm angibt, normalverteilt ist mit dem Erwartungswert $\mu = 175$ cm.

(1) Entscheiden und begründen Sie kurz, welche der beiden Kurven in der nachfolgenden Abbildung zur normalverteilten Zufallsgröße G gehört.

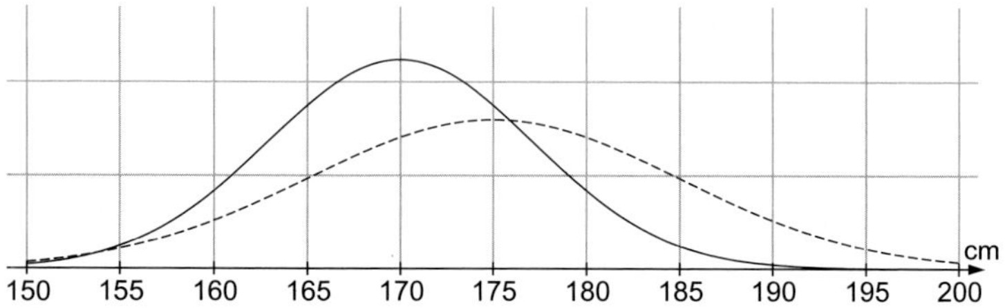

(2) Aus einer Studie ist bekannt, dass 8,1 % aller Fußballspieler größer als 189 cm sind.
Bestimmen Sie die Standardabweichung σ der Zufallsgröße G.
[*Zur Kontrolle:* $\sigma \approx 10$]

(3) Berechnen Sie die Wahrscheinlichkeit dafür, dass ein beliebiger Spieler des Kaders des FC Jericho zwischen 180 cm und 185 cm groß ist, und stellen Sie diese Wahrscheinlichkeit in der Abbildung aus Teilaufgabe d(1) grafisch dar.

Hinweise und Tipps

Teilaufgabe a

(1) Betrachten Sie die binomialverteilte Zufallsgröße X, die die Anzahl der verwandelten Elfmeter angibt.

Berechnen Sie $P(X=0)$, $P(X \geq 3)$ und $P(X=5)$.

Oder

Betrachten Sie für das Ereignis E_3 die Zufallsgröße Y, die die Anzahl der verschossenen Elfmeter angibt, und berechnen Sie $P(Y=0)$.

(2) Betrachten Sie wieder die obige Zufallsgröße X und berechnen Sie $P_{0,75}^{n}(X=5)$ für verschiedene Werte $n \geq 5$.

Wählen Sie aus den berechneten Werten die größte Wahrscheinlichkeit aus.

Teilaufgabe b

(1) Wählen Sie als Nullhypothese die Annahme, die widerlegt werden soll. Sie lautet H_0: $p \leq 0{,}6$.

Machen Sie sich klar, dass es sich um einen rechtsseitigen Test handelt.

Um eine Entscheidungsregel anzugeben, ermitteln Sie die Grenze k, für die $P_{p=0,6}(X \geq k) > 0{,}05$ und $P_{p=0,6}(X \geq k+1) < 0{,}05$ gilt.

Der gesuchte Wert für k lässt sich experimentell mithilfe des Taschenrechners durch systematisches Probieren ermitteln.

Oder

Ermitteln Sie eine Entscheidungsregel mithilfe einer geeigneten σ-Umgebung um den Erwartungswert.

(2) Entscheiden Sie anhand der aufgestellten Entscheidungsregel, ob die Nullhypothese bei 34 verwandelten Elfmetern angenommen oder verworfen wird.

(3) Überlegen Sie, um welchen Fehler es sich handelt, wenn die Nullhypothese abgelehnt wird, obwohl sie in Wirklichkeit wahr ist.

Ein exakter Wert für die Wahrscheinlichkeit des Fehlers 1. Art lässt sich durch den Term $P(X \geq 34)$ berechnen.

Teilaufgabe c

(1) Beachten Sie, dass das Maximum des Graphen mit dem Erwartungswert der normalverteilten Zufallsgröße übereinstimmen muss.

(2) Beachten Sie, dass für die Verteilungsfunktion der Standardnormalverteilung $F(x) = \phi\left(\frac{x-\mu}{\sigma}\right)$ gilt.

Über den Ansatz $P(G \leq 189) = \phi\left(\frac{189-175}{\sigma}\right) = 0{,}919$ lässt sich σ mithilfe der inversen Normalverteilung berechnen.

(3) Beachten Sie, dass bei normalverteilten Zufallsgrößen die Wahrscheinlichkeiten für offene und geschlossene Intervalle gleich sind.

Berechnen Sie $P(180 < G < 185) = P(180 \leq G \leq 185)$ mittels der Normalverteilung.

Stellen Sie die Wahrscheinlichkeit grafisch dar, indem Sie in der Abbildung eine geeignete Fläche unterhalb des gestrichelten Graphen markieren.

Lösung

a) (1) Die Zufallsgröße X, die die Anzahl der verwandelten Elfmeter angibt, wird als binomialverteilt mit n = 5 und p = 0,75 angenommen.

$P(E_1) = P(X = 0) \approx 0{,}001 = 0{,}1\,\%$

GTR/CAS

binomPdf(5,0.75,0)	0.000977

$P(E_2) = P(X \geq 3) = P(3 \leq X \leq 5)$
$\approx 0{,}8965 = 89{,}65\,\%$

binomCdf(5,0.75,3,5)	0.896484

Alternativ:

$P(E_2) = P(X \geq 3) = 1 - P(X \leq 2)$
$\approx 0{,}8965 = 89{,}65\,\%$

1-binomCdf(5,0.75,0,2)	0.896484

Verschießt die Mannschaft keinen Elfmeter, dann verwandelt sie alle.

$P(E_3) = P(X = 5) \approx 0{,}2373 = 23{,}73\,\%$

binomPdf(5,0.75,5)	0.237305

Alternativ:

Die Zufallsgröße Y, die die Anzahl der verschossenen Elfmeter angibt, ist ebenfalls binomialverteilt mit n = 5 und q = 0,25.

$P(E_3) = P(Y = 0) \approx 0{,}2373 = 23{,}73\,\%$

binomPdf(5,0.25,0)	0.237305

(2) Die Zufallsgröße X gibt weiterhin die Anzahl verwandelter Elfmeter an. Für beliebiges n ist die Zufallsgröße X binomialverteilt mit der gleichbleibenden Trefferwahrscheinlichkeit p = 0,75.

Für n = 5, 6, 7, 8 oder 9 ergeben sich mit dem Taschenrechner die folgenden Wahrscheinlichkeiten für genau 5 verwandelte Elfmeter.

GTR/CAS

binomPdf(5,0.75,5)	0.237305
binomPdf(6,0.75,5)	0.355957
binomPdf(7,0.75,5)	0.311462
binomPdf(8,0.75,5)	0.207642
binomPdf(9,0.75,5)	0.116798

n = 5: $P(X=5) \approx 0{,}2373 = 23{,}73\,\%$

n = 6: $P(X=5) \approx 0{,}3560 = 35{,}60\,\%$

n = 7: $P(X=5) \approx 0{,}3115 = 31{,}15\,\%$

n = 8: $P(X=5) \approx 0{,}2076 = 20{,}76\,\%$

n = 9: $P(X=5) \approx 0{,}1168 = 11{,}68\,\%$

Man erkennt, dass die Wahrscheinlichkeit, genau 5 Treffer zu erzielen, für n = 6 am größten ist und ca. 35,60 % beträgt. Mit steigendem n nimmt die Wahrscheinlichkeit für genau 5 Treffer wieder ab.

b) (1) Als Nullhypothese sollte die Annahme gewählt werden, die man widerlegen möchte.

Der Trainer möchte mit dem Elfmeterturnier beweisen, dass die Trefferquote seiner Mannschaft von vormals 60 % gestiegen ist. Folglich wählt man als Nullhypothese H_0: $p \leq 0{,}6$.

Um eine passende Entscheidungsregel zu ermitteln, wird die Zufallsgröße X: „Anzahl der verwandelten Elfmeter im Turnier“ als binomialverteilt mit $n = 2 \cdot 23 = 46$ und $p = 0{,}6$ angenommen. Auf Grundlage dieser Festlegungen ist nun der Trefferbereich zu ermitteln, für den die Nullhypothese H_0 beizubehalten bzw. zu verwerfen ist.

Wegen des Signifikanzniveaus $\alpha = 0{,}05$ ist der Wert k gesucht, für den gilt:
$P_{p=0,6}(X \geq k) > 0{,}05$ und $P_{p=0,6}(X \geq k+1) < 0{,}05$

Mit dem Taschenrechner lässt sich der gesuchte Wert experimentell ermitteln: $k = 33$

Die Entscheidungsregel lautet:
Verwirf die Nullhypothese, falls $X \geq 34$, d. h., falls die Mannschaft im Turnier mindestens 34 Elfmeter verwandelt hat.

GTR/CAS

binomCdf(46,0.6,25,46)	0.824897
binomCdf(46,0.6,30,46)	0.286301
binomCdf(46,0.6,32,46)	0.119273
binomCdf(46,0.6,33,46)	0.068026
binomCdf(46,0.6,34,46)	0.035414

Alternativ:
Für die binomialverteilte Zufallsgröße gilt:
$\mu = n \cdot p = 46 \cdot 0{,}6 = 27{,}6$
$\sigma = \sqrt{n \cdot p \cdot (1-p)} = \sqrt{46 \cdot 0{,}6 \cdot 0{,}4} \approx 3{,}32 > 3$

Damit ist die Laplace-Bedingung erfüllt und es können σ-Umgebungen um den Erwartungswert μ zur Abschätzung von Wahrscheinlichkeiten eingesetzt werden.

Bei der hier zu untersuchenden Fragestellung ist zu prüfen, ob Abweichungen nach einer Seite, nämlich nach oben, auftreten. Es handelt sich also um einen rechtsseitigen Test.

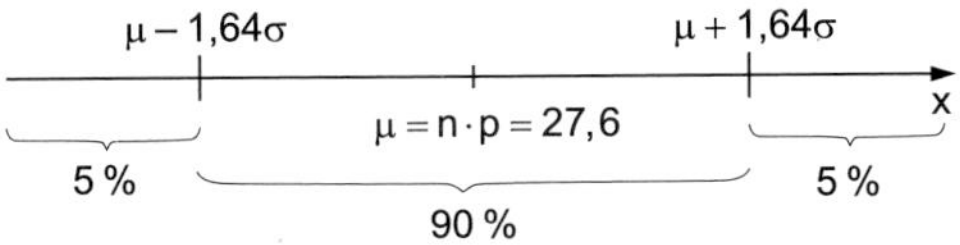

Zum vorgegebenen Signifikanzniveau von $\alpha = 0{,}05$ ist bei einem rechtsseitigen Test die 1,64σ-Umgebung von μ heranzuziehen:
$P(X < \mu + 1{,}64\sigma) \approx 95\ \%$

Als Grenze ergibt sich:
$\mu + 1{,}64\sigma = 27{,}6 + 1{,}64 \cdot 3{,}32 \approx 33{,}05$

Somit lautet die Entscheidungsregel:
Verwirf die Nullhypothese, falls $X \geq 34$, d. h., falls die Mannschaft im Turnier mindestens 34 Elfmeter verwandelt hat.

(2) Mit $X = 34$ verwandelten Elfmetern ist nach der Entscheidungsregel die Nullhypothese zu verwerfen, d. h., mit einer Wahrscheinlichkeit von 95 % hat die Mannschaft ihre Treffsicherheit durch das Training verbessert und der Trainer hat mit seiner Aussage recht.

(3) Es handelt sich hier um einen Fehler 1. Art, d. h., die Nullhypothese H_0 wird abgelehnt, obwohl sie in Wirklichkeit wahr ist.
Die Wahrscheinlichkeit hierfür kann entweder mit dem Signifikanzniveau von $\alpha = 5\ \%$ abgeschätzt werden oder durch folgende Berechnung exakt bestimmt werden:

$$P_{0,6}(X \geq 34) = P(34 \leq X \leq 46)$$
$$\approx 0{,}0354 = 3{,}54\ \%$$

GTR/CAS

binomCdf(46,0.6,34,46)	0.035414

c) (1) Zu der normalverteilten Zufallsgröße G gehört der gestrichelte Graph.
Bei diesem Graphen liegt das Maximum an der Stelle 175 cm und stimmt mit dem Erwartungswert der Zufallsgröße überein.
Bei dem durchgezogenen Graphen ist dies nicht der Fall. Das Maximum liegt hier zu weit links, bei 170 cm.

(2) Das Ergebnis aus der Studie wird mit der Gegenwahrscheinlichkeit umgeformt:

$$P(G > 189) = 0{,}081$$
$$1 - P(G \leq 189) = 0{,}081$$
$$P(G \leq 189) = 0{,}919$$

Da die Zufallsgröße G normalverteilt ist mit dem Erwartungswert $\mu = 175$ cm, folgt:

$$P(G \leq 189) = 0{,}919$$
$$\phi\left(\frac{189-175}{\sigma}\right) = 0{,}919$$
$$\phi\left(\frac{14}{\sigma}\right) = 0{,}919$$

Die Standardabweichung σ kann aus dieser Gleichung mit der inversen Normalverteilung ermittelt werden.

$$\frac{14}{\sigma} = \phi^{-1}(0{,}919)$$
$$\frac{14}{\sigma} = 1{,}3984$$
$$\sigma = \frac{14}{1{,}3984} \approx 10$$

GTR/CAS

invNorm(0.919,0,1)	1.39838

(3) Bei normalverteilten Zufallsgrößen sind die Wahrscheinlichkeiten für offene und geschlossene Intervalle gleich.

Für die gesuchte Wahrscheinlichkeit gilt:

$P(180 < G < 185)$

$= P(G \leq 185) - P(G \leq 180)$

$\approx 0{,}1499 = 14{,}99\ \%$

GTR/CAS

```
normCdf(-∞,185,175,10)-normCdf(-∞,180,1▸

◂df(-∞,185,175,10)-normCdf(-∞,180,175,10)
                                  0.149882
```

Die Wahrscheinlichkeit entspricht der grau eingefärbten Fläche unter dem gestrichelten Graphen im Intervall [180; 185].

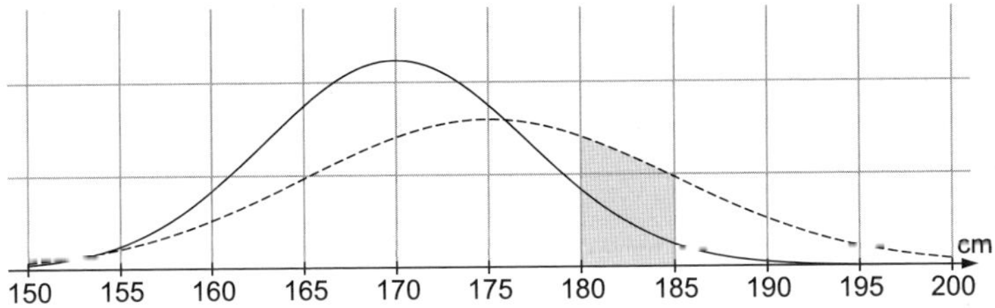

Abiturprüfung 2018 Mathematik Leistungskurs (Nordrhein-Westfalen)
Prüfungsteil A – Aufgaben ohne Hilfsmittel

Punkte

a) Gegeben sind die Geraden g: $\vec{x} = \begin{pmatrix} 3 \\ -3 \\ 3 \end{pmatrix} + r \cdot \begin{pmatrix} 3 \\ 0 \\ -1 \end{pmatrix}$ mit $r \in \mathbb{R}$ und
h: $\vec{x} = \begin{pmatrix} 3 \\ -3 \\ 3 \end{pmatrix} + s \cdot \begin{pmatrix} 1 \\ 0 \\ 3 \end{pmatrix}$ mit $s \in \mathbb{R}$.

(1) Geben Sie die Koordinaten des Schnittpunkts von g und h an und zeigen Sie, dass g und h senkrecht zueinander verlaufen. 2

(2) Die Ebene E enthält die Geraden g und h.
Bestimmen Sie eine Gleichung von E in Koordinatenform. 4

b) Gegeben ist die in $\mathbb{R}$ definierte Funktion f mit $f(x) = e^x + \frac{1}{2}x$.

(1) Begründen Sie, dass der Graph von f und der Graph der in $\mathbb{R}$ definierten Funktion g mit $g(x) = \frac{1}{2}x - 1$ keinen gemeinsamen Punkt besitzen. 2

(2) Für eine positive reelle Zahl c wird die in $\mathbb{R}$ definierte Funktion g_c mit $g_c(x) = \frac{1}{2}x - c$ betrachtet.
Die Abbildung 1 zeigt die Graphen von f und g_c.
Die beiden Graphen schließen mit der y-Achse und der Geraden mit der Gleichung $x = 1$ eine Fläche mit dem Inhalt 3 ein.
Berechnen Sie c. 4

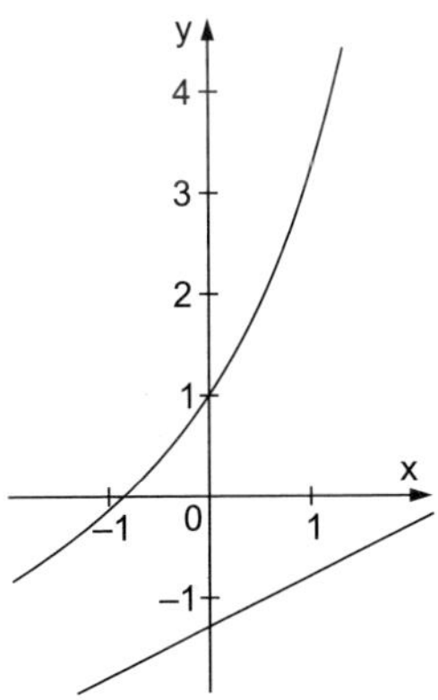

Abbildung 1

c) Gegeben ist die quadratische Funktion f mit $f(x) = x^2 - 3$. Der Graph der Funktion f ist in der Abbildung 2 dargestellt.

(1) Bestimmen Sie alle Werte von $k \in \mathbb{R}$, für die $\int_0^k f(x)\,dx = 0$ gilt. 4

(2) Geben Sie jeweils an, für welche $k \geq 0$ die Beziehungen

$$\int_0^k f(x)\,dx < 0 \text{ bzw.}$$

$$\int_0^k f(x)\,dx > 0 \text{ gelten.}$$ 2

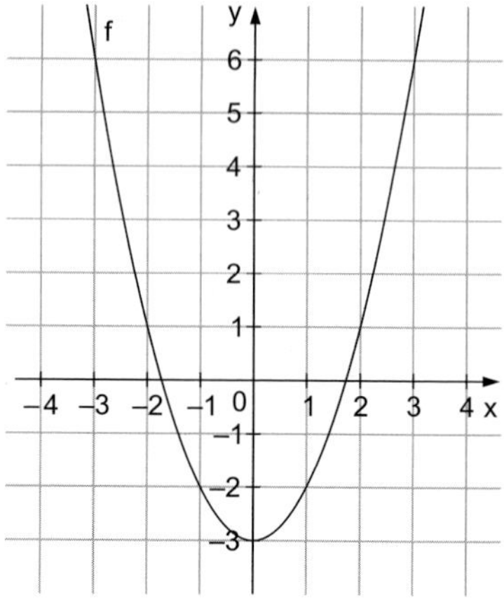

Abbildung 2

d) (1) Die Zufallsgröße X ist binomialverteilt mit $n = 10$ und $p = 0{,}8$. Eine der folgenden Abbildungen 3 bis 5 stellt die Wahrscheinlichkeitsverteilung von X dar.

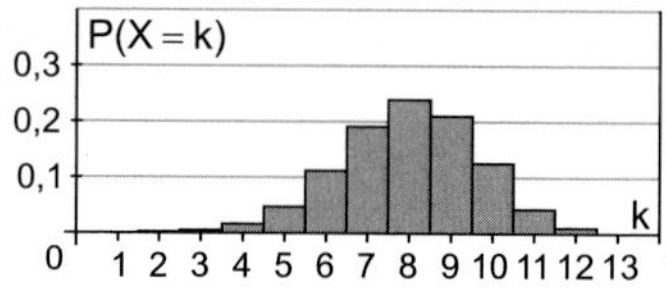

Abbildung 3

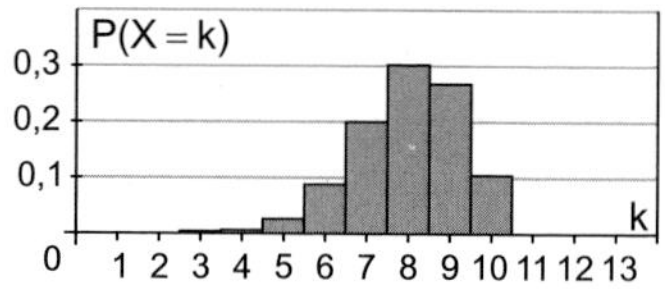

Abbildung 4

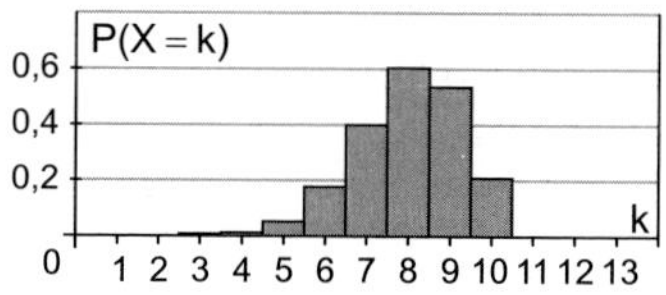

Abbildung 5

Geben Sie die beiden Abbildungen an, die die Wahrscheinlichkeitsverteilung von X nicht darstellen. Begründen Sie Ihre Angabe. 4

(2) Betrachtet wird die binomialverteilte Zufallsgröße Y mit den Parametern n und p.

Es gilt:

- Der Erwartungswert von Y ist 8.
- Die Wahrscheinlichkeitsverteilung von Y ist symmetrisch.

Ermitteln Sie den Wert von n. 2

Hinweise und Tipps

Teilaufgabe a

(1) Wenn Sie die Geradengleichungen genau betrachten, erkennen Sie, dass die Anbindungspunkte gleich sind.

Überlegen Sie, was dies für den Schnittpunkt bedeutet.

Oder (viel zeitaufwendiger)
Kombinieren Sie die beiden Geradengleichungen, schreiben Sie die Vektorgleichung in Koordinatengleichungen um und lösen Sie das entstehende Gleichungssystem.

Bestimmen Sie mit den berechneten Parametern den Schnittpunkt.

Die beiden Geraden verlaufen dann senkrecht zueinander, wenn das Skalarprodukt ihrer Richtungsvektoren gleich null ist.

(2) Stellen Sie mit dem Schnittpunkt und den Richtungsvektoren der Geraden eine Parameterform der Ebenengleichung auf.

Bestimmen Sie mithilfe der Spannvektoren einen Normalenvektor der Ebene.

Stellen Sie mithilfe des Normalenvektors die Punkt-Normalenform der Ebene auf.

Formen Sie die Punkt-Normalenform in die Koordinatenform um.

Oder
Schreiben Sie die Vektorgleichung der Ebene in Koordinatengleichungen um.

Beachten Sie, dass die 2. Koordinatengleichung keinen Parameter mehr enthält und sich deswegen als Koordinatenform eignet.

Teilaufgabe b

(1) Zwei Funktionsgraphen besitzen genau dann einen gemeinsamen Punkt, wenn die Funktionsterme an einer Stelle gleiche Funktionswerte liefern.

Bilden Sie die Gleichung $f(x)=g(x)$ und lösen Sie diese nach x auf.

Wenn die Gleichung $f(x)=g(x)$ keine Lösung hat, dann besitzen die Graphen keinen gemeinsamen Punkt.

(2) Der Inhalt der betrachteten Fläche wird durch das bestimmte Integral über die Differenzfunktion $f(x)-g_c(x)$ im Bereich [0; 1] berechnet.

Setzen Sie das bestimmte Integral gleich 3.

Lösen Sie die Gleichung nach dem Parameter c auf, um den gesuchten Wert zu erhalten.

Teilaufgabe c

(1) Bestimmen Sie mithilfe der Potenzregel eine Stammfunktion F zur Funktion f.

Berechnen Sie den Wert des bestimmten Integrals mithilfe dieser Stammfunktion.

Setzen Sie den Wert des Integrals gleich null.

Zerlegen Sie die Gleichung in Linearfaktoren, indem Sie ausklammern und eine binomische Formel anwenden.

Lesen Sie die Lösungen der Gleichung anhand der Linearfaktoren ab.

(2) Der Wert des bestimmten Integrals gibt die Flächenbilanz der Flächen an, die der Graph von f innerhalb der Integrationsgrenzen mit der x-Achse einschließt.

Flächen unterhalb der x-Achse gehen negativ in die Bilanz ein, Flächen oberhalb der x-Achse positiv.

Beachten Sie, für welchen Wert $k \geq 0$ der Integralwert nach Aufgabenteil (1) gleich null ist.

Teilaufgabe d

(1) Für die binomialverteilte Zufallsgröße X gilt $n = 10$. Es kann folglich keine Wahrscheinlichkeit $P(X > 10) > 0$ geben.

Schließen Sie mit dieser Information eine der drei Abbildungen aus.

Ferner muss bei einer binomialverteilten Zufallsgröße die Summe der Einzelwahrscheinlichkeiten genau 1 betragen.

Schließen Sie mit dieser Information eine weitere Abbildung aus.

(2) Berücksichtigen Sie, dass für eine Wahrscheinlichkeitsverteilung, die symmetrisch ist, $p = 0{,}5$ gilt.

Für den Erwartungswert einer binomialverteilten Zufallsgröße gilt $\mu = n \cdot p$.

Setzen Sie in diese Formel den gegebenen Erwartungswert $\mu = 8$ und die Trefferwahrscheinlichkeit $p = 0{,}5$ ein und berechnen Sie n.

Lösung

a) (1) Die Anbindungspunkte der Geraden g und h sind identisch.
Der Schnittpunkt von g und h ist somit gleich dem Anbindungspunkt:
$S(3 \mid -3 \mid 3)$

Alternativ (viel zeitaufwendiger):
Gleichsetzen der Geradengleichungen:

$$\begin{pmatrix} 3 \\ -3 \\ 3 \end{pmatrix} + r \cdot \begin{pmatrix} 3 \\ 0 \\ -1 \end{pmatrix} = \begin{pmatrix} 3 \\ -3 \\ 3 \end{pmatrix} + s \cdot \begin{pmatrix} 1 \\ 0 \\ 3 \end{pmatrix}$$

Umschreiben in Koordinatengleichungen:

$$\begin{array}{lll} \text{I} & 3 + 3r = 3 + s & \\ \text{II} & -3 = -3 & \text{(wahre Aussage)} \\ \text{III} & 3 - r = 3 + 3s & \end{array}$$

Auflösen von III nach r:

$$\begin{aligned} 3-r &= 3+3s \quad &&|-3 \\ -r &= 3s \quad &&|\cdot(-1) \\ r &= -3s \end{aligned}$$

Einsetzen von r = −3s in I:

$$\begin{aligned} 3+3\cdot(-3s) &= 3+s \quad &&|-3 \\ -9s &= s \quad &&|-s \\ -10s &= 0 \quad &&|:(-10) \\ s &= 0 \end{aligned}$$

Mit s = 0 folgt r = 0.

Einsetzen von r = 0 in die Geradengleichung von g (oder Einsetzen von s = 0 in die Geradengleichung von h) liefert den Ortsvektor des Schnittpunkts:

$$\vec{s} = \begin{pmatrix} 3 \\ -3 \\ 3 \end{pmatrix} + 0 \cdot \begin{pmatrix} 3 \\ 0 \\ -1 \end{pmatrix} = \begin{pmatrix} 3 \\ -3 \\ 3 \end{pmatrix} \quad \Rightarrow \quad S(3\,|-3\,|\,3)$$

Die beiden Geraden verlaufen dann senkrecht zueinander, wenn das Skalarprodukt ihrer Richtungsvektoren gleich null ist.

$$\begin{pmatrix} 3 \\ 0 \\ -1 \end{pmatrix} \circ \begin{pmatrix} 1 \\ 0 \\ 3 \end{pmatrix} = 3+0-3 = 0$$

Die Geraden g und h verlaufen senkrecht zueinander.

(2) Mit dem Schnittpunkt der Geraden als Anbindungspunkt und den linear unabhängigen Richtungsvektoren der Geraden als Spannvektoren lautet eine Parameterform von E:

$$E\colon \vec{x} = \begin{pmatrix} 3 \\ -3 \\ 3 \end{pmatrix} + r \cdot \begin{pmatrix} 3 \\ 0 \\ -1 \end{pmatrix} + s \cdot \begin{pmatrix} 1 \\ 0 \\ 3 \end{pmatrix}; \quad r, s \in \mathbb{R}$$

Ist $\vec{n} = \begin{pmatrix} n_1 \\ n_2 \\ n_3 \end{pmatrix}$ ein Normalenvektor der Ebene E, so steht dieser senkrecht zu den Spannvektoren:

$$\text{I} \quad \begin{pmatrix} n_1 \\ n_2 \\ n_3 \end{pmatrix} \circ \begin{pmatrix} 3 \\ 0 \\ -1 \end{pmatrix} = 0 \Leftrightarrow 3n_1 - n_3 = 0 \quad \Rightarrow \quad n_3 = 3n_1$$

$$\text{II} \quad \begin{pmatrix} n_1 \\ n_2 \\ n_3 \end{pmatrix} \circ \begin{pmatrix} 1 \\ 0 \\ 3 \end{pmatrix} = 0 \Leftrightarrow n_1 + 3n_3 = 0$$

Einsetzen von $n_3 = 3n_1$ in II:

$$n_1 + 3 \cdot 3n_1 = 0$$
$$10n_1 = 0 \quad |:10$$
$$n_1 = 0$$

Einsetzen von $n_1 = 0$ in I:

$n_3 = 0$

Wählt man für die noch freie Koordinate n_2 den Wert 1, lautet der Normalenvektor:

$$\vec{n} = \begin{pmatrix} 0 \\ 1 \\ 0 \end{pmatrix}$$

Mit dem Schnittpunkt $S(3\,|\,-3\,|\,3)$ als Anbindungspunkt und dem berechneten Normalenvektor lautet die Punkt-Normalenform der Ebene E:

$$E: \begin{pmatrix} 0 \\ 1 \\ 0 \end{pmatrix} \circ \vec{x} - \begin{pmatrix} 0 \\ 1 \\ 0 \end{pmatrix} \circ \begin{pmatrix} 3 \\ -3 \\ 3 \end{pmatrix} = 0$$

Ausmultiplizieren führt zu folgender Koordinatenform:

$E: x_2 - (-3) = 0$

$E: x_2 = -3$

Alternativ durch Umstellen der Koordinatengleichungen:

$$E: \vec{x} = \begin{pmatrix} x_1 \\ x_2 \\ x_3 \end{pmatrix} = \begin{pmatrix} 3 \\ -3 \\ 3 \end{pmatrix} + r \cdot \begin{pmatrix} 3 \\ 0 \\ -1 \end{pmatrix} + s \cdot \begin{pmatrix} 1 \\ 0 \\ 3 \end{pmatrix}$$

Durch Umschreiben der Vektorgleichung in die Koordinatengleichungen ergibt sich:

I $\quad x_1 = 3 + 3r + s$

II $\quad x_2 = -3$

III $\quad x_3 = 3 - r + 3s$

Gleichung II enthält keinen der beiden Parameter r und s und eignet sich daher als Gleichung der Ebene E in Koordinatenform:

$E: x_2 = -3$

b) (1) Besitzen zwei Funktionsgraphen einen gemeinsamen Punkt, dann liefern ihre Funktionsterme an (mindestens) einer Stelle gleiche Funktionswerte.

$$f(x) = g(x)$$
$$e^x + \frac{1}{2}x = \frac{1}{2}x - 1 \quad \left| -\frac{1}{2}x \right.$$
$$e^x = -1$$

Die Gleichung $e^x = -1$ ist nie erfüllt, da $e^x > 0$ für alle $x \in \mathbb{R}$.
Somit besitzen die Graphen von f und g keinen gemeinsamen Punkt.

(2) Der Inhalt der eingeschlossenen Fläche entspricht dem Wert des bestimmten Integrals über die Differenzfunktion $f(x)-g_c(x)$ im Bereich [0; 1].

Da der Flächeninhalt den Wert 3 hat, muss folgende Gleichung gelten:

$$\int_0^1 f(x)-g_c(x)\,dx=3$$

$$\int_0^1 e^x+\frac{1}{2}x-\left(\frac{1}{2}x-c\right)dx=3$$

$$\int_0^1 e^x+c\,dx=3$$

$$\left[e^x+cx\right]_0^1=3$$

$$e^1+c-e^0-0=3$$

$$e+c-1=3 \qquad |+1-e$$

$$c=4-e$$

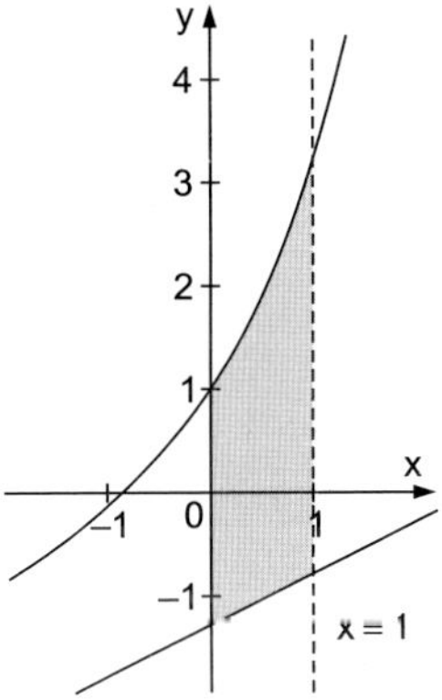

Der gesuchte Wert für c ist $c=4-e$.

c) (1) Eine Stammfunktion von $f(x)=x^2-3$ kann mithilfe der Potenzregel bestimmt werden:

$$F(x)=\frac{1}{3}x^3-3x$$

Für das bestimmte Integral folgt damit:

$$\int_0^k f(x)\,dx=[F(x)]_0^k=\left[\frac{1}{3}x^3-3x\right]_0^k=\frac{1}{3}k^3-3k$$

Der Wert des Integrals wird gleich null gesetzt:

$$\frac{1}{3}k^3-3k=0$$

$$\frac{1}{3}k\cdot(k^2-9)=0$$

$$\frac{1}{3}k\cdot(k-3)\cdot(k+3)=0$$

Den Linearfaktoren des Produkts entnimmt man die Lösungen $k=0$, $k=3$ oder $k=-3$.

(2) Aus der Abbildung lässt sich ablesen, dass der Graph von f im Intervall $[0; \sqrt{3} \approx 1{,}73]$ unterhalb der x-Achse verläuft. Der Wert des Integrals ist daher zunächst negativ. Ab $x \approx 1{,}73$ verläuft der Graph von f zwar oberhalb der x-Achse, aber nach Aufgabenteil (1) gleichen sich die Flächen unterhalb und oberhalb der x-Achse erst für $k = 3$ aus. D. h., für $k = 3$ wird der Wert des Integrals gleich null und für $k > 3$ dann positiv.

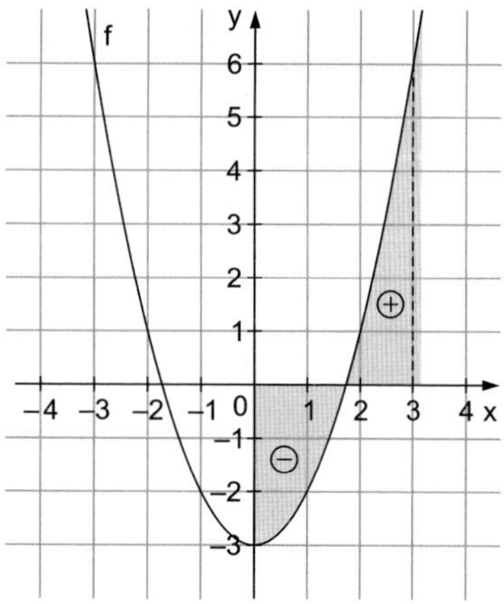

Es gelten folgende Beziehungen:

$$\int_0^k f(x)\,dx < 0 \quad \text{für} \quad 0 < k < 3 \qquad \text{bzw.}$$

$$\int_0^k f(x)\,dx > 0 \quad \text{für} \quad k > 3$$

d) (1) Die Zufallsgröße X ist binomialverteilt mit $n = 10$ und $p = 0{,}8$.

Abbildung 3 kann diese Binomialverteilung nicht darstellen, weil gemäß Vorgabe $n = 10$ gilt, in der Abbildung aber Wahrscheinlichkeiten $P(X > 10) > 0$ dargestellt sind.

Abbildung 5 kann diese Binomialverteilung nicht darstellen, weil für die Summe der Einzelwahrscheinlichkeiten $P(X = 1) + P(X = 2) + \ldots + P(X = 10) > 1$ gilt. Die Summe der Einzelwahrscheinlichkeiten müsste aber genau 1 betragen.

(2) Aus der zweiten Bedingung, dass die Wahrscheinlichkeitsverteilung von Y symmetrisch ist, folgt automatisch die Trefferwahrscheinlichkeit $p = 0{,}5$.

Der Erwartungswert einer binomialverteilten Zufallsgröße berechnet sich mit der Formel $\mu = n \cdot p$.

$$\begin{aligned} \mu &= n \cdot p && \big|\,\text{Einsetzen von } \mu = 8 \text{ und } p = 0{,}5 \\ 8 &= n \cdot 0{,}5 && \big|\,:0{,}5 \\ 16 &= n \end{aligned}$$

Der gesuchte Wert ist damit $n = 16$.

Abiturprüfung 2018 Mathematik Leistungskurs (Nordrhein-Westfalen)
Prüfungsteil B – Analysis B1 (GTR)

In einem Entwicklungslabor wird der Ladevorgang bei Akkus an verschiedenen Ladegeräten getestet. Der zeitliche Verlauf des Ladezustands für verschiedene Ladegeräte wird durch Funktionen Q_k mit $Q_k(t) = 1\,000(1 - e^{-k \cdot t})$, $k \in \mathbb{R}$, $k > 0$, modelliert und ist für $k = 0{,}2$; $k = 0{,}4$; $k = 0{,}6$ und $k = 0{,}95$ in Abbildung 1 dargestellt.

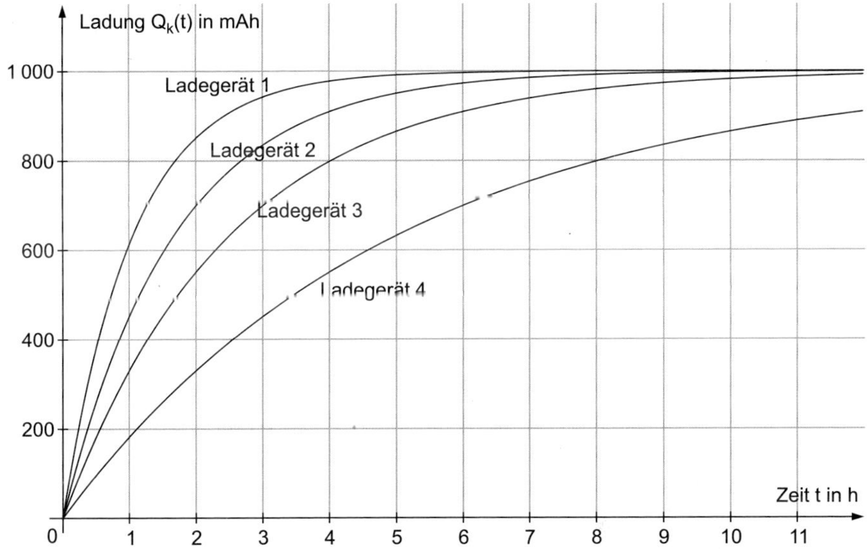

Abbildung 1

Dabei gibt t die seit Beginn des Ladevorgangs vergangene Zeit in Stunden und $Q_k(t)$ die Ladung des Akkus zum Zeitpunkt t (Einheit: mAh) an.

Der Ladevorgang beginnt im Folgenden stets zum Zeitpunkt $t = 0$ und es gilt $Q_k(0) = 0$, d. h., in der Modellierung wird vereinfachend davon ausgegangen, dass die Ladung des Akkus zu Beginn immer den Wert 0 hat.

Punkte

a) (1) Der Verlauf der Graphen legt die Vermutung nahe, dass sich die Funktionen Q_k für große Werte von t unabhängig von k dem Wert 1 000 annähern und ihn nicht überschreiten.
Entscheiden Sie begründet, ob diese Vermutung wahr ist. 3

Die maximale Ladung, die ein Akku unter idealen Bedingungen aufnehmen kann, wird Kapazität genannt. Im Folgenden haben die betrachteten Akkus jeweils eine Kapazität von 1 000 mAh.
Eine Balkenanzeige am Ladegerät signalisiert während des Ladevorgangs den aktuellen Ladezustand des Akkus mit folgenden Symbolen:

kein Balken:	Die Ladung beträgt weniger als 33 % der Kapazität.
ein Balken:	Die Ladung beträgt mindestens 33 % und weniger als 66 % der Kapazität.
zwei Balken:	Die Ladung beträgt mindestens 66 % und weniger als 99 % der Kapazität.
drei Balken:	Die Ladung beträgt mindestens 99 % der Kapazität.

(2) Bestimmen Sie in Abhängigkeit von k, wie lange es ab dem Start des Ladevorgangs dauert, bis die Balkenanzeige den ersten Balken anzeigt. Begründen Sie anschaulich, ggf. mit Abbildung 1, dass die Zeitdauer bis zum Erscheinen eines weiteren Balkens von Balken zu Balken beim selben Ladevorgang immer größer wird. 5

(3) Beschreiben Sie die Bedeutung größer werdender Werte für den Parameter k im Sachzusammenhang und geben Sie begründet an, welcher Graph in Abbildung 1 zum Parameter $k = 0{,}4$ gehört. 3

Die momentane Änderungsrate der Ladung Q_k wird Ladestrom I_k genannt (Einheit: mA).
Der Ladestrom wird zur Kontrolle des Ladungsvorgangs benutzt. In diesem Falle lautet also die Funktionsgleichung für den Ladestrom:

$I_k(t) = Q'_k(t) = 1\,000 \cdot k \cdot e^{-k \cdot t}$.

b) (1) Um den Akku zu schonen, soll der Ladestrom während des Ladevorgangs nicht zu groß werden.
Begründen Sie, dass der Ladestrom in einem beliebigen Zeitintervall jeweils am Intervallrand maximal ist, und geben Sie begründet an, an welchem der beiden Intervallränder das Maximum liegt. 3

(2) Für den vorliegenden Akku soll der Ladestrom während des Ladevorgangs den Wert 500 zu keinem Zeitpunkt überschreiten.
Bestimmen Sie, für welche Werte von k die Vorgabe eingehalten wird. Geben Sie an, welche der Ladegeräte aus Teilaufgabe a die Vorgabe **nicht** erfüllen. 3

(3) Der Ladevorgang wird abgeschaltet, wenn der Ladestrom I_k den Wert 10k unterschreitet.
Bestimmen Sie die von k abhängige Dauer eines solchen Ladevorgangs. Zeigen Sie, dass die Abschaltbedingung bewirkt, dass der Ladevorgang unabhängig von k immer in dem Moment abgeschaltet wird, wenn die Anzeige zum letzten Balken wechselt. 5

c) Ein defektes Ladegerät steuert den Ladestrom fälschlicherweise nach der Funktionsvorschrift $I_d(t) = (100t + 50)e^{-0,4t + 0,1}$.

Nach 12 Stunden wird der Ladevorgang an diesem Ladegerät abgebrochen.

(1) Zeigen Sie rechnerisch, dass die Funktion I_d genau ein lokales Maximum besitzt. 7

(2) Begründen Sie, dass der Ladestrom I_d während des Ladevorgangs den Wert 150 nie überschreitet. 2

d) Ein Powerladegerät soll den Akku schnell aufladen. Dazu wird der Akku zunächst mit einem konstanten Ladestrom von 500 mA geladen, bis der Akku eine Ladung von 900 mAh erreicht hat. Ab diesem Zeitpunkt t_1 wird der Ladestrom gemäß der Funktion I mit $I(t) = 500e^{-5 \cdot (t - t_1)}$ verringert bis zum Zeitpunkt t_2, wenn der Wert $I(t_2) = 10$ erreicht wird und der Ladevorgang abgeschaltet wird.

Ein solcher Ladevorgang ist in Abbildung 2 dargestellt.

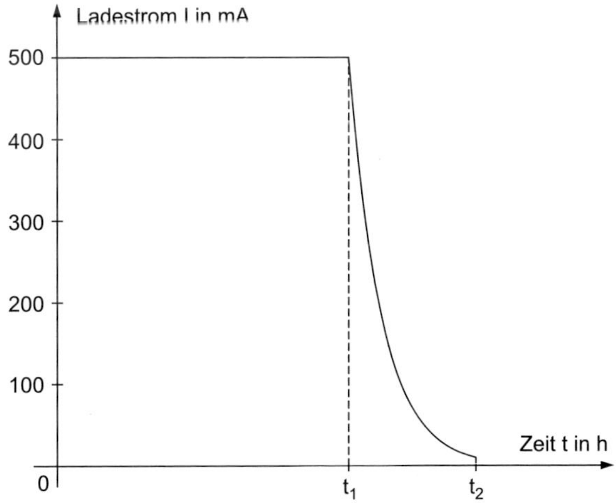

Abbildung 2

(1) Bestimmen Sie die Dauer des gesamten Ladevorgangs.
[*Kontrollergebnis:* ca. 2,58 [Stunden]] 4

(2) Bestimmen Sie die Gesamtladung Q des Akkus am Ende des Ladevorgangs. 5

Hinweise und Tipps

Teilaufgabe a

(1) Beachten Sie den Definitionsbereich für k.

Überlegen Sie, wie sich die Funktionswerte $Q_k(t) = 1\,000(1 - e^{-k \cdot t})$ für wachsendes t verhalten. Nutzen Sie dazu aus, dass $e^{-k \cdot t}$ für $t \to +\infty$ gegen 0 strebt.

Denken Sie daran, auch zu begründen, dass der Wert 1 000 nicht überschritten wird.

(2) Bestimmen Sie, wie viele mAh 33 % der Kapazität sind.

Stellen Sie mit diesem Wert und der Funktion, die den Ladezustand beschreibt, eine Gleichung auf.

Lösen Sie die Exponentialgleichung nach der Zeit t auf.

Betrachten Sie die prozentualen Abstände der Kapazität von einem zum nächsten Balken.

Wie verhält sich die Steigung der Graphen für wachsende Ladezeiten t?

Welche Auswirkung hat die kleiner werdende Steigung der Graphen für wachsendes t auf die Zeitdauer bis zum Erscheinen des nächsten Balkens?

(3) Überlegen Sie, welche Größe der Parameter k im Sachzusammenhang beeinflusst und auf welche Weise er dies tut.

Ordnen Sie den vorgegebenen Werten von k die Graphen zu.

Für die Zuordnung können Sie mit dem GTR für die unterschiedlichen Werte von k Funktionswerte zum gleichen Zeitpunkt berechnen.

Teilaufgabe b

(1) Bestimmen Sie die 1. Ableitung der Funktion I_k mithilfe der Kettenregel.

Berücksichtigen Sie, dass die 1. Ableitung einer Funktion die Steigung des Graphen angibt.

Bestimmen Sie das Vorzeichen von I_k' und treffen Sie eine Aussage über die Monotonie des Graphen der Funktion I_k.

Überlegen Sie, an welchem Intervallrand ein streng monoton fallender Graph den maximalen Funktionswert annimmt.

(2) Nutzen Sie die Ergebnisse aus Teilaufgabe b(1), um den Zeitpunkt anzugeben, zu dem der Ladestrom am größten ist.

Berechnen Sie für diesen Zeitpunkt den von k abhängigen größten Ladestrom.

Stellen Sie eine Ungleichung mit dem vorgegebenen Höchstwert auf und lösen Sie diese.

Vergleichen Sie, welche vorgegebenen Werte von k die Ungleichung nicht erfüllen.

(3) Stellen Sie mit dem vorgegebenen Wert und mit der Funktionsgleichung für den Ladestrom eine Gleichung auf und lösen Sie diese nach t auf.

Bestimmen Sie mit dem berechneten Zeitpunkt den Ladezustand des Akkus.

Was passiert bei diesem Ladezustand mit der Balkenanzeige?

Teilaufgabe c

(1) Bestimmen Sie die 1. Ableitung der Funktion I_d mithilfe der Ketten- und Produktregel.

Die notwendige Bedingung für eine Extremstelle lautet: $I_d'(t) = 0$.

Die hinreichende Bedingung für eine Maximalstelle lautet: $I_d'(t) = 0$ und an der möglichen Extremstelle liegt ein Vorzeichenwechsel von + nach – vor.

(2) Begründen Sie, dass das lokale Maximum aus Teilaufgabe c(1) zugleich globales Maximum ist.

Berechnen Sie das globale Maximum und vergleichen Sie es mit dem vorgegebenen Wert.

Teilaufgabe d

(1) Berechnen Sie den Zeitpunkt t_1, bei dem der Akku eine Ladung von 900 mAh erreicht hat.

Ersetzen Sie in der Funktionsgleichung von I(t) den Parameter t_1 durch den berechneten Wert.

Lösen Sie die Gleichung $I(t_2) = 10$ mit dem GTR nach t_2 auf.

(2) Beachten Sie, dass der Ladestrom I die momentane Änderungsrate der Ladung ist.

Berechnen Sie die Ladung, die im Intervall $[t_1; t_2]$ hinzukommt, mithilfe eines bestimmten Integrals.

Denken Sie bei der Bestimmung der Gesamtladung Q daran, dass bis zum Zeitpunkt t_1 der Akku schon mit 900 mA geladen wurde.

Lösung

a) (1) Wegen $\lim\limits_{t \to +\infty} e^{-k \cdot t} = 0$ gilt $\lim\limits_{t \to +\infty} (1 - e^{-k \cdot t}) = 1$.

Für den Grenzwert der Funktion $Q_k(t)$ folgt damit:

$$\lim_{t \to +\infty} Q_k(t) = \lim_{t \to +\infty} 1\,000 \cdot (1 - e^{-k \cdot t}) = 1\,000 \cdot \lim_{t \to +\infty} (1 - e^{-k \cdot t}) = 1\,000$$

Die Funktion Q_k nähert sich daher für große Werte von t dem Wert 1 000 an.

Nun wird noch begründet, dass dieser Wert nicht überschritten wird.
Da $e^{-k \cdot t} > 0$ ist, gilt $1 - e^{-k \cdot t} < 1$. Für alle Funktionswerte $Q_k(t)$ folgt damit:
$Q_k(t) = 1\,000 \cdot (1 - e^{-k \cdot t}) < 1\,000$

Alle Funktionen der Schar nähern sich deswegen unabhängig vom Parameter k dem Wert 1 000 von unten an. Der Wert 1 000 wird nicht überschritten.

(2) Der erste Balken erscheint, wenn mindestens 33 % der Kapazität erreicht sind. Bei einer Ladungskapazität von 1 000 mAh sind dies 330 mAh.

Durch Gleichsetzen des Funktionsterms von $Q_k(t)$ mit 330 und Auflösen der Exponentialgleichung nach t ergibt sich die Zeit, die es dauert, bis der erste Balken erscheint:

$$\begin{aligned} Q_k(t) &= 330 && \\ 1\,000 \cdot (1 - e^{-k \cdot t}) &= 330 && \mid :1\,000 \\ 1 - e^{-k \cdot t} &= 0{,}33 && \mid -0{,}33 + e^{-k \cdot t} \\ 0{,}67 &= e^{-k \cdot t} && \mid \ln(\,) \\ \ln(0{,}67) &= -k \cdot t && \mid :(-k) \\ \frac{\ln(0{,}67)}{-k} &= t && \mid \text{Seiten tauschen} \\ t &= -\frac{\ln(0{,}67)}{k} && \end{aligned}$$

Die Abstände zwischen den Balken sind immer gleich 33 % der Kapazität; ein Balken entspricht daher 330 mAh. Betrachtet man die Abbildung 1, so erkennt man, dass mit zunehmender Ladezeit t die Steigung der Graphen immer kleiner wird. Der Zeitraum, in dem die nächsten 33 % aufgeladen sind und ein weiterer Balken erscheint, wird daher immer größer.

(3) Der Parameter k beeinflusst die Zeit, mit der das Aufladen erfolgt, sprich die Ladegeschwindigkeit. Je größer k ist, desto weniger Zeit wird für das Aufladen eines Akkus benötigt.

Demnach ergibt sich folgende Zuordnung:
Zu $k = 0{,}2$ gehört das Ladegerät 4, zu $k = 0{,}4$ gehört das Ladegerät 3, zu $k = 0{,}6$ gehört das Ladegerät 2 und zu $k = 0{,}95$ gehört das Ladegerät 1.

Alternative Zuordnung:
Als Begründung für die Zuordnung können auch die Funktionswerte zum gleichen Zeitpunkt, z. B. t = 1, für die verschiedenen k-Werte berechnet und anschließend mit den Graphen in Abbildung 1 verglichen werden.

$q1(k):=1000\cdot\left(1-e^{-1\cdot k}\right)$	*Fertig*
$q1(0.2)$	181.269
$q1(0.4)$	329.68
$q1(0.6)$	451.188
$q1(0.95)$	613.259

Zum Parameter k = 0,4 gehört der Graph des Ladegerätes 3.

b) (1) Mithilfe der Kettenregel ergibt sich für die 1. Ableitung der Funktion I_k:

$$I_k'(t) = 1\,000 \cdot k \cdot e^{-k \cdot t} \cdot (-k) = -1\,000 \cdot k^2 \cdot e^{-k \cdot t}$$

Wegen $k^2 > 0$ und $e^{-k \cdot t} > 0$ gilt:

$$I_k'(t) = -1\,000 \cdot \underbrace{k^2}_{>0} \cdot \underbrace{e^{-k \cdot t}}_{>0} < 0$$

Allgemein gibt die 1. Ableitung einer Funktion die Steigung des Graphen an: Ist die 1. Ableitung positiv, so steigt der Graph der Funktion streng monoton; ist sie negativ, so fällt der Graph der Funktion streng monoton.

Da $I_k'(t) < 0$ für alle $t \in \mathbb{R}$, fällt der Graph der Funktion I_k streng monoton.

In einem beliebigen Zeitintervall ist der Ladestrom daher am linken Intervallrand maximal.

(2) Nach Teilaufgabe b (1) ist der Ladestrom jeweils am linken Intervallrand, also zum Zeitpunkt t = 0, am größten.

$$I_k(0) = 1\,000 \cdot k \cdot e^{-k \cdot 0} = 1\,000 \cdot k \cdot e^0 = 1\,000 \cdot k$$

Da der Ladestrom den Wert 500 zu keinem Zeitpunkt überschreiten soll, erhält man folgende Ungleichung:

$$\begin{aligned} 1\,000 \cdot k &\le 500 \qquad \vert :1\,000 \\ k &\le 0{,}5 \end{aligned}$$

Das Ladegerät 1 (k = 0,95) und das Ladegerät 2 (k = 0,6) erfüllen diese Vorgabe nicht.

(3) Der Ladevorgang wird nach Erreichen des Funktionswertes 10k abgeschaltet. Gleichsetzen des Funktionsterms $I_k(t)$ mit diesem Wert führt zu einer Exponentialgleichung, die aufgelöst nach t die gesuchte Zeitdauer angibt:

$$\begin{aligned} I_k(t) &= 10k \\ 1\,000 \cdot k \cdot e^{-k \cdot t} &= 10k \qquad \vert :(1\,000 \cdot k) \\ e^{-k \cdot t} &= 0{,}01 \qquad \vert \ln(\,) \\ -k \cdot t &= \ln(0{,}01) \qquad \vert :(-k) \\ t &= -\frac{\ln(0{,}01)}{k} \end{aligned}$$

Die von k abhängige Dauer des Ladevorgangs beträgt $t = -\frac{\ln(0{,}01)}{k}$ Stunden.

Durch Einsetzen in die Funktionsvorschrift von $Q_k(t)$ ergibt sich der zugehörige Ladezustand des Akkus:

$$\begin{aligned}Q_k\left(-\frac{\ln(0{,}01)}{k}\right) &= 1\,000 \cdot \left(1 - e^{-k \cdot \left(-\frac{\ln(0{,}01)}{k}\right)}\right)\\ &= 1\,000 \cdot \left(1 - e^{\ln(0{,}01)}\right)\\ &= 1\,000 \cdot (1 - 0{,}01)\\ &= 1\,000 \cdot 0{,}99\\ &= 990\end{aligned}$$

Da eine Ladung von 990 mAh genau 99 % der Kapazität von 1 000 mAh entspricht, wird der Ladevorgang immer genau in dem Moment abgeschaltet, wenn die Anzeige von zwei auf drei Balken wechselt.

c) (1) Mithilfe der Ketten- und Produktregel ergibt sich für die 1. Ableitung der Funktion I_d:

$$\begin{aligned}I_d'(t) &= 100 \cdot e^{-0{,}4t+0{,}1} + (100t + 50) \cdot e^{-0{,}4t+0{,}1} \cdot (-0{,}4)\\ &= 100 \cdot e^{-0{,}4t+0{,}1} - (40t + 20) \cdot e^{-0{,}4t+0{,}1}\\ &= (100 - 40t - 20) \cdot e^{-0{,}4t+0{,}1}\\ &= (80 - 40t) \cdot e^{-0{,}4t+0{,}1}\end{aligned}$$

Notwendige Bedingung für eine Extremstelle: $I_d'(t) = 0$

$$\begin{aligned}I_d'(t) &= 0\\ (80 - 40t) \cdot e^{-0{,}4t+0{,}1} &= 0 \quad \left|: e^{-0{,}4t+0{,}1} \neq 0\right.\\ 80 - 40t &= 0\\ t &= 2\end{aligned}$$

polyRoots(80−40· t,t)	{2}

Hinreichende Bedingung für eine Maximalstelle: $I_d'(t) = 0$ und an der möglichen Extremstelle liegt ein Vorzeichenwechsel von + nach – vor.

$I_d'(1) \approx 29{,}63 > 0$

$I_d'(3) \approx -13{,}31 < 0$

a1id(t):=(80−40· t)· e^(−0.4· t+0.1)	Fertig
a1id(1)	29.6327
a1id(3)	-13.3148

Bei t = 2 liegt ein Vorzeichenwechsel der 1. Ableitung von + nach – vor.

Die Funktion I_d hat damit genau ein lokales (relatives) Maximum.

(2) Das lokale (relative) Maximum ist das einzige Maximum. Daher ist es zugleich das globale (absolute) Maximum.

Wegen $I_d(2) \approx 124{,}15$ wird ein Ladestrom von 150 mA nie überschritten.

id(t):=(100· t+50)· e^(−0.4· t+0.1)	Fertig
id(2)	124.146

d) (1) Bei einem konstanten Ladestrom von 500 mA wird folgende Zeit benötigt, bis der Akku eine Ladung von 900 mAh erreicht hat:

$t_1 = \frac{900}{500} = 1{,}8\,[\text{h}]$

Die Funktion I für den Ladestrom ab diesem Zeitpunkt lautet daher:

$I(t) = 500e^{-5 \cdot (t-1{,}8)}$

Zur Bestimmung des Zeitpunktes t_2 wird die Abschaltbedingung $I(t_2) = 10$ nach t_2 aufgelöst:

$I(t_2) = 10 \quad \Leftrightarrow \quad t_2 \approx 2{,}58\,[\text{h}]$

$i(t):=500\cdot e^{-5\cdot(t-1.8)}$	*Fertig*
nSolve$(i(t2)=10,t2)$	2.5824

Der gesamte Ladevorgang dauert ca. 2,58 Stunden.

(2) Zunächst wird der Akku mit einem konstanten Ladestrom aufgeladen, bis er eine Ladung von 900 mAh erreicht hat.
Danach wird von $t_1 = 1{,}8$ [h] bis $t_2 = 2{,}58$ [h] mit dem Ladestrom I weitergeladen. Der Ladestrom I ist die momentane Änderungsrate der Ladung; die Ladung, die in diesem Zeitraum hinzukommt, entspricht dem Integral des Ladestroms.

Für die Gesamtladung Q ergibt sich:

$$Q = 900 + \int_{1,8}^{2,58} I(t)\,dt \approx 998\,[\text{mAh}]$$

$900+\int_{1.8}^{2.58} i(t)\,dt$	997.976

Am Ende des Ladevorgangs nach 2,58 Stunden besitzt der Akku eine Gesamtladung von 998 mAh.

Abiturprüfung 2018 Mathematik Leistungskurs (Nordrhein-Westfalen)
Prüfungsteil B – Analysis B2 (GTR/CAS)

Gegeben ist die Funktion f mit $f(x) = -\frac{1}{10^6}x^4 + \frac{4}{9\,375}x^3 - \frac{13}{250}x^2 + \frac{8}{5}x + 140$ mit Definitionsbereich $\mathbb{R}$.

Punkte

a) (1) Berechnen Sie die Koordinaten der Extrempunkte des Graphen von f und bestimmen Sie die Art der Extrempunkte.
[*Zur Kontrolle:* Die Extremstellen sind 20, 100 und 200.] 7

(2) Begründen Sie ohne weitere Rechnung, dass die Funktion f genau zwei Wendestellen besitzt. 3

(3) Geben Sie die Koordinaten des Schnittpunktes des Graphen von f mit der y-Achse an.
Begründen Sie ohne weitere Rechnung, dass f genau zwei Nullstellen hat. 4

b) Für $50 < x < 130$ gibt es ein Paar von x-Werten, die sich um 60 unterscheiden und für die die zugehörigen Funktionswerte übereinstimmen.
Bestimmen Sie dieses Paar von x-Werten und geben Sie den zugehörigen Funktionswert an. 5

c) Der Graph von f schließt mit den Koordinatenachsen und der Geraden mit der Gleichung $x = 240$ ein Flächenstück ein.
Bestimmen Sie eine Gleichung der Geraden, die parallel zur y-Achse verläuft und dieses Flächenstück halbiert. 5

d) Für $u \approx 217$ gilt die nachfolgende Aussage:

$$\frac{1}{2} \cdot u \cdot f(u) + \int_u^{240} f(x)\,dx = \frac{2}{3} \cdot \int_0^{240} f(x)\,dx.$$

Erläutern Sie diese Aussage unter Verwendung einer Skizze.
Hinweis: Nutzen Sie für die Skizze die nachfolgende Abbildung. 5

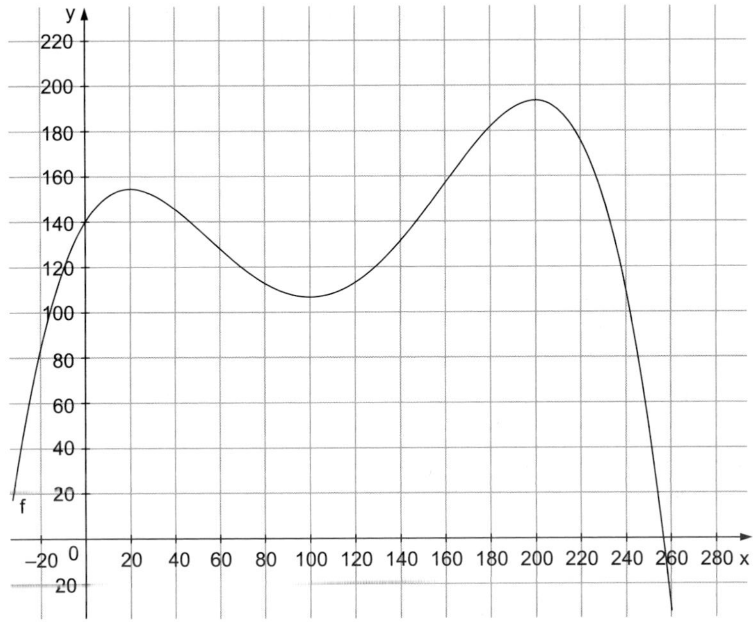

Abbildung: Graph von f

Diabetespatientinnen und -patienten haben die Möglichkeit, mithilfe sogenannter CGM-Geräte ihren Glukosewert, d. h. die Konzentration der Glukose im Blut, ständig zu messen.

Die gegebene Funktion f beschreibt für $0 \leq x \leq 240$ modellhaft die Entwicklung des Glukosewerts eines Patienten. Dabei ist x die seit Beobachtungsbeginn vergangene Zeit in Minuten und f(x) der Glukosewert in Milligramm pro Deziliter ($\frac{mg}{d\ell}$).

e) Hohe Glukosewerte über längere Zeit gelten als Risikofaktor. Ermitteln Sie für den betrachteten Zeitraum, wie lange Glukosewerte über $170\,\frac{mg}{d\ell}$ gemessen wurden. 5

f) Bestimmen Sie für den betrachteten Zeitraum denjenigen Zeitpunkt, zu dem der Glukosewert am stärksten ansteigt. 6

Hinweise und Tipps

Teilaufgabe a

(1) Notwendige Bedingung für eine Extremstelle: $f'(x)=0$

Bestimmen Sie die 1. Ableitung der Funktion f, setzen Sie diese gleich null und ermitteln Sie die Lösungen der Gleichung.

Hinreichende Bedingung für eine Extremstelle: $f'(x)=0$ und an der möglichen Extremstelle hat f' einen Vorzeichenwechsel.

Oder

Berechnen Sie die 2. Ableitung der Funktion f und prüfen Sie die hinreichende Bedingung für eine Extremstelle: $f'(x)=0$ und $f''(x)\neq 0$

Setzen Sie zur Berechnung der y-Koordinaten der Extrempunkte die Extremstellen in den Funktionsterm ein.

Vergessen Sie nicht, am Ende Art und Koordinaten der Extrempunkte anzugeben.

(2) Notwendige Bedingung für eine Wendestelle: $f''(x)=0$

Beachten Sie, dass eine ganzrationale Funktion n-ten Grades höchstens n Nullstellen hat.

Überlegen Sie, welchen Grad die 2. Ableitung hat, wenn die Funktion f eine ganzrationale Funktion 4. Grades ist, und folgern Sie, dass f maximal zwei Wendestellen besitzt.

Funktionsgraphen besitzen zwischen Hoch- und Tiefpunkten immer einen Wendepunkt.

Begründen Sie mit den Ergebnissen über die Anzahl und Art der Extrempunkte aus Teilaufgabe a(1), dass f mindestens zwei Wendestellen besitzt.

Folgern Sie aus maximal und mindestens zwei Wendestellen die Existenz von genau zwei Wendestellen.

(3) Berechnen Sie für den y-Achsenabschnitt den Funktionswert f(0).

Wie verläuft der Graph für sehr kleine/sehr große x-Werte?

Überlegen Sie, welche Bedeutung das Verhalten des Graphen am Rand und die Lage des lokalen (relativen) Tiefpunktes oberhalb der x-Achse für die Anzahl der Nullstellen haben.

Teilaufgabe b

Drücken Sie den größeren x-Wert durch den kleineren x-Wert aus.

Setzen Sie die Funktionswerte zu beiden x-Werten gleich und lösen Sie die Gleichung mit dem GTR/CAS.

Beachten Sie, dass nicht nur das Paar von x-Werten gesucht ist, sondern auch der zugehörige Funktionswert.

Teilaufgabe c

- Der Graph von f verläuft im betrachteten Bereich oberhalb der x-Achse.
- Stellen Sie das eingeschlossene Flächenstück durch ein bestimmtes Integral mit den Integrationsgrenzen $x=0$ und $x=240$ dar.
- Eine Gerade, die parallel zur y-Achse durch den Punkt $P(k\,|\,0)$ verläuft, hat die Gleichung $x=k$.
- Das Flächenstück, das der Graph von f mit den Koordinatenachsen und der Geraden mit der Gleichung $x=k$ einschließt, soll halb so groß sein wie das oben bestimmte Integral.
- Stellen Sie eine passende Gleichung auf und lösen Sie diese.

Teilaufgabe d

- Überlegen Sie, zu welcher Fläche die Flächeninhaltsformel $\frac{1}{2}\cdot u\cdot f(u)$ passt.
- Von welchen Flächen werden die Inhalte mit den bestimmten Integralen $\int_u^{240} f(x)\,dx$ und $\int_0^{240} f(x)\,dx$ berechnet?
- Schraffieren Sie die Flächen für $u\approx 217$ in der Skizze und erläutern Sie, was die Gleichung aussagt.

Teilaufgabe e

- Wie lautet die Gleichung der Geraden, die einen Glukosewert von $170\,\frac{mg}{d\ell}$ angibt?
- Stellen Sie eine Gleichung/Ungleichung für die Funktionswerte von f auf und bestimmen Sie die Lösungen.

Oder

- Bestimmen Sie die Schnittstellen des Graphen von f mit der Geraden grafisch mit dem GTR/CAS.
- Beachten Sie, dass eine Zeitspanne gesucht ist.

Teilaufgabe f

- Gesucht ist die maximale Steigung.
- Die Steigung des Graphen an einer Stelle entspricht der 1. Ableitung an dieser Stelle.
- Notwendige Bedingung für eine extremale Steigung: $f''(x)=0$
- Hinreichende Bedingung für eine maximale Steigung: $f''(x)=0$ und an der möglichen Extremstelle weist f'' einen Vorzeichenwechsel von + nach – auf.
- Beachten Sie, dass es neben lokalen (relativen) Maxima auch noch Randmaxima geben kann.

Oder

- Lösen Sie die Aufgabe grafisch mit dem GTR/CAS, indem Sie das Maximum der 1. Ableitungsfunktion bestimmen und mit den Funktionswerten am Rand vergleichen.

Lösung

a) (1) Mithilfe der Potenz-, Summen- und Faktorregel ergibt sich für die 1. Ableitung der Funktion f:

$$f'(x) = -\frac{1}{10^6} \cdot 4x^3 + \frac{4}{9\,375} \cdot 3x^2 - \frac{13}{250} \cdot 2x + \frac{8}{5}$$

$$= -\frac{1}{250\,000}x^3 + \frac{4}{3125}x^2 - \frac{13}{125}x + \frac{8}{5}$$

Notwendige Bedingung für eine Extremstelle: $f'(x)=0$

Nullsetzen des Funktionsterms und Lösen der Gleichung ergibt folgende Lösungen:

$f'(x)=0 \quad \Leftrightarrow \quad x=20 \vee x=100 \vee x=200$

$f(x):=\frac{-1}{10^6}\cdot x^4+\frac{4}{9375}\cdot x^3-\frac{13}{250}\cdot x^2+\frac{8}{5}\cdot x+1$	*Fertig*
$a1f(x):=\frac{-1}{250000}\cdot x^3+\frac{4}{3125}\cdot x^2-\frac{13}{125}\cdot x+\frac{8}{5}$	*Fertig*
polyRoots(a1f(x),x)	{20,100,200}

CAS

$f(x):=\frac{-1}{10^6}\cdot x^4+\frac{4}{9375}\cdot x^3-\frac{13}{250}\cdot x^2+\frac{8}{5}\cdot x+1$	*Fertig*
$a1f(x):=\frac{d}{dx}(f(x))$	*Fertig*
a1f(x)	$\frac{-x^3}{250000}+\frac{4\cdot x^2}{3125}-\frac{13\cdot x}{125}+\frac{8}{5}$
solve(a1f(x)=0,x)	x=20 or x=100 or x=200

Hinreichende Bedingung für eine Extremstelle: $f'(x)=0$ und an der möglichen Extremstelle liegt ein Vorzeichenwechsel vor.

Vorzeichenwechsel von + nach – für Maximalstelle;
Vorzeichenwechsel von – nach + für Minimalstelle.

$\left.\begin{array}{l} f'(19) > 0 \\ f'(21) < 0 \end{array}\right\} \Rightarrow$ Bei x = 20 liegt eine Maximalstelle.

$\left.\begin{array}{l} f'(99) < 0 \\ f'(101) > 0 \end{array}\right\} \Rightarrow$ Bei x = 100 liegt eine Minimalstelle.

$\left.\begin{array}{l} f'(199) > 0 \\ f'(201) < 0 \end{array}\right\} \Rightarrow$ Bei x = 200 liegt eine Maximalstelle.

a1f(19)	$\frac{14661}{250000}$
a1f(21)	$\frac{-14141}{250000}$
a1f(99)	-7979
a1f(101)	$\frac{8019}{250000}$
a1f(199)	$\frac{17721}{250000}$
a1f(201)	$\frac{-18281}{250000}$

Alternativ: mithilfe der 2. Ableitung

Die 2. Ableitung der Funktion f lautet:

$$f''(x) = -\frac{3}{250\,000}x^2 + \frac{8}{3125}x - \frac{13}{125}$$

$a2f(x):=\frac{-3}{250000}\cdot x^2+\frac{8}{3125}\cdot x-\frac{13}{125}$	*Fertig*

CAS

$a2f(x):=\frac{d^2}{dx^2}(f(x))$	*Fertig*
a2f(x)	$\frac{-3\cdot x^2}{250000}+\frac{8\cdot x}{3125}-\frac{13}{125}$

Hinreichende Bedingung für eine Extremstelle: $f'(x)=0$ und $f''(x)\neq 0$

$f''(x)<0$ für Maximalstelle; $f''(x)>0$ für Minimalstelle

$f''(20)<0 \quad \Rightarrow$ Bei $x=20$ liegt eine Maximalstelle.

$f''(100)>0 \quad \Rightarrow$ Bei $x=100$ liegt eine Minimalstelle.

$f''(200)<0 \quad \Rightarrow$ Bei $x=200$ liegt eine Maximalstelle.

a2f(20)	$\frac{-36}{625}$
a2f(100)	$\frac{4}{125}$
a2f(200)	$\frac{-9}{125}$

Für die Berechnung der y-Koordinaten der Extrempunkte werden die Extremstellen in den Funktionsterm eingesetzt:

$$f(20)=\frac{11584}{75}$$

$$f(100)=\frac{320}{3}$$

$$f(200)=\frac{580}{3}$$

f(20)	$\frac{11584}{75}$
f(100)	$\frac{320}{3}$
f(200)	$\frac{580}{3}$

Insgesamt erhält man die folgenden Extrempunkte:

$H_1\left(20 \,\middle|\, \frac{11584}{75}\right)$, $T\left(100 \,\middle|\, \frac{320}{3}\right)$ und $H_2\left(200 \,\middle|\, \frac{580}{3}\right)$

Anmerkung: Da der Operator bei der Art der Extrempunkte „bestimmen Sie“ lautet, ist es auch erlaubt am Graphen abzulesen, ob es sich um Hoch- oder Tiefpunkte handelt.

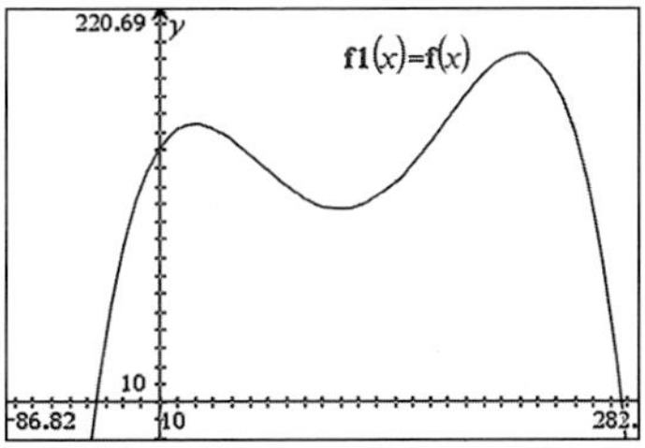

(2) Die notwendige Bedingung für eine Wendestelle ist $f''(x)=0$.
Da die 2. Ableitung einer ganzrationalen Funktion 4. Grades eine Funktion 2. Grades ist, ist die maximale Anzahl der Nullstellen der 2. Ableitung zwei. Damit hat die Funktion f **maximal** zwei Wendestellen.

Funktionsgraphen besitzen zwischen einem Hochpunkt und einem Tiefpunkt immer einen Wendepunkt, da der Graph beim Hochpunkt rechtsgekrümmt und beim Tiefpunkt linksgekrümmt ist. Mit den in Teilaufgabe a(1) bestimmten Extrempunkten besitzt die Funktion f somit **mindestens** zwei Wendestellen.

Aus maximal und mindestens zwei folgt, dass der Graph von f **genau** zwei Wendestellen besitzt.

(3) Der y-Achsenabschnitt des Funktionsgraphen ist gleich dem Funktionswert an der Stelle null:
$f(0) = 140$

$f(0)$	140

Die Koordinaten des Schnittpunktes des Graphen von f mit der y-Achse lauten $S_y(0\,|\,140)$.

Da der lokale (relative) Tiefpunkt $T\left(100 \,\middle|\, \frac{320}{3}\right)$ oberhalb der x-Achse liegt, kann der Graph von f die x-Achse nur jeweils links vom Hochpunkt H_1 und rechts vom Hochpunkt H_2 schneiden.

Wegen der Grenzwerte

$$\lim_{x \to \pm\infty} f(x) = \lim_{x \to \pm\infty} \left(-\frac{1}{10^6} x^4\right) = -\infty$$

ist dies auch tatsächlich der Fall. Die Funktion f hat somit genau zwei Nullstellen.

CAS

$\lim_{x \to \infty} (f(x))$	$-\infty$
$\lim_{x \to -\infty} (f(x))$	$-\infty$

b) Bezeichnet x den kleineren Wert, so lautet der größere Wert des Paares $x + 60$. Da beide Werte im dem vorgegebenen Bereich liegen sollen, muss für den kleineren Wert $50 < x < 70$ gelten.

Die Funktionswerte stimmen überein, wenn gilt:
$f(x) = f(x+60)$ mit $50 < x < 70$

nSolve(f(x)=f(x+60),x)|50<x<70	69.1528
f(69.1528)	120.203

Als Lösung dieser Gleichung ergibt sich $x \approx 69{,}15$ und damit $x + 60 \approx 129{,}15$.

Der zugehörige Funktionswert lautet:
$f(69{,}15) = f(129{,}15) \approx 120{,}2$

CAS

solve(f(x)=f(x+60),x)|50<x<70	x=69.1528
f(69.1528)	120.203

c) Der Graph der Funktion verläuft im betrachteten Bereich oberhalb der x-Achse. Der Inhalt des Flächenstücks, das der Graph von f mit den Koordinatenachsen und der Geraden mit der Gleichung $x = 240$ einschließt, entspricht dem Integral

$$\int_0^{240} f(x)\,dx.$$

Die Gerade, die dieses Flächenstück halbiert und parallel zur y-Achse verläuft, besitzt die Gleichung $x = k$ mit $0 < k < 240$.

Gesucht ist also die Lösung der Gleichung:

$$\int_0^{k} f(x)\,dx = \frac{1}{2} \cdot \int_0^{240} f(x)\,dx \quad \text{mit } 0 < k < 240$$

$\text{nSolve}\left(\int_0^k f(x)\,dx = \frac{\int_0^{240} f(x)\,dx}{2}, k\right) \mid 0<k<240$
135.461

Als Lösung im Bereich $0 < k < 240$ erhält man $k \approx 135{,}46$.
Zu der gesuchten Geraden gehört also die Gleichung $x = 135{,}46$.

Anmerkung: Schränkt man den Lösungsbereich der Gleichung nicht ein, so kann der GTR evtl. eine Lösung ausgeben, die nicht im Intervall [0; 240] liegt.

CAS

$$\text{solve}\left(\int_0^k f(x)\,dx = \frac{\int_0^{240} f(x)\,dx}{2}, k\right)$$

k=-93.1605 or k=135.461 or k=308.916

d)

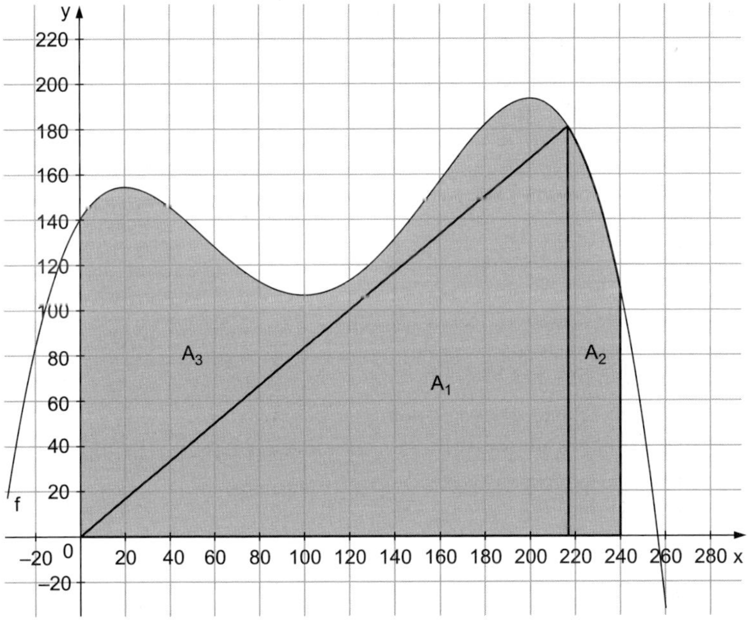

- Der Term $\frac{1}{2} \cdot u \cdot f(u)$ gibt den Flächeninhalt des Dreiecks A_1 mit den Katheten u und f(u) an.
- Mit dem Integral $\int_u^{240} f(x)\,dx$ wird der Inhalt des Flächenstücks A_2 zwischen dem Graphen von f und der x-Achse im Bereich [217; 240] berechnet.
- Das Integral $\int_0^{240} f(x)\,dx$ auf der rechten Seite der Gleichung gibt den Inhalt des Flächenstücks an, das der Graph von f mit den Koordinatenachsen und der Geraden mit der Gleichung $x = 240$ insgesamt einschließt.

Demzufolge bedeutet die Aussage, dass die Summe der Flächeninhalte A_1 und A_2 $\frac{2}{3}$ der grauen Gesamtfläche $A_1 + A_2 + A_3$ entspricht.

e) Die Gerade, die einen Glukosewert von $170\,\frac{mg}{d\ell}$ angibt, hat die Gleichung $y = 170$. Gesucht ist der Bereich, in dem die Funktionswerte von f größer als 170 sind, also $f(x) > 170$ gilt.

Zur Lösung setzt man den Funktionsterm von f mit 170 gleich und löst die entstehende Gleichung:

$f(x) = 170 \quad \Leftrightarrow \quad x \approx 169{,}84 \lor x \approx 222{,}77$

polyRoots(f(x)−170,x)	{169.839,222.766}

CAS

solve(f(x)=170,x)	x=169.839 or x=222.766

Alternativ:
Wegen des Operators „ermitteln Sie" können die Schnittstellen des Graphen von f mit der Geraden $y = 170$ auch grafisch bestimmt werden:
$x \approx 169{,}84 \lor x \approx 222{,}77$

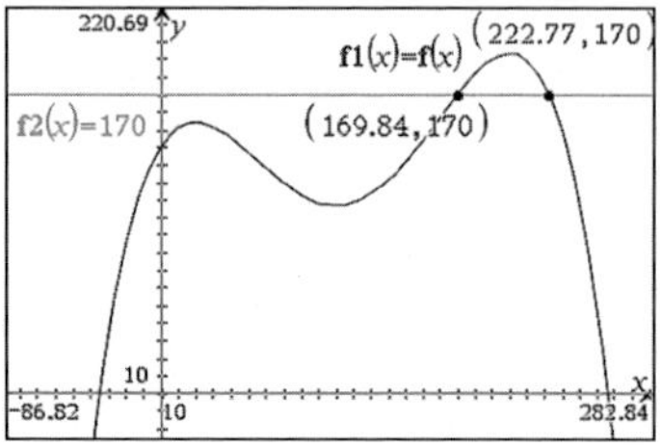

Anhand des Graphen lässt sich ablesen, dass in der Zeit von etwa 169,84 Minuten bis 222,77 Minuten nach Beobachtungsbeginn Glukosewerte über $170\,\frac{mg}{d\ell}$ gemessen wurden.
Dies entspricht einer Zeitspanne von knapp 53 Minuten.

222.77−169.84	52.93

f) Die Steigung des Graphen an einer Stelle entspricht der 1. Ableitung an dieser Stelle. Das Maximum der Steigung kann somit mithilfe der 2. Ableitungsfunktion berechnet werden.

Die 2. Ableitung der Funktion f lautet:

$$f''(x) = -\frac{3}{250\,000}x^2 + \frac{8}{3125}x - \frac{13}{125}$$

Notwendige Bedingung für eine extremale Steigung: $f''(x) = 0$

$f''(x) = 0 \quad \Leftrightarrow \quad x \approx 54{,}60 \text{ oder } x \approx 158{,}74$

$a2f(x) := \frac{-3}{250000}\cdot x^2 + \frac{8}{3125}\cdot x - \frac{13}{125}$	*Fertig*
polyRoots(a2f(x),x)	{54.5983,158.735}

CAS

$a2f(x) := \frac{d^2}{dx^2}(f(x))$	*Fertig*
a2f(x)	$\frac{-3\cdot x^2}{250000} + \frac{8\cdot x}{3125} - \frac{13}{125}$
solve(a2f(x)=0,x)	x=54.5983 or x=158.735

Hinreichende Bedingung für eine maximale Steigung: $f''(x) = 0$ und an der möglichen Extremstelle liegt ein Vorzeichenwechsel von + nach – vor.

a2f(158)	$\frac{57}{62500}$
a2f(159)	$\frac{-83}{250000}$

Durch Berechnung folgt:

$$\left.\begin{array}{l} f''(158) > 0 \\ f''(159) < 0 \end{array}\right\} \Rightarrow \text{Bei } x \approx 158{,}74 \text{ liegt eine maximale Steigung vor.}$$

Aufgrund der Teilaufgabe a(1) weiß man, dass der Graph von f nur in den Intervallen [0; 20] und [100; 200] steigt. Die zweite Lösung $x \approx 54{,}60$ der Gleichung $f''(x)=0$ braucht daher für die maximale Steigung nicht weiter untersucht werden.

Der Glukosewert steigt lokal (relativ) ca. 158,74 Minuten nach Beobachtungsbeginn am stärksten an. Der Anstieg beträgt:

$f'(158{,}74) \approx 1{,}35 \, \frac{\text{mg}}{d\ell}$

a1f(158.74)	1.34501

Zu untersuchen ist noch, ob der Glukosewert am Rand stärker ansteigt als $1{,}35 \, \frac{\text{mg}}{d\ell}$. Dabei genügt eine Berechnung des Anstiegs zu Beginn des Beobachtungszeitraums ($x=0$), da der Graph am Ende ($x=240$) nach Teilaufgabe a(1) fällt und dieser Randwert somit nicht infrage kommt.

$f'(0) = \frac{8}{5} = 1{,}6 \, \frac{\text{mg}}{d\ell}$

a1f(0)	$\frac{8}{5}$

Da der Randwert größer ist, steigt der Glukosewert zu Beginn des betrachteten Zeitraums mit $1{,}6 \, \frac{\text{mg}}{d\ell}$ am stärksten an.

Alternativ:

Da der Operator „bestimmen Sie“ heißt, kann der Zeitpunkt der stärksten Steigung auch grafisch ermittelt werden.
Bestimmt werden das Maximum und der Funktionswert am linken Rand der Ableitungsfunktion.
Ein Vergleich der y-Koordinaten der beiden Punkte ergibt, dass der Glukosewert zu Beginn des betrachteten Zeitraums mit $1{,}6 \, \frac{\text{mg}}{d\ell}$ am stärksten ansteigt.

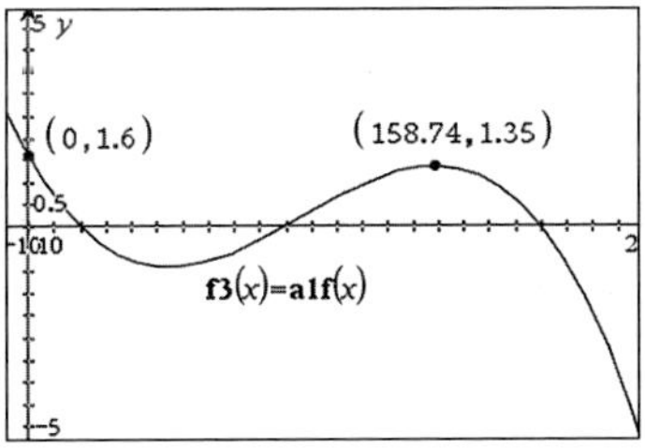

Abiturprüfung 2018 Mathematik Leistungskurs (Nordrhein-Westfalen)
Prüfungsteil B – Vektorielle Geometrie B3 (GTR/CAS)

Das Gebäude eines Museums kann modellhaft durch den abgebildeten Körper ABCDEFG dargestellt werden.
Die obere Etage entspricht dabei der Pyramide DEFG, die untere Etage dem Körper ABCDEF, der Teil der Pyramide DEFS ist. Die Ebene, in der das Dreieck ABC liegt, beschreibt die ebene horizontale Oberfläche des Untergrunds. Das Dreieck DEF liegt parallel zu dieser Ebene.
In einem kartesischen Koordinatensystem gilt für die Lage einiger der genannten Punkte: $A(-5|5|0)$, $B(-5|25|0)$, $D(0|0|15)$, $E(0|30|15)$, $F(-25|5|15)$ und $G(-10|10|35)$.
Eine Längeneinheit im Koordinatensystem entspricht 1 m in der Realität.

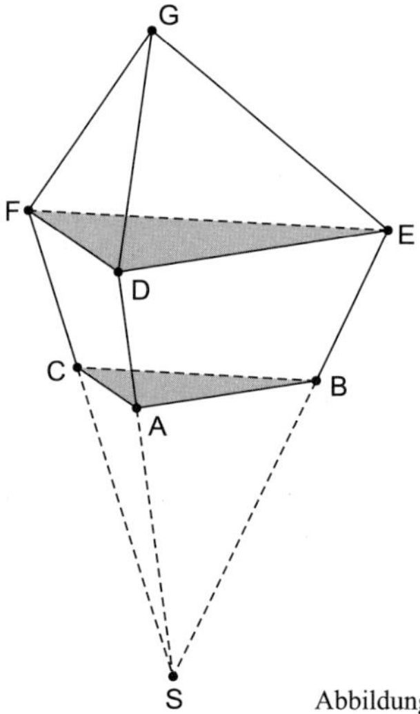

Abbildung 1

Punkte

a) Die folgenden Rechnungen zeigen ein mögliches Vorgehen zur Ermittlung der Koordinaten von S:

$$\begin{pmatrix}0\\0\\15\end{pmatrix}+r\begin{pmatrix}-5\\5\\-15\end{pmatrix}=\begin{pmatrix}0\\30\\15\end{pmatrix}+s\begin{pmatrix}-5\\-5\\-15\end{pmatrix} \Leftrightarrow r=s=3,$$

$$\begin{pmatrix}0\\0\\15\end{pmatrix}+3\begin{pmatrix}-5\\5\\-15\end{pmatrix}=\begin{pmatrix}-15\\15\\-30\end{pmatrix}, \text{ d. h. } S(-15|15|-30).$$

Erläutern Sie das dargestellte Vorgehen. 5

b) (1) Weisen Sie nach, dass die Bodenfläche der oberen Etage nicht rechtwinklig ist. 4

(2) Bestimmen Sie für das Dreieck DEF die Größe des Innenwinkels ε bei E sowie die Länge der Höhe h zur Seite $\overline{EF}$.
[*Zur Kontrolle:* $\varepsilon = 45°$; $h = 15\sqrt{2}$] 5

(3) Begründen Sie, dass der Abstand des Punktes G zur Ebene durch DEF direkt aus den Koordinaten der entsprechenden Punkte ermittelt werden kann, und geben Sie diesen Abstand an. 2

(4) Für die obere Etage wird eine Anlage zur Entfeuchtung der Luft installiert, die für 100 m^3 Rauminhalt eine elektrische Leistung von 0,8 Kilowatt benötigt.
Weisen Sie nach, dass für den Betrieb der Anlage eine Leistung von 25 Kilowatt ausreichend ist. 4

c) (1) Weisen Sie nach, dass die Gerade AG und die Ebene, in der das Dreieck DEF liegt, sich im Punkt $R\left(-\frac{50}{7} \middle| \frac{50}{7} \middle| 15\right)$ schneiden. 4

(2) Bestimmen Sie eine Koordinatenform der Ebene U, in der das Dreieck EFG liegt.
[*Zur Kontrolle:* $U: 2x_1 - 2x_2 - x_3 = -75$.] 3

(3) An einer Metallstange, die durch die Strecke $\overline{RG}$ dargestellt wird, ist im Punkt Q ein Scheinwerfer befestigt, dessen Größe vernachlässigt werden soll. Der Scheinwerfer beleuchtet aus einer Entfernung von 5 m diejenige Wand, die im Modell durch das Dreieck EFG dargestellt wird.
Zeigen Sie, dass der Punkt Q mit den Koordinaten $Q\left(-\frac{95}{11} \middle| \frac{95}{11} \middle| \frac{280}{11}\right)$ auf der Strecke $\overline{RG}$ liegt und einen Abstand von 5 m zur Ebene U hat. 8

Der seitliche Eingangsbereich des Museums wird durch das Viereck ABDE modelliert. Der Architekt plant für diesen Bereich eine dreieckige Überdachung. Eine mögliche Überdachung wird durch das Dreieck DHE modelliert. Diese Überdachung ist in der Abbildung 2, allerdings von einer anderen Seitenansicht als in der Abbildung 1, dargestellt.

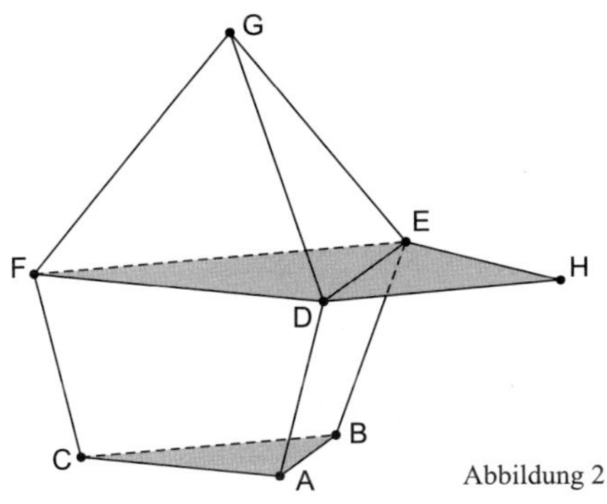

Abbildung 2

d) Die Planung sieht vor, dass das Dreieck DEH in der gleichen Ebene wie das Dreieck DEF liegt. Des Weiteren sollen die Koordinaten des Punktes H so gewählt werden, dass das Dreieck DEH ein gleichschenkliges Dreieck mit der Basis $\overline{DE}$ ist.
Beurteilen Sie die Aussage, dass der Ortsvektor des Punktes H folgende Gleichung erfüllt:
$\overrightarrow{OH} = \begin{pmatrix} 0 \\ 15 \\ 15 \end{pmatrix} + a \cdot \begin{pmatrix} 1 \\ 0 \\ 0 \end{pmatrix} = \begin{pmatrix} a \\ 15 \\ 15 \end{pmatrix}$; $a \in \mathbb{R}$. 5

Hinweise und Tipps

Teilaufgabe a

- Erinnern Sie sich, wie man die Punkt-Richtungsform einer Geradengleichung angibt und dass man den Schnittpunkt von Geraden durch Kombination der Geradengleichung erhält.
- Finden Sie heraus, welche der vorgegebenen Ortsvektoren als Anbindungspunkte gewählt wurden.
- Überlegen Sie sich, wie man von diesen Punkten zum Punkt S gelangt, und folgern Sie daraus, welche Richtungsvektoren für die Geradengleichungen gewählt wurden.
- Überlegen Sie sich, wie man ausgehend von den Lösungen der Vektorgleichung den Ortsvektor des Schnittpunktes bestimmt.

Teilaufgabe b

(1) Ein Dreieck ist dann rechtwinklig, wenn das Skalarprodukt zweier Seitenvektoren des Dreiecks gleich null ist.

Überprüfen Sie die Rechtwinkligkeit **aller** Winkel mithilfe des Skalarprodukts.

Oder

Ist ein Dreieck rechtwinklig, so gilt $a^2 + b^2 = c^2$, wobei a und b die Katheten sind und c die Hypotenuse ist (Umkehrung des Satzes des Pythagoras).

Bestimmen Sie die Längen der Dreiecksseiten und überprüfen Sie die Rechtwinkligkeit mithilfe der Umkehrung des Satzes des Pythagoras.

(2) Der Innenwinkel ε bei E wird von den Vektoren $\overrightarrow{ED}$ und $\overrightarrow{EF}$ eingeschlossen.

Ist φ der Winkel, der von den Vektoren $\vec{a}$ und $\vec{b}$ eingeschlossen wird, gilt:

$$\cos\varphi = \frac{\vec{a} \circ \vec{b}}{|\vec{a}| \cdot |\vec{b}|}$$

Beachten Sie, dass durch die Höhe h zur Seite $\overline{EF}$ ein rechtwinkliges Dreieck entsteht.

Berechnen Sie die Länge der Höhe h mithilfe einer Winkelfunktion.

Oder

Begründen Sie, dass durch die Höhe h ein rechtwinklig-gleichschenkliges Dreieck entsteht.

Berechnen Sie die Länge der Höhe h mithilfe des Satzes des Pythagoras.

Oder (zeitaufwendiger)

Berechnen Sie die Länge der Höhe h als Abstand des Punktes D von der Geraden g_{EF}, auf der die Seite $\overline{EF}$ liegt.

(3) Betrachten Sie die x_3-Koordinaten der Punkte D, E und F und folgern Sie daraus, wie die Ebene durch DEF im Koordinatensystem liegt.

Welche Bedeutung hat diese Lage für den Abstand eines beliebigen Punktes zur Ebene?

Vergessen Sie nicht, den Abstand des Punktes G zur Ebene durch DEF anzugeben.

(4) Das Volumen einer Dreieckspyramide mit der Grundfläche G und der Höhe h_K berechnet sich nach der Formel $V = \frac{1}{3} \cdot G \cdot h_K$.

Wählen Sie als Grundfläche die Dreiecksfläche DEF und berechnen Sie den Flächeninhalt mit der Formel $A = \frac{1}{2} \cdot g \cdot h$, wobei g die Grundseite des Dreiecks und h die Höhe des Dreiecks ist.

Verwenden Sie für die Höhe h_K der Pyramide das Ergebnis aus der vorherigen Teilaufgabe.

Berechnen Sie, welche Leistung für das berechnete Volumen benötigt wird, und entscheiden Sie, ob die vorgegebene Leistung von 25 Kilowatt ausreichend ist.

Teilaufgabe c

(1) Stellen Sie eine Zwei-Punkteform der Geraden g_{AG} auf.

Geben Sie eine Koordinatenform der Ebene E_{DEF} an, in der das Dreieck DEF liegt.

Bringen Sie die Gerade und die Ebene zum Schnitt, indem Sie die Koordinatengleichungen der Geraden in die Koordinatenform der Ebene einsetzen.

Bestimmen Sie den Ortsvektor des Schnittpunktes und vergleichen Sie mit den vorgegebenen Koordinaten von R.

Oder

Zeigen Sie, dass der Punkt R mit den vorgegebenen Koordinaten sowohl in der Ebene als auch auf der Geraden liegt.

Der Nachweis, dass R auf der Geraden liegt, gelingt mit einer Punktprobe.

(2) Stellen Sie mit den Punkten E, F und G eine Drei-Punkteform der Ebenengleichung der Ebene U auf.

Bestimmen Sie einen Normalenvektor der Ebene U.

Ein Normalenvektor steht senkrecht zu den Spannvektoren der Ebene, d. h., das Skalarprodukt des Normalenvektors und der Spannvektoren ist gleich null.

Stellen Sie mit dem Normalenvektor und mit einem Punkt der Ebene die Punkt-Normalenform der Ebenengleichung auf und formen Sie diese in die Koordinatenform um.

Oder

Schreiben Sie die Vektorgleichung der Ebene U in die Koordinatengleichungen um.

Eliminieren Sie aus dem Gleichungssystem die Parameter, um die Koordinatenform zu erhalten.

(3) Bestimmen Sie eine Gleichung der Strecke $\overline{RG}$ in Zwei-Punkteform.

Beachten Sie, dass der Definitionsbereich eingeschränkt sein muss, da es sich um eine Strecke und nicht um eine Gerade handelt.

Führen Sie eine Punktprobe mit dem Punkt Q und der Strecke $\overline{RG}$ durch.

Stellen Sie eine Gleichung der Lotgeraden von Q auf die Ebene U auf.

Als Richtungsvektor der Lotgeraden eignet sich der Normalenvektor der Ebene U.

Bringen Sie die Lotgerade mit der Ebene zum Schnitt und berechnen Sie die Koordinaten des Lotfußpunktes.

Bestimmen Sie den Abstand des Punktes Q zum Lotfußpunkt.

Oder

Bestimmen Sie den Abstand des Punktes Q zur Ebene U mit der Abstandsformel Punkt–Ebene.

Teilaufgabe d

Nutzen Sie aus, dass ein gleichschenkliges Dreieck symmetrisch ist und der Punkt H deswegen auf der Mittelsenkrechten zur Basis liegt.

Stellen Sie eine Punkt-Richtungsform der Mittelsenkrechten auf.

Verwenden Sie als Anbindungspunkt den Mittelpunkt der Basis $\overline{DE}$.

Der Ortsvektor des Mittelpunktes einer Strecke ist gleich der halben Summe der Ortsvektoren der Endpunkte dieser Strecke.

Überlegen Sie, welche beiden Eigenschaften der Richtungsvektor der Mittelsenkrechten erfüllt.

Der Richtungsvektor steht zum einen senkrecht auf den Normalenvektor der Ebene, in der das Dreieck DEF liegt, und zum anderen senkrecht auf der Basis des gleichschenkligen Dreiecks DEH.

Bestimmen Sie mithilfe dieser beiden Eigenschaften zwei Komponenten des Richtungsvektors und wählen Sie die dritte Komponente geeignet.

Vollziehen Sie nach, dass die Gleichung des Ortsvektors des Punktes H mit der Gleichung der Mittelsenkrechten übereinstimmt.

Oder

Nutzen Sie zur Bestimmung eines Richtungsvektors der Mittelsenkrechten des gleichschenkligen Dreiecks DEH aus, dass die Höhe von F auf die Dreiecksseite $\overline{DE}$ und die Höhe von H auf die Dreiecksseite $\overline{DE}$ kollineare Richtungsvektoren haben.

Bestimmen Sie den Lotfußpunkt L_F der Höhe von F auf die Dreiecksseite $\overline{DE}$.

Stellen Sie den Verbindungsvektor $\overrightarrow{FL_F}$ auf und leiten Sie daraus einen Richtungsvektor der Mittelsenkrechten des gleichschenkligen Dreiecks DEH ab.

Lösung

Machen Sie sich vorab klar, wo die „obere Etage“, die „untere Etage“, die „Oberfläche des Untergrunds“ und die „Bodenfläche der oberen Etage“ liegen und notieren Sie die Bezeichnungen in Abbildung 1. Speichern Sie außerdem die gegebenen Punkte im GTR/CAS ab.

$$oa:=\begin{bmatrix}-5\\5\\0\end{bmatrix}: ob:=\begin{bmatrix}-5\\25\\0\end{bmatrix}: od:=\begin{bmatrix}0\\0\\15\end{bmatrix} \qquad \begin{bmatrix}0\\0\\15\end{bmatrix}$$

$$oe:=\begin{bmatrix}0\\30\\15\end{bmatrix}: of:=\begin{bmatrix}-25\\5\\15\end{bmatrix}: og:=\begin{bmatrix}-10\\10\\35\end{bmatrix} \qquad \begin{bmatrix}-10\\10\\35\end{bmatrix}$$

a) Für die Vektorgleichung in der 1. Zeile wurden die Gleichungen der Geraden g_{AD} mit dem Anbindungspunkt D und dem Richtungsvektor $\overrightarrow{DA}$ und der Geraden g_{EB} mit dem Anbindungspunkt E und dem Richtungsvektor $\overrightarrow{EB}$ gleichgesetzt.

$$g_{AD}: \vec{x} = \vec{d} + r \cdot \overrightarrow{DA} = \begin{pmatrix}0\\0\\15\end{pmatrix} + r \cdot \begin{pmatrix}-5\\5\\-15\end{pmatrix}; \; r \in \mathbb{R}$$

$$g_{EB}: \vec{x} = \vec{e} + s \cdot \overrightarrow{EB} = \begin{pmatrix}0\\30\\15\end{pmatrix} + s \cdot \begin{pmatrix}-5\\-5\\-15\end{pmatrix}; \; s \in \mathbb{R}$$

Umschreiben der Vektorgleichung in die Koordinatengleichungen führt zu einem Gleichungssystem für die Parameter r und s, das die Lösung $r = s = 3$ besitzt.

In der 2. Zeile wird durch Einsetzen der Lösung $r = 3$ in die Gleichung der Geraden g_{AD} der Ortsvektor des Schnittpunkts S bzw. die Koordinaten von S berechnet.

Insgesamt zeigen die Rechnungen also, wie S als Schnittpunkt der Geraden g_{AD} und g_{EB} bestimmt wird.

b) (1) Die Bodenfläche der oberen Etage ist das Dreieck DEF.
Das Dreieck ist dann rechtwinklig, wenn das Skalarprodukt zweier Seitenvektoren gleich null ist.

$$\overrightarrow{DE} \circ \overrightarrow{DF} = \begin{pmatrix}0\\30\\0\end{pmatrix} \circ \begin{pmatrix}-25\\5\\0\end{pmatrix} = 150 \neq 0$$

$$\overrightarrow{ED} \circ \overrightarrow{EF} = \begin{pmatrix}0\\-30\\0\end{pmatrix} \circ \begin{pmatrix}-25\\-25\\0\end{pmatrix} = 750 \neq 0$$

$$\overrightarrow{FD} \circ \overrightarrow{FE} = \begin{pmatrix}25\\-5\\0\end{pmatrix} \circ \begin{pmatrix}25\\25\\0\end{pmatrix} = 500 \neq 0$$

dotP(oe−od,of−od)	150
dotP(od−oe,of−oe)	750
dotP(od−of,oe−of)	500

Keine der Seitenvektoren stehen senkrecht aufeinander. Die Bodenfläche DEF ist nicht rechtwinklig.

Alternativ:

Angenommen, das Dreieck DEF ist rechtwinklig, dann müsste der Satz des Pythagoras gelten.

Für die Seitenvektoren ergeben sich folgende Längen:

$$|\overrightarrow{DE}| = \left|\begin{pmatrix} 0 \\ 30 \\ 0 \end{pmatrix}\right| = 30\,[LE]$$

$$|\overrightarrow{DF}| = \left|\begin{pmatrix} -25 \\ 5 \\ 0 \end{pmatrix}\right| = \sqrt{650} = 5\sqrt{26}\ [LE]$$

$$|\overrightarrow{EF}| = \left|\begin{pmatrix} -25 \\ -25 \\ 0 \end{pmatrix}\right| = 25\sqrt{2}\ [LE]$$

norm(*oe*−*od*)	30
norm(*of*−*od*)	25.4951
norm(*of*−*oe*)	35.3553

Mit der längsten Seite als Hypotenuse lautet der Satz des Pythagoras:

$$|\overrightarrow{DE}|^2 + |\overrightarrow{DF}|^2 = |\overrightarrow{EF}|^2$$

$$30^2 + (5\sqrt{26})^2 = (25\sqrt{2})^2$$

$$1\,550 = 1\,250$$

$30^2+(25.4951)^2$	1550.
$(35.3553)^2$	1250.

Da sich eine falsche Aussage ergibt, ist die Bodenfläche DEF nicht rechtwinklig.

(2) Der Innenwinkel ε bei E wird von den Vektoren $\overrightarrow{ED}$ und $\overrightarrow{EF}$ eingeschlossen.

$$\cos\varepsilon = \frac{\overrightarrow{ED} \circ \overrightarrow{EF}}{|\overrightarrow{ED}| \cdot |\overrightarrow{EF}|} = \frac{\begin{pmatrix} 0 \\ -30 \\ 0 \end{pmatrix} \circ \begin{pmatrix} -25 \\ -25 \\ 0 \end{pmatrix}}{\left|\begin{pmatrix} 0 \\ -30 \\ 0 \end{pmatrix}\right| \cdot \left|\begin{pmatrix} -25 \\ -25 \\ 0 \end{pmatrix}\right|}$$

$$= \frac{750}{30 \cdot 25\sqrt{2}} = \frac{1}{\sqrt{2}} \approx 0{,}7071$$

$$\Rightarrow \quad \varepsilon = \cos^{-1}\left(\frac{1}{\sqrt{2}}\right) = 45\,°$$

$\frac{\text{dotP}(od-oe, of-oe)}{\text{norm}(od-oe) \cdot \text{norm}(of-oe)}$	0.707107
$\cos^{-1}(0.70710678118656)$	45.

Der Innenwinkel bei E hat eine Größe von $\varepsilon = 45°$.

Durch die Höhe h zur Seite $\overline{EF}$ entsteht ein rechtwinkliges Dreieck DEL_D. In diesem gilt:

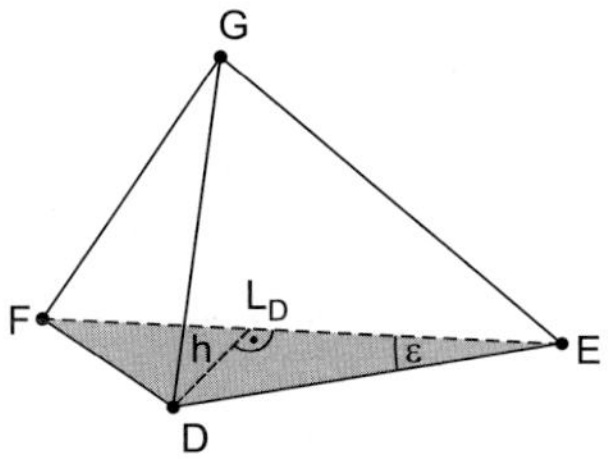

$$\sin\varepsilon = \frac{h}{|\overrightarrow{DE}|} \quad \Rightarrow \quad h = \sin\varepsilon \cdot |\overrightarrow{DE}|$$

$$= \sin(45°) \cdot 30$$

$$= 15\sqrt{2}$$

$$\approx 21{,}21\,[LE]$$

Die Höhe h zur Seite $\overline{EF}$ hat eine Länge von $h = 15\sqrt{2}$ LE.

h:=sin(45°)· norm(*oe*−*od*)	21.2132

Alternativ:
Mit der Winkelsumme im Dreieck DEL_D gilt für den Innenwinkel bei D:
$\measuredangle EDL_D = 180° - 90° - 45° = 45°$

Das Dreieck DEL_D ist somit rechtwinklig-gleichschenklig mit der Hypotenuse $\overline{DE}$. Mit $|\overrightarrow{DL_D}| = |\overrightarrow{EL_D}| = h$ und dem Satz des Pythagoras folgt:

$$\begin{aligned} h^2 + h^2 &= |\overrightarrow{DE}|^2 \\ 2h^2 &= 30^2 \quad &|:2 \\ h^2 &= 450 \quad &|\sqrt{\ } \\ h &= 15\sqrt{2} \approx 21{,}21\,[\text{LE}] \end{aligned}$$

Die Höhe h zur Seite $\overline{EF}$ hat eine Länge von $h = 15\sqrt{2}$ LE.

Alternativ (zeitaufwendiger):
Berechnung von h als Abstand des Punktes D von der Geraden g_{EF}.

$$g_{EF}\colon \vec{x} = \vec{e} + t \cdot \overrightarrow{EF} = \begin{pmatrix} 0 \\ 30 \\ 15 \end{pmatrix} + t \cdot \begin{pmatrix} -25 \\ -25 \\ 0 \end{pmatrix};\ t \in \mathbb{R}$$

Für den Lotfußpunkt L_D als fester Punkt der Geraden g_{EF} gilt:

$$\vec{\ell}_D = \begin{pmatrix} -25t^* \\ 30 - 25t^* \\ 15 \end{pmatrix}, \text{ mit } t^* \text{ fest.}$$

Der Vektor $\overrightarrow{DL_D}$ und der Richtungsvektor der Geraden g_{EF} stehen senkrecht aufeinander, wenn das Skalarprodukt der Vektoren gleich null ist:

$$\left[\begin{pmatrix} -25t^* \\ 30 - 25t^* \\ 15 \end{pmatrix} - \begin{pmatrix} 0 \\ 0 \\ 15 \end{pmatrix}\right] \circ \begin{pmatrix} -25 \\ -25 \\ 0 \end{pmatrix} = 0$$

$$\begin{pmatrix} -25t^* \\ 30 - 25t^* \\ 0 \end{pmatrix} \circ \begin{pmatrix} -25 \\ -25 \\ 0 \end{pmatrix} = 0$$

$$\begin{aligned} 625t^* - 750 + 625t^* &= 0 \quad &|+750 \\ 1\,250t^* &= 750 \quad &|:1\,250 \\ t^* &= \frac{3}{5} \end{aligned}$$

```
linSolve({dotP([-25·t; 30-25·t; 15] - od, of-oe) = 0}, {t})     {3/5}
ld:=oe+t·(of-oe)|t=3/5                                          [-15; 15; 15]
norm(ld-od)                                                     21.2132
```

CAS

```
g_ef:=oe+t·(of-oe)                 [-25·t; 30-25·t; 15]
solve(dotP(g_ef-od,of-oe)=0,t)     t=3/5
ld:=g_ef|t=3/5                     [-15; 15; 15]
norm(ld-od)                        15·√2
```

Durch Einsetzen von $t^* = \frac{3}{5}$ in die Geradengleichung g_{EF} erhält man den Ortsvektor des Lotfußpunktes:

$$\vec{\ell}_D = \begin{pmatrix} 0 \\ 30 \\ 15 \end{pmatrix} + \frac{3}{5} \cdot \begin{pmatrix} -25 \\ -25 \\ 0 \end{pmatrix} = \begin{pmatrix} -15 \\ 15 \\ 15 \end{pmatrix} \Rightarrow L_D(-15|15|15)$$

Die Höhe h entspricht dann dem Abstand von D zu L_D:

$$h = |\overrightarrow{DL_D}| = \left| \begin{pmatrix} -15 \\ 15 \\ 15 \end{pmatrix} - \begin{pmatrix} 0 \\ 0 \\ 15 \end{pmatrix} \right| = \left| \begin{pmatrix} -15 \\ 15 \\ 0 \end{pmatrix} \right| = 15\sqrt{2} \approx 21{,}21\,[\text{LE}]$$

Die Höhe h zur Seite $\overline{EF}$ hat eine Länge von $h = 15\sqrt{2}$ LE.

(3) Die x_3-Koordinaten der Punkte D, E und F haben alle den gleichen Wert 15. Die Ebene durch DEF verläuft daher parallel zur x_1x_2-Koordinatenebene und die Entfernung eines beliebigen Punktes zu dieser Ebene ist gleich dem Betrag der Differenz der x_3-Koordinate des Punktes und 15.

Für den Punkt G erhält man folglich den Abstand $|35 - 15| = 20\,[\text{LE}]$.

(4) Die obere Etage hat die Form einer Dreieckspyramide.

Das Volumen einer Dreieckspyramide mit der Grundfläche G und der Höhe h_K berechnet sich nach der Formel $V = \frac{1}{3} \cdot G \cdot h_K$.

Wählt man als Grundfläche der Pyramide die Dreiecksfläche DEF, ergibt sich mit der Grundseitenlänge $|\overrightarrow{EF}|$ und der Dreieckshöhe $h = 15\sqrt{2}$ [LE] aus Teilaufgabe b(2) folgender Flächeninhalt:

$$G = \frac{1}{2} \cdot |\overrightarrow{EF}| \cdot h = \frac{1}{2} \cdot 25\sqrt{2} \cdot 15\sqrt{2} = 375\,[\text{FE}]$$

Mit dieser Grundfläche und der Pyramidenhöhe $h_K = 20$ [LE] aus Teilaufgabe b(3) erhält man:

$$V = \frac{1}{3} \cdot 375 \cdot 20 = 2\,500\,[\text{VE}]$$

Für den Betrieb der Anlage wird folgende Leistung benötigt:

$$\frac{2\,500}{100} \cdot 0{,}8\text{ kW} = 20\text{ kW}$$

Die 25-kW-Anlage reicht daher zur Entfeuchtung der Luft aus.

c) (1) Die Zwei-Punkteform der Geraden g_{AG} durch die Punkte A und G lautet:

$$g_{AG}\colon \vec{x} = \vec{a} + k \cdot \overrightarrow{AG} = \begin{pmatrix} -5 \\ 5 \\ 0 \end{pmatrix} + k \cdot \begin{pmatrix} -5 \\ 5 \\ 35 \end{pmatrix};\ k \in \mathbb{R}$$

Aufgrund der gleichen x_3-Koordinaten der Punkte D, E und F (siehe Teilaufgabe b(3)) ergibt sich für die Ebene, in der das Dreieck DEF liegt, die Koordinatenform $E_{DEF}\colon x_3 = 15$.

Einsetzen der 3. Koordinatengleichung der Geraden g_{AG} in die Koordinatenform ergibt:

$$35k = 15 \quad \Rightarrow \quad k = \frac{3}{7}$$

Einsetzen von $k = \frac{3}{7}$ in die Gleichung der Geraden g_{AG} liefert den Ortsvektor des Schnittpunktes R:

$$\vec{r} = \begin{pmatrix} -5 \\ 5 \\ 0 \end{pmatrix} + \frac{3}{7} \cdot \begin{pmatrix} -5 \\ 5 \\ 35 \end{pmatrix} = \begin{pmatrix} -\frac{50}{7} \\ \frac{50}{7} \\ 15 \end{pmatrix}$$

Der Schnittpunkt hat damit die Koordinaten $R\left(-\frac{50}{7} \,\middle|\, \frac{50}{7} \,\middle|\, 15\right)$.

CAS

g_ag:=oa+k·(og−oa) $\quad \begin{bmatrix} -5\cdot k-5 \\ 5\cdot k+5 \\ 35\cdot k \end{bmatrix}$

e_def:=od+r·(oe−od)+s·(of−od) $\quad \begin{bmatrix} -25\cdot s \\ 30\cdot r+5\cdot s \\ 15 \end{bmatrix}$

solve(g_ag=e_def,{k,r,s}) $\quad r=\frac{4}{21}$ and $s=\frac{2}{7}$ and $k=\frac{3}{7}$

g_ag|k=$\frac{3}{7}$ $\quad \begin{bmatrix} \frac{-50}{7} \\ \frac{50}{7} \\ 15 \end{bmatrix}$

Anmerkung: Mit einem CAS kann der Schnittpunkt R auch durch Kombination der Vektorgleichungen von Gerade und Ebene bestimmt werden (vgl. Abbildung oben).

Alternativ (Punktprobe):

Der Punkt $R\left(-\frac{50}{7} \,\middle|\, \frac{50}{7} \,\middle|\, 15\right)$ liegt auf jeden Fall in der Ebene E_{DEF}, da seine x_3-Koordinate gleich 15 ist und dies nach Teilaufgabe b(3) charakteristisch für Punkte dieser Ebene ist.

Bleibt durch Punktprobe zu zeigen, dass R auch auf der Geraden g_{AG} liegt:

$$\begin{pmatrix} -\frac{50}{7} \\ \frac{50}{7} \\ 15 \end{pmatrix} = \begin{pmatrix} -5 \\ 5 \\ 0 \end{pmatrix} + k \cdot \begin{pmatrix} -5 \\ 5 \\ 35 \end{pmatrix}$$

linSolve$\left(\begin{cases} \frac{-50}{7}=-5-5\cdot k \\ \frac{50}{7}=5+5\cdot k \\ 15=35\cdot k \end{cases},\{k\}\right) \quad \left\{\frac{3}{7}\right\}$

Diese Gleichung ist für $k = \frac{3}{7}$ erfüllt.

Der Punkt $R\left(-\frac{50}{7} \,\middle|\, \frac{50}{7} \,\middle|\, 15\right)$ ist damit Schnittpunkt der Geraden g_{AG} und der Ebene E_{DEF}.

(2) Mit E als Anbindungspunkt und den Vektoren $\overrightarrow{EF}$ und $\overrightarrow{EG}$ als Spannvektoren lautet die Drei-Punkteform der Ebenengleichung der Ebene U:

$$U: \vec{x} = \begin{pmatrix} 0 \\ 30 \\ 15 \end{pmatrix} + r' \cdot \begin{pmatrix} -25 \\ -25 \\ 0 \end{pmatrix} + s' \cdot \begin{pmatrix} -10 \\ -20 \\ 20 \end{pmatrix}$$

$$= \begin{pmatrix} 0 \\ 30 \\ 15 \end{pmatrix} + r \cdot \begin{pmatrix} 1 \\ 1 \\ 0 \end{pmatrix} + s \cdot \begin{pmatrix} 1 \\ 2 \\ -2 \end{pmatrix}; \; r', r, s', s \in \mathbb{R}$$

Ist $\vec{n} = \begin{pmatrix} n_1 \\ n_2 \\ n_3 \end{pmatrix}$ ein Normalenvektor der Ebene U, so steht dieser senkrecht zu den Spannvektoren der Ebene. Das Skalarprodukt von Normalenvektor und Spannvektor ist jeweils gleich null:

$$\text{I} \quad \begin{pmatrix} n_1 \\ n_2 \\ n_3 \end{pmatrix} \circ \begin{pmatrix} 1 \\ 1 \\ 0 \end{pmatrix} = 0 \quad \Leftrightarrow \quad n_1 + n_2 = 0$$

$$\text{II} \quad \begin{pmatrix} n_1 \\ n_2 \\ n_3 \end{pmatrix} \circ \begin{pmatrix} 1 \\ 2 \\ -2 \end{pmatrix} = 0 \quad \Leftrightarrow \quad n_1 + 2n_2 - 2n_3 = 0$$

```
linSolve({n1+n2=0, n1+2·n2-2·n3=0},{n1,n2,n3})
                                   {-2·c1,2·c1,c1}
n:=[-2; 2; 1]                      [-2; 2; 1]
```

Wählt man $n_3 = 1$, folgt $n_2 = 2$ und $n_1 = -2$. Der Normalenvektor lautet damit:

$$\vec{n} = \begin{pmatrix} -2 \\ 2 \\ 1 \end{pmatrix}$$

Mit dem Anbindungspunkt E(0 | 30 | 15) und dem Normalenvektor $\vec{n} = \begin{pmatrix} -2 \\ 2 \\ 1 \end{pmatrix}$ erhält man die Punkt-Normalenform:

$$U: \begin{pmatrix} -2 \\ 2 \\ 1 \end{pmatrix} \circ \vec{x} - \begin{pmatrix} -2 \\ 2 \\ 1 \end{pmatrix} \circ \begin{pmatrix} 0 \\ 30 \\ 15 \end{pmatrix} = 0$$

$$U: \begin{pmatrix} -2 \\ 2 \\ 1 \end{pmatrix} \circ \vec{x} - 75 = 0$$

CAS

```
dotP(n,[x1; x2; x3])-dotP(n,oe)=0
                          -2·x1+2·x2+x3-75=0
```

Umschreiben ergibt die Koordinatenform der Ebene:

$U: -2x_1 + 2x_2 + x_3 = 75$

Alternativ (Umstellen der Koordinatengleichungen):

$$U: \vec{x} = \begin{pmatrix} 0 \\ 30 \\ 15 \end{pmatrix} + r \cdot \begin{pmatrix} 1 \\ 1 \\ 0 \end{pmatrix} + s \cdot \begin{pmatrix} 1 \\ 2 \\ -2 \end{pmatrix};\ r, s \in \mathbb{R}$$

Durch Umschreiben der Vektorgleichung in die Koordinatengleichungen erhält man:

I $\quad x_1 = r + s$

II $\quad x_2 = 30 + r + 2s$

III $\quad x_3 = 15 - 2s$

Durch geeignete Umformungen werden die Parameter r und s aus den Gleichungen eliminiert:

II – I: $\qquad x_2 - x_1 = 30 + s \quad$ (II')

2 · II' + III: $\quad 2x_2 - 2x_1 + x_3 = 75$

Die Koordinatenform der Ebene U lautet:

$-2x_1 + 2x_2 + x_3 = 75$

Anmerkung: Die in der Aufgabenstellung angegebene Kontrolllösung ist diese Gleichung mit –1 multipliziert.

(3) Mit R als Anbindungspunkt und dem Verbindungsvektor $\overrightarrow{RG}$ als Richtungsvektor lautet eine Gleichung der Strecke $\overline{RG}$:

$$\overline{RG}: \vec{x} = \vec{r} + p \cdot \overrightarrow{RG} = \begin{pmatrix} -\frac{50}{7} \\ \frac{50}{7} \\ 15 \end{pmatrix} + p \cdot \begin{pmatrix} -\frac{20}{7} \\ \frac{20}{7} \\ 20 \end{pmatrix};\ 0 \le p \le 1$$

Eine Punktprobe mit $Q\left(-\frac{95}{11} \middle| \frac{95}{11} \middle| \frac{280}{11}\right)$ führt zur Vektorgleichung:

$$\begin{pmatrix} -\frac{95}{11} \\ \frac{95}{11} \\ \frac{280}{11} \end{pmatrix} = \begin{pmatrix} -\frac{50}{7} \\ \frac{50}{7} \\ 15 \end{pmatrix} + p \cdot \begin{pmatrix} -\frac{20}{7} \\ \frac{20}{7} \\ 20 \end{pmatrix}$$

Diese Gleichung besitzt die Lösung $p = \frac{23}{44}$ und wegen $0 \le p = \frac{23}{44} \le 1$ liegt der Punkt Q auf der Strecke $\overline{RG}$.

$$oq := \begin{bmatrix} \frac{-95}{11} \\ \frac{95}{11} \\ \frac{280}{11} \end{bmatrix} \qquad \begin{bmatrix} \frac{-95}{11} \\ \frac{95}{11} \\ \frac{280}{11} \end{bmatrix}$$

$$\text{linSolve}\left(\left\{\begin{array}{l} \frac{-95}{11} = \frac{-50}{7} - \frac{20}{7} \cdot p \\ \frac{95}{11} = \frac{50}{7} + \frac{20}{7} \cdot p \\ \frac{280}{11} = 15 + 20 \cdot p \end{array}\right., \{p\}\right) \qquad \left\{\frac{23}{44}\right\}$$

Zur Berechnung des Abstands wird eine Gleichung der Lotgeraden g_ℓ zur Ebene U durch Q aufgestellt:

$$g_\ell:\ \vec{x} = \vec{q} + t \cdot \vec{n} = \begin{pmatrix} -\frac{95}{11} \\ \frac{95}{11} \\ \frac{280}{11} \end{pmatrix} + t \cdot \begin{pmatrix} -2 \\ 2 \\ 1 \end{pmatrix};\ t \in \mathbb{R}$$

Der Schnittpunkt dieser Lotgeraden mit der Ebene U ist der Lotfußpunkt L_Q. Einsetzen der Koordinaten von g_ℓ in die Koordinatenform der Ebene U ergibt:

$$-2 \cdot \left(-\frac{95}{11} - 2t\right) + 2 \cdot \left(\frac{95}{11} + 2t\right) + \left(\frac{280}{11} + t\right) = 75$$

Diese Gleichung besitzt die Lösung $t = \frac{5}{3}$. Durch Einsetzen von $t = \frac{5}{3}$ in die Geradengleichung g_ℓ folgt:

$$\vec{\ell}_Q = \begin{pmatrix} -\frac{95}{11} \\ \frac{95}{11} \\ \frac{280}{11} \end{pmatrix} + \frac{5}{3} \cdot \begin{pmatrix} -2 \\ 2 \\ 1 \end{pmatrix} = \begin{pmatrix} -\frac{395}{33} \\ \frac{395}{33} \\ \frac{895}{33} \end{pmatrix}$$

$$\Rightarrow \quad L_Q\left(-\frac{395}{33} \,\middle|\, \frac{395}{33} \,\middle|\, \frac{895}{33}\right)$$

Der Abstand des Punktes Q zur Ebene U ist gleich dem Abstand des Punktes Q zum Lotfußpunkt L_Q:

$$\left|\overrightarrow{QL_Q}\right| = \left|\begin{pmatrix} -\frac{10}{3} \\ \frac{10}{3} \\ \frac{5}{3} \end{pmatrix}\right| = 5\ [\text{LE}]$$

$$\text{linSolve}\left(\left\{-2 \cdot \left(\frac{-95}{11} - 2 \cdot t\right) + 2 \cdot \left(\frac{95}{11} + 2 \cdot t\right) + \frac{280}{11} \cdot\!\!\blacktriangleright \qquad \left\{\frac{5}{3}\right\}$$

$$lq := oq + \frac{5}{3} \cdot n \qquad \begin{bmatrix} \frac{-395}{33} \\ \frac{395}{33} \\ \frac{895}{33} \end{bmatrix}$$

$$\text{norm}(lq - oq) \qquad 5$$

CAS

$$g\_l := oq + t \cdot n \qquad \begin{bmatrix} -2 \cdot t - \frac{95}{11} \\ 2 \cdot t + \frac{95}{11} \\ t + \frac{280}{11} \end{bmatrix}$$

$$u := oe + r \cdot (of - oe) + s \cdot (og - oe) \qquad \begin{bmatrix} -25 \cdot r - 10 \cdot s \\ -25 \cdot r - 20 \cdot s + 30 \\ 20 \cdot s + 15 \end{bmatrix}$$

$$\text{solve}(g\_l = u, \{r, s, t\}) \qquad r = \frac{13}{55} \text{ and } s = \frac{20}{33} \text{ and } t = \frac{5}{3}$$

$$lq := g\_l|t = \frac{5}{3} \qquad \begin{bmatrix} \frac{-395}{33} \\ \frac{395}{33} \\ \frac{895}{33} \end{bmatrix}$$

$$\text{norm}(lq - oq) \qquad 5$$

Alternativ:

Durch Einsetzen in die Abstandsformel Punkt – Ebene erhält man:

$$d(Q; U) = \frac{\left| 2 \cdot \left(-\frac{95}{11}\right) - 2 \cdot \frac{95}{11} - \frac{280}{11} - (-75) \right|}{\left|\begin{pmatrix} -2 \\ 2 \\ 1 \end{pmatrix}\right|} = 5\,[\text{LE}]$$

d) Ist DEH ein gleichschenkliges Dreieck mit der Basis $\overline{DE}$, so liegt der Eckpunkt H auf der Mittelsenkrechten zur Basis.

Für den Ortsvektor des Mittelpunktes M_{DE} der Strecke $\overline{DE}$ gilt:

$$\vec{m}_{DE} = \frac{1}{2} \cdot (\vec{d} + \vec{e}) = \frac{1}{2} \cdot \left[\begin{pmatrix} 0 \\ 0 \\ 15 \end{pmatrix} + \begin{pmatrix} 0 \\ 30 \\ 15 \end{pmatrix}\right] = \begin{pmatrix} 0 \\ 15 \\ 15 \end{pmatrix}$$

Ist $\vec{u} = \begin{pmatrix} u_1 \\ u_2 \\ u_3 \end{pmatrix}$ ein Richtungsvektor der Mittelsenkrechten, müssen folgende beiden Bedingungen erfüllt sein.

(I) $\vec{u}$ steht senkrecht auf dem Normalenvektor der Ebene E_{DEF}, da der Punkt H in dieser Ebene liegt:

$$\begin{pmatrix} u_1 \\ u_2 \\ u_3 \end{pmatrix} \circ \begin{pmatrix} 0 \\ 0 \\ 15 \end{pmatrix} = 0 \quad \Leftrightarrow \quad 15u_3 = 0 \quad \Leftrightarrow \quad u_3 = 0$$

(II) $\vec{u}$ steht senkrecht zum Richtungsvektor der Geraden g_{DE}:

$$\begin{pmatrix} u_1 \\ u_2 \\ u_3 \end{pmatrix} \circ \begin{pmatrix} 0 \\ 30 \\ 0 \end{pmatrix} = 0 \quad \Leftrightarrow \quad 30u_2 = 0 \Leftrightarrow \quad u_2 = 0$$

Wählt man $u_1 = 1$, so lautet ein Richtungsvektor der Mittelsenkrechten $\vec{u} = \begin{pmatrix} 1 \\ 0 \\ 0 \end{pmatrix}$.

Die Punkt-Richtungsform der Mittelsenkrechten hat damit folgende Gleichung:

$$\vec{x} = \vec{m}_{DE} + a \cdot \vec{u} = \begin{pmatrix} 0 \\ 15 \\ 15 \end{pmatrix} + a \cdot \begin{pmatrix} 1 \\ 0 \\ 0 \end{pmatrix}; \; a \in \mathbb{R}$$

Da der Punkt H ein fester Punkt dieser Mittelsenkrechten ist, gilt somit:

$$\overrightarrow{OH} = \begin{pmatrix} 0 \\ 15 \\ 15 \end{pmatrix} + a \cdot \begin{pmatrix} 1 \\ 0 \\ 0 \end{pmatrix}; \; a \in \mathbb{R}$$

Alternative Bestimmung des Richtungsvektors $\vec{u}$ der Mittelsenkrechten:
Die Höhe von F auf die Dreiecksseite $\overline{DE}$ und die Höhe von H auf die Dreiecksseite $\overline{DE}$ (die Teil der Mittelsenkrechten zur Basis $\overline{DE}$ ist) haben kollineare Richtungsvektoren.

Um einen Richtungsvektor der Höhe von F auf die Dreiecksseite $\overline{DE}$ und damit einen Richtungsvektor der Mittelsenkrechten zu erhalten, wird der Lotfußpunkt L_F als fester Punkt der Geraden g_{DE} gewählt:

$$g_{DE}\colon \; \vec{x} = \vec{d} + r' \cdot \overrightarrow{DE} = \begin{pmatrix} 0 \\ 0 \\ 15 \end{pmatrix} + r' \cdot \begin{pmatrix} 0 \\ 30 \\ 0 \end{pmatrix} = \begin{pmatrix} 0 \\ 0 \\ 15 \end{pmatrix} + r \cdot \begin{pmatrix} 0 \\ 1 \\ 0 \end{pmatrix}; \; r', r \in \mathbb{R}$$

Mit einem festen Parameter $r^* \in \mathbb{R}$ gilt:

$$\vec{\ell}_F = \begin{pmatrix} 0 \\ r^* \\ 15 \end{pmatrix}$$

Der Vektor $\overrightarrow{FL_F}$ und der Richtungsvektor der Geraden g_{DE} stehen senkrecht aufeinander, wenn das Skalarprodukt der Vektoren gleich null ist:

$$\left[\begin{pmatrix} 0 \\ r^* \\ 15 \end{pmatrix} - \begin{pmatrix} -25 \\ 5 \\ 15 \end{pmatrix}\right] \circ \begin{pmatrix} 0 \\ 1 \\ 0 \end{pmatrix} = 0$$

$$\begin{pmatrix} 25 \\ r^* - 5 \\ 0 \end{pmatrix} \circ \begin{pmatrix} 0 \\ 1 \\ 0 \end{pmatrix} = 0$$

$$r^* - 5 = 0 \qquad |+5$$

$$r^* = 5$$

Aus dem Richtungsvektor $\overrightarrow{FL_F}$ der Höhe von F auf die Dreiecksseite $\overline{DE}$ kann der Richtungsvektor $\vec{u}$ der Mittelsenkrechten abgeleitet werden:

$$\overrightarrow{FL_F} = \begin{pmatrix} 25 \\ 5-5 \\ 0 \end{pmatrix} = \begin{pmatrix} 25 \\ 0 \\ 0 \end{pmatrix} = 25 \cdot \begin{pmatrix} 1 \\ 0 \\ 0 \end{pmatrix} \quad \Rightarrow \quad \vec{u} = \begin{pmatrix} 1 \\ 0 \\ 0 \end{pmatrix}$$

Punkte

a) Ein Unternehmen stellt Kunststoffteile her. Erfahrungsgemäß sind 4 % der hergestellten Teile fehlerhaft. Die Anzahl fehlerhafter Teile unter zufällig ausgewählten kann als binomialverteilt angenommen werden.

(1) 800 Kunststoffteile werden zufällig ausgewählt.
Bestimmen Sie für die folgenden Ereignisse jeweils die Wahrscheinlichkeit:
A: „Genau 30 der Teile sind fehlerhaft."
B: „Mindestens 5 % der Teile sind fehlerhaft." 5

(2) Ermitteln Sie, wie viele Kunststoffteile mindestens zufällig ausgewählt werden müssen, damit davon mit einer Wahrscheinlichkeit von mindestens 95 % mindestens 100 Teile keinen Fehler haben. 5

Die Kunststoffteile werden aus Kunststoffgranulat hergestellt. Nach einem Wechsel des Granulats vermutet der Produktionsleiter, dass sich der Anteil der fehlerhaften Teile reduziert hat. Um einen Anhaltspunkt dafür zu gewinnen, ob die Vermutung gerechtfertigt ist, soll die Nullhypothese „Der Anteil der fehlerhaften Teile beträgt mindestens 4 %" auf der Grundlage einer Stichprobe von 500 Teilen auf einem Signifikanzniveau von 5 % getestet werden.

(3) Bestimmen Sie die zugehörige Entscheidungsregel. 6

(4) Das neue Granulat ist teurer als das vorherige.
Geben Sie an, welche Überlegung zur Wahl der Nullhypothese geführt haben könnte, und begründen Sie Ihre Angabe. 4

(5) Interpretieren Sie den Fehler 2. Art im Sachzusammenhang und bestimmen Sie seine Wahrscheinlichkeit, wenn in Wirklichkeit nur 2 % der Teile fehlerhaft sind. 5

b) Für ein Spiel wird ein Glücksrad verwendet, das drei farbige Sektoren hat. Der Tabelle können die Farben der Sektoren und die Größe der zugehörigen Mittelpunktswinkel entnommen werden.

Farbe	Blau	Rot	Grün
Mittelpunktswinkel	180°	120°	60°

Für einen Einsatz von 5 Euro darf ein Spieler das Glücksrad dreimal drehen. Erzielt der Spieler dreimal die gleiche Farbe, werden ihm 10 Euro ausgezahlt. Erzielt er drei verschiedene Farben, wird ein anderer Betrag ausgezahlt. In allen anderen Fällen erfolgt keine Auszahlung.

Die Wahrscheinlichkeit dafür, dass dreimal die gleiche Farbe erzielt wird, ist $\frac{1}{6}$.

(1) Zeigen Sie, dass die Wahrscheinlichkeit dafür, dass drei verschiedene Farben erzielt werden, ebenfalls $\frac{1}{6}$ beträgt. 4

(2) Bei dem Spiel ist zu erwarten, dass sich die Einsätze der Spieler und die Auszahlungen auf lange Sicht ausgleichen.
Bestimmen Sie den Betrag, der ausgezahlt wird, wenn drei verschiedene Farben erscheinen. 5

(3) Die Größen der Sektoren werden geändert. Dabei wird der blaue Sektor vergrößert. Die Abbildung zeigt einen Teil eines Baumdiagramms, das für das geänderte Glücksrad die drei Drehungen beschreibt. Ergänzend ist für einen Pfad die zugehörige Wahrscheinlichkeit angegeben.

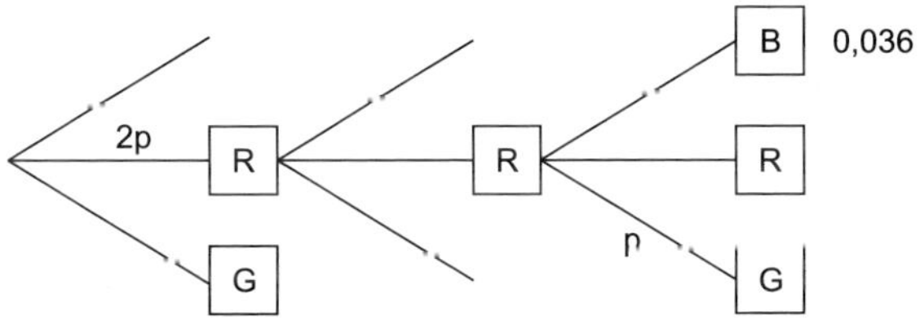

Bestimmen Sie die Größe des zum blauen Sektor gehörenden Mittelpunktswinkels. 6

Hinweise und Tipps

Teilaufgabe a

(1) Beachten Sie, dass es sich um einen Bernoulli-Versuch handelt und dass die zugehörige Zufallsgröße X: „Anzahl der fehlerhaften Teile in der Stichprobe“ binomialverteilt ist mit $n = 800$ und $p = 0{,}04$.

Berechnen Sie $P(A) = P(X = 30)$.

Bestimmen Sie, wie viel 5 % von 800 Teilen sind.

Berechnen Sie $P(B) = P(X \geq 40)$.

(2) Bei dieser Aufgabe ist die Größe der Stichprobe, also der Stichprobenumfang, so zu bestimmen, dass die vorgegebene Bedingung erfüllt ist.

Die Wahrscheinlichkeit für mindestens 100 fehlerfreie Teile in der Stichprobe soll mindestens 95 % betragen.

Wählen Sie als Zufallsgröße $\overline{X}$: „Anzahl der Teile in der Stichprobe, die *keinen* Fehler haben“.

Ermitteln Sie durch systematisches Probieren den passenden Wert m für den Stichprobenumfang, sodass die Bedingung $P_{q=0,96}(\overline{X} \geq 100) \geq 0{,}95$ erfüllt ist.

(3) Bei dieser Aufgabenstellung geht es um das Testen von Hypothesen.

Bei der Nullhypothese H_0: $p \geq 0{,}04$ wird davon ausgegangen, dass es keinen Unterschied zwischen den Granulaten gibt und sich die Fehlerquote beim neuen Granulat nicht reduziert hat.

Wählen Sie als Zufallsgröße X: „Anzahl der fehlerhaften Teile in der Stichprobe von 500 Teilen“.

Ermitteln Sie durch systematisches Probieren, bis zu welcher Anzahl an fehlerhaften Teilen in der Stichprobe die Wahrscheinlichkeit dafür, dass fälschlicherweise von einer gesunkenen Fehlerquote ausgegangen wird, höchstens 5 % beträgt.

Gesucht ist der Wert k, für den gilt:
$P_{p=0,04}(X \leq k) \leq 0{,}05$ und $P_{p=0,04}(X \leq k+1) > 0{,}05$

Vergessen Sie nicht, die Entscheidungsregel zu formulieren.

(4) Beim Testen von Hypothesen wird die Nullhypothese so gewählt, dass der Fehler 1. Art gering gehalten wird.

Ein Fehler 1. Art wird gemacht, wenn die Nullhypothese H_0 irrtümlich abgelehnt wird.

Überlegen Sie, was dies im Sachkontext bedeutet.

(5) Ein Fehler 2. Art liegt vor, wenn H_0 irrtümlich angenommen wird. Überlegen Sie, was dies im Sachzusammenhang bedeutet.

Berechnen Sie $P_{p=0,02}(X \geq 13)$.

Teilaufgabe b

(1) Überlegen Sie, wie viele Möglichkeiten es gibt, drei verschiedene Farben zu kombinieren.

Berechnen Sie die Wahrscheinlichkeit für eine dieser Möglichkeiten mit der Multiplikationsregel.

Multiplizieren Sie die berechnete Wahrscheinlichkeit mit der zuvor bestimmten Anzahl an Kombinationsmöglichkeiten.

(2) Vergeben Sie eine Variable für den Betrag, der bei drei verschiedenen Farben ausgezahlt wird.

Stellen Sie eine Gleichung auf, die die Gleichheit der Einnahmen und Ausgaben angibt, und lösen Sie diese Gleichung nach der Variablen auf.

(3) Ergänzen Sie in der 2. und 3. Stufe des Baumdiagramms die Wahrscheinlichkeit für Rot.

Bestimmen Sie in der 3. Stufe die Wahrscheinlichkeit für Blau mit der Verzweigungsregel. (Die Summe der Wahrscheinlichkeiten in jeder Stufe ist gleich 1.)

Mit der ergänzend angegebenen Wahrscheinlichkeit für den Pfad Rot – Rot – Blau ergibt sich nach der Multiplikationsregel (1. Pfadregel) eine Gleichung

Bestimmen Sie die Lösungen dieser Gleichung und wählen Sie diejenige aus, die die Vorgabe für einen vergrößerten blauen Sektor erfüllt.

Vergessen Sie nicht, den zur Wahrscheinlichkeit zugehörigen Mittelpunktswinkel zu berechnen.

Lösung

a) (1) Bei der zufälligen Auswahl von 800 Kunststoffteilen handelt es sich um einen 800-stufigen Bernoulli-Versuch mit der Erfolgswahrscheinlichkeit $p=0{,}04$ und der Gegenwahrscheinlichkeit $q=1-p=0{,}96$. Die Erfolgswahrscheinlichkeit bezieht sich dabei allerdings darauf, dass ein Teil fehlerhaft ist, und die Gegenwahrscheinlichkeit darauf, dass ein Teil keinen Fehler hat.

Die Zufallsgröße X: „Anzahl der fehlerhaften Teile in der Stichprobe" ist damit binomialverteilt mit $n=800$ und $p=0{,}04$.

Die Wahrscheinlichkeit für das Ereignis A: „Genau 30 der Teile sind fehlerhaft" beträgt:

$P(A)=P(X=30)\approx 0{,}0693=6{,}93\ \%$

```
binomPdf(800,0.04,30)          0.069276
```

Für die Wahrscheinlichkeit des Ereignisses B werden vorab 5 % von 800 Teilen berechnet:

$0{,}05\cdot 800=40$

```
0.05· 800                      40.
```

Gesucht ist also die Wahrscheinlichkeit für das Ereignis B: „Mindestens 40 der Teile sind fehlerhaft":

$$\begin{aligned}P(B)=P(X\geq 40)&=P(40\leq X\leq 800)\\&\approx 0{,}0912=9{,}12\ \%\end{aligned}$$

```
binomCdf(800,0.04,40,800)      0.091165
```

Alternativ:

$$\begin{aligned}P(B)=P(X\geq 40)&=1-P(X\leq 39)\\&\approx 0{,}0912=9{,}12\ \%\end{aligned}$$

```
1-binomCdf(800,0.04,0,39)      0.091165
```

(2) In dieser Aufgabenstellung ist die Größe m der Stichprobe so zu bestimmen, dass mit einer Wahrscheinlichkeit von mindestens 0,95 mindestens 100 Teile keinen Fehler haben.

Betrachtet wird die Zufallsgröße $\overline{X}$: „Anzahl der Teile in der Stichprobe, die *keinen* Fehler haben". $\overline{X}$ ist binomialverteilt mit m und $q=0{,}96$.

Die Größe m ist so zu bestimmen, dass Folgendes gilt:

$$P_{q=0{,}96}(\overline{X}\geq 100)\geq 0{,}95 \quad\Leftrightarrow\quad P_{q=0{,}96}(100\leq\overline{X}\leq m)\geq 0{,}95$$

Alternativ:

$$P_{q=0{,}96}(\overline{X}\geq 100)\geq 0{,}95 \quad\Leftrightarrow\quad 1-P_{q=0{,}96}(\overline{X}\leq 99)\geq 0{,}95$$

Die Bestimmung kann durch systematisches Probieren erfolgen.
Es ergibt sich:

$m=105:\quad P_{q=0{,}96}(\overline{X}\geq 100)\approx 0{,}7559$

$m=107:\quad P_{q=0{,}96}(\overline{X}\geq 100)\approx 0{,}9344$

$m=108:\quad P_{q=0{,}96}(\overline{X}\geq 100)\approx 0{,}9705$

```
binomCdf(105,0.96,100,105)     0.755862
binomCdf(107,0.96,100,107)     0.934428
binomCdf(108,0.96,100,108)     0.970466
```

Es müssen also mindestens 108 Kunststoffteile zufällig ausgewählt werden, damit davon mit einer Wahrscheinlichkeit von mindestens 95 % mindestens 100 Teile keinen Fehler haben.

Alternativ:

1−binomCdf(105,0.96,0,99)	0.755862
1−binomCdf(107,0.96,0,99)	0.934428
1−binomCdf(108,0.96,0,99)	0.970466

(3) Bei dieser Aufgabenstellung geht es um das Testen von Hypothesen. Es soll begründet geklärt werden, ob das neue Granulat sich hinsichtlich der Fehlerquote vom alten Granulat nicht unterscheidet (Nullhypothese H_0: $p \geq 0{,}04$) oder ob sich die Fehlerquote reduziert hat (Alternativhypothese H_1).

Die Zufallsgröße X: „Anzahl der fehlerhaften Teile in der Stichprobe von 500 Teilen" wird als binomialverteilt mit $n = 500$ und $p = 0{,}04$ angenommen.

Zu ermitteln ist, bis zu welcher Anzahl an fehlerhaften Teilen in der Stichprobe mit einer Wahrscheinlichkeit von höchstens 5 % von einer gesunkenen Fehlerquote ausgegangen wird, obwohl dies nicht der Fall ist und die Fehlerquote immer noch 4 % beträgt.

Gesucht ist also der Wert k, für den gilt:

$P_{p=0{,}04}(X \leq k) \leq 0{,}05$ und $P_{p=0{,}04}(X \leq k+1) > 0{,}05$

Mit dem Taschenrechner lässt sich der gesuchte Wert experimentell ermitteln:

$P_{p=0{,}04}(X \leq 12) \approx 0{,}0362 < 0{,}05$

$P_{p=0{,}04}(X \leq 13) \approx 0{,}0623 > 0{,}05$

binomCdf(500,0.04,0,10)	0.009675
binomCdf(500,0.04,0,11)	0.019508
binomCdf(500,0.04,0,12)	0.036204
binomCdf(500,0.04,0,13)	0.062318

Die Entscheidungsregel lautet damit:
Verwirf die Nullhypothese, falls $X \leq 12$, d. h., falls maximal 12 Teile in der Stichprobe fehlerhaft sind.

(4) Es soll vermieden werden, dass auf Dauer das teurere Granulat eingesetzt wird, obwohl sich der Anteil der fehlerhaften Teile nicht reduziert hat. Dies ist der Fall, wenn das Stichprobenergebnis im Ablehnungsbereich der Nullhypothese liegt, die Nullhypothese aber in Wahrheit zutrifft. Man spricht hier von einem Fehler 1. Art und setzt dessen Wahrscheinlichkeit (die sogenannte Irrtumswahrscheinlichkeit) mit $\alpha = 5\ \%$ entsprechend gering an.

(5) Beim Fehler 2. Art ist die Nullhypothese falsch, d. h., das neue Granulat ist besser als das alte. Das Stichprobenergebnis liegt aber im Annahmebereich der Nullhypothese. Der Produktionsleiter geht aufgrund des Testergebnisses also irrtümlich davon aus, dass das neue Granulat nicht besser ist als das alte.

Sind in Wirklichkeit nur $p = 0{,}02$ Teile fehlerhaft, beträgt die Wahrscheinlichkeit für den Fehler 2. Art:

$$P_{p=0{,}02}(X \geq 13) = P_{p=0{,}02}(13 \leq X \leq 500) \approx 0{,}2065 = 20{,}65\ \%$$

binomCdf(500,0.02,13,500)	0.206518

Alternativ:

$P_{p=0,02}(X \geq 13) = 1 - P_{p=0,02}(X \leq 12)$

$\approx 0,2065 = 20,65\ \%$

```
1-binomCdf(500,0.02,0,12)        0.206518
```

Die Wahrscheinlichkeit für den Fehler 2. Art beträgt ungefähr 20,65 %.

b) (1) Eine Kombinationsmöglichkeit für drei verschiedene Farben ist „Blau – Rot – Grün". Die Wahrscheinlichkeit für diese Kombination beträgt gemäß Multiplikationsregel:

$$P(\text{Blau}, \text{Rot}, \text{Grün}) = \frac{180°}{360°} \cdot \frac{120°}{360°} \cdot \frac{60°}{360°} = \frac{1}{2} \cdot \frac{1}{3} \cdot \frac{1}{6} = \frac{1}{36}$$

Neben dieser gibt es aber noch weitere Kombinationsmöglichkeiten für drei verschiedene Farben. Um die Gesamtanzahl der Kombinationsmöglichkeiten zu bestimmen, hilft folgende Überlegung: An erster Stelle können drei Farben stehen, an der zweiten Stelle dann nur noch die zwei restlichen Farben und für die dritte Stelle bleibt nur die letzte Farbe übrig.

Insgesamt gibt es folgende Anzahl an Kombinationsmöglichkeiten für drei verschiedene Farben:

$3! = 3 \cdot 2 \cdot 1 = 6$

Die Wahrscheinlichkeit dafür, dass drei verschiedene Farben erzielt werden, beträgt somit:

$$p = 6 \cdot \frac{1}{36} = \frac{1}{6}$$

(2) Bezeichnet man den Betrag, der ausgezahlt wird, wenn drei verschiedene Farben erscheinen, mit x, ergibt sich folgende Übersicht:

Einsatz für ein Spiel: 5 €
drei gleiche Farben: 10 €
drei verschiedene Farben: x
alle anderen Fälle: 0 €

Da Einnahmen und Ausgaben gleich sein sollen, gilt mit der Wahrscheinlichkeit $\frac{1}{6}$ für drei gleiche und drei verschiedene Farben:

$$\frac{1}{6} \cdot 10\,€ + \frac{1}{6} \cdot x + \left(1 - \frac{1}{6} - \frac{1}{6}\right) \cdot 0\,€ = 5\,€$$

$$\frac{5}{3}\,€ + \frac{1}{6}x = 5\,€ \qquad \left| -\frac{5}{3}\,€\right.$$

$$\frac{1}{6}x = \frac{10}{3}\,€ \qquad | \cdot 6$$

$$x = 20\,€$$

Wenn drei verschiedene Farben erscheinen, werden 20 Euro ausgezahlt.

(3) Aus der ersten Stufe des Baumdiagramms folgt für die Wahrscheinlichkeit, Rot zu drehen: $P(R) = 2p$

Ergänzt man diese Wahrscheinlichkeit in den anderen Stufen, lautet das Baumdiagramm:

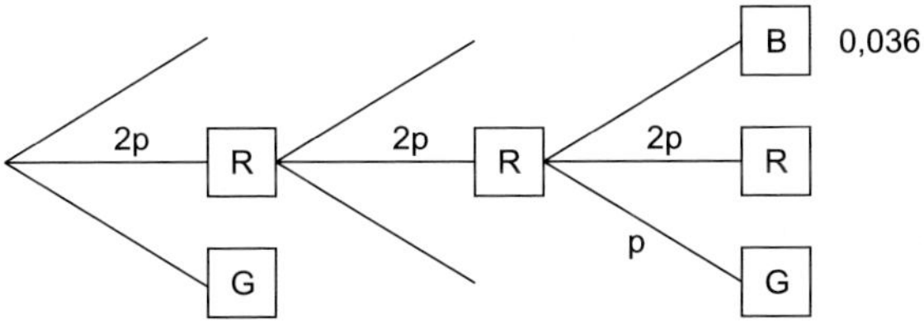

Die Verzweigungsregel besagt, dass die Summe der Wahrscheinlichkeiten aller Äste, die von einem Verzweigungspunkt ausgehen, 1 beträgt.

Aus der dritten Stufe des Baumdiagramms folgt damit:

$P(B) = 1 - 2p - p = 1 - 3p$

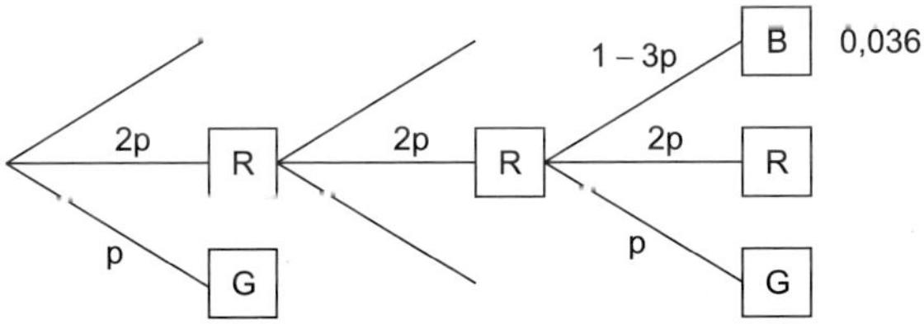

Die Multiplikationsregel (1. Pfadregel) besagt, dass die Wahrscheinlichkeit eines Pfades das Produkt der Wahrscheinlichkeiten entlang dieses Pfades ist.

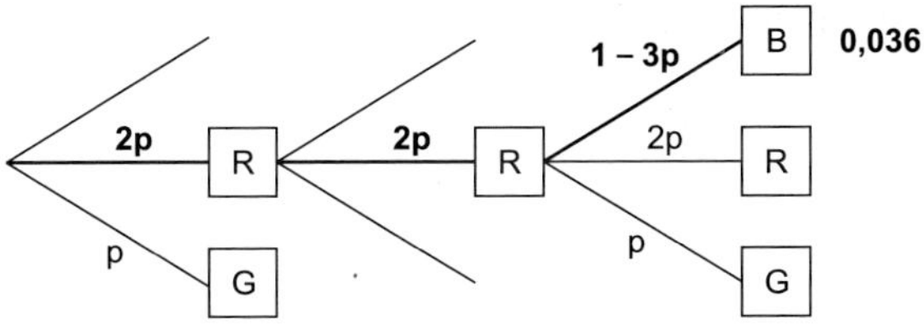

Daraus ergibt sich folgende Gleichung:

$$2p \cdot 2p \cdot (1 - 3p) = 0{,}036$$

$$4p^2 - 12p^3 = 0{,}036 \quad \big| -0{,}036$$

$$-12p^3 + 4p^2 - 0{,}036 = 0$$

Die Lösungen dieser Gleichung werden mit dem Rechner bestimmt und lauten:

$p_1 \approx -0{,}085$, $p_2 \approx 0{,}118$ und $p_3 = 0{,}3$

```
polyRoots(-12·p^3+4·p^2-0.036,p)
      {-0.084713,0.118046,0.3}
```

CAS

```
solve(-12·p^3+4·p^2-0.036=0,p)
      p=-0.084713 or p=0.118046 or p=0.3
```

Nun muss anhand der Vorgabe, dass der Sektor für die Farbe Blau vergrößert wird, noch die richtige Lösung ausgewählt und der zugehörige Mittelpunktswinkel bestimmt werden.

Bisher: $P(B) = \frac{180°}{360°} = 0{,}5$

Jetzt: $P(B) = 1 - 3p$

Wegen der Vergrößerung des Sektors muss $0{,}5 \leq 1 - 3p \leq 1$ gelten. Dies wird für die Lösungen überprüft:

$1 - 3p_1 = 1 - 3 \cdot (-0{,}085) = 1{,}255$ (nicht erfüllt)

$1 - 3p_2 = 1 - 3 \cdot 0{,}118 = 0{,}646$ (erfüllt)

$1 - 3p_3 = 1 - 3 \cdot 0{,}3 = 0{,}1$ (nicht erfüllt)

Nur die Lösung p_2 erfüllt die Vorgabe. Die Wahrscheinlichkeit für den vergrößerten blauen Sektor beträgt $P(B) = 0{,}646$.

Für den zugehörigen Mittelpunktswinkel gilt:

$\mu_{blau} = 0{,}646 \cdot 360° = 232{,}56° \approx 233°$

Abiturprüfung 2019 Mathematik Leistungskurs (Nordrhein-Westfalen)
Prüfungsteil A – Aufgaben ohne Hilfsmittel

Punkte

a) Gegeben ist die Funktion f durch die Gleichung
$f(x) = \frac{1}{2} \cdot x^2 \cdot e^{-x+2}, \ x \in \mathbb{R}.$

(1) Bestimmen Sie die erste Ableitung.
[*Zur Kontrolle:* $f'(x) = \left(-\frac{1}{2}x^2 + x\right) \cdot e^{-x+2}$] 2

Ohne Nachweis kann im Folgenden benutzt werden:
$f''(x) = \left(\frac{1}{2}x^2 - 2x + 1\right) \cdot e^{-x+2}$

(2) Weisen Sie nach, dass ein lokaler Hochpunkt existiert, und geben Sie die Koordinaten des Hochpunktes an. 4

b) Gegeben ist die Funktion f durch die Gleichung
$f(x) = x^4 - 2 \cdot x^3 - x^2 + 2 \cdot x, \ x \in \mathbb{R}.$

In der Abbildung 1 ist der Graph der Funktion f dargestellt.

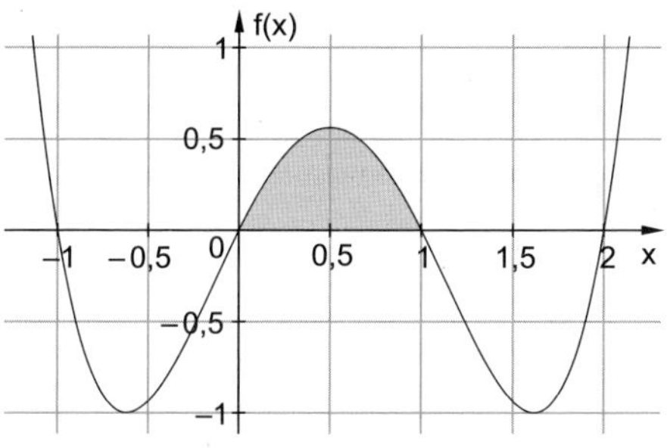

Abbildung 1

(1) Berechnen Sie den Inhalt der schraffierten Fläche. Die Nullstellen von f dürfen Sie dabei in der Abbildung ablesen. 3

(2) Der Graph der Funktion f schließt mit der x-Achse eine Fläche ein. Der Inhalt dieser Fläche soll durch einen Term beschrieben werden. Entscheiden Sie für jeden der folgenden Terme A, B und C, ob er dazu geeignet ist oder nicht.

$$\int_{-1}^{2} |f(x)| \, dx \qquad \left| \int_{-1}^{2} f(x) \, dx \right| \qquad -\int_{-1}^{0} f(x) \, dx + \int_{0}^{1} f(x) \, dx - \int_{1}^{2} f(x) \, dx$$

A **B** **C** 3

c) Die Punkte O, A, B sind Eckpunkte des Dreiecks OAB mit O(0 | 0 | 0), A(4 | 2 | –2) und B(16 | 2 | –14). In der Abbildung 2 wird das Dreieck OAB mithilfe eines Punktes D zu einem Parallelogramm OADB ergänzt.
Es ist $\vec{a} = \overrightarrow{OA}$ und $\vec{b} = \overrightarrow{OB}$.

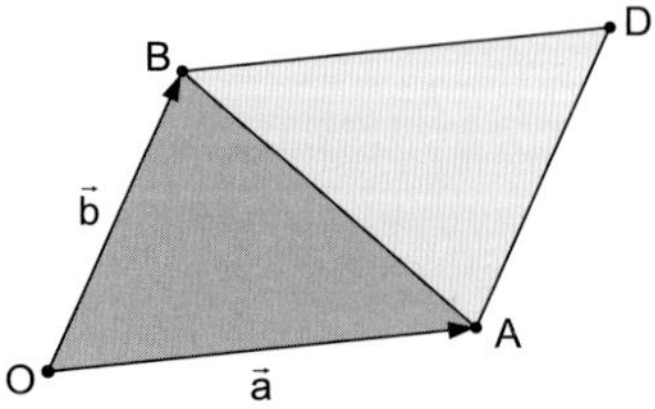

Abbildung 2 (nicht maßstabgerechte Skizze)

(1) Geben Sie die Koordinaten des Punktes D an. 2

Das Dreieck OAB besteht aus den Punkten des Randes und allen Punkten im Inneren. Das Dreieck OAB ist bestimmt durch die Gleichung
$\vec{x} = r \cdot \vec{a} + s \cdot \vec{b};\quad 0 \le r \le 1,\ 0 \le s \le 1;\ r + s \le 1;\quad r, s \in \mathbb{R}.$

(2) Prüfen Sie, ob der Punkt P mit P(14 | 2,5 | –11,5) ein Punkt des Dreiecks ist. 4

d) (1) Die Abbildung 3 zeigt kumulierte Werte der Wahrscheinlichkeitsverteilung einer binomialverteilten Zufallsgröße X mit dem Parameter $n = 5$. Zeichnen Sie in die Abbildung 3 den zu $k = 5$ gehörenden Wert ein und ermitteln Sie näherungsweise die Wahrscheinlichkeit dafür, dass X den Wert 2 annimmt. 3

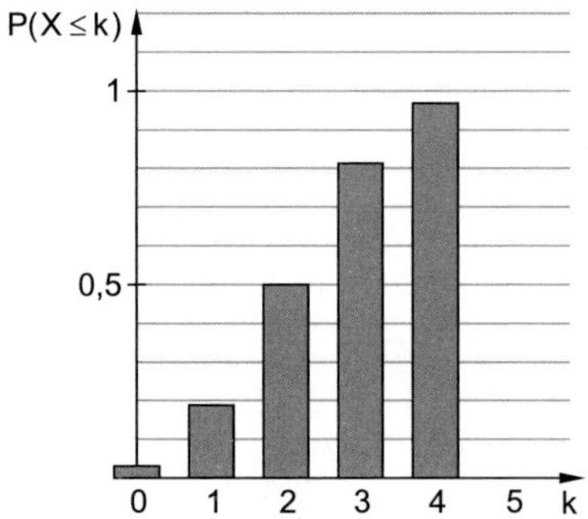

Abbildung 3

(2) Betrachtet wird eine binomialverteilte Zufallsgröße Y mit den Parametern $n = 5$ und $p > 0$. Es gilt: $P(Y = 4) = 10 \cdot P(Y = 5)$.
Berechnen Sie den Wert von p. 3

Hinweise und Tipps

Teilaufgabe a

(1) Bestimmen Sie die Ableitung mithilfe der Produkt- und Kettenregel.

(2) Die notwendige Bedingung für eine Extremstelle lautet $f'(x) = 0$.

Ein Produkt wird null, wenn wenigstens ein Faktor gleich null ist.

Die hinreichende Bedingung für einen Hochpunkt lautet $f'(x) = 0$ und $f''(x) < 0$.

Vergessen Sie nicht, auch die y-Koordinate des Hochpunktes zu berechnen.

Teilaufgabe b

(1) Der Flächeninhalt unter dem Graphen einer Funktion f im Intervall [a; b] wird durch das bestimmte Integral über die Funktion f(x) in diesem Bereich berechnet. Voraussetzung ist, dass $f(x) \geq 0$ für alle $x \in [a; b]$ gilt.

Lesen Sie die relevanten Nullstellen von f als Integrationsgrenzen ab.

Berechnen Sie den Wert des Integrals mithilfe einer Stammfunktion von f.

(2) Beachten Sie in Ergänzung zu (1): Falls $f(x) \leq 0$ für alle $x \in [a; b]$ gilt, ist das bestimmte Integral in diesem Bereich negativ und der Flächeninhalt wird durch Übergang zum Betrag ermittelt.

Hat eine Funktion f auf dem betrachteten Intervall unterschiedliche Vorzeichen, muss zur Berechnung der vom Graphen mit der x-Achse eingeschlossenen Fläche das vorgegebene Intervall in Teilintervalle eingeteilt werden, auf denen die Funktion das Vorzeichen nicht wechselt.

Teilaufgabe c

(1) Denken Sie an die Eigenschaften eines Parallelogramms.

Beim Parallelogramm sind die gegenüberliegenden Seiten gleich lang und parallel.

Addieren Sie entsprechende Vektoren.

Oder

Die Diagonalen im Parallelogramm halbieren einander.

Spiegeln Sie den Ursprung am Mittelpunkt der Diagonalen.

(2) Stellen Sie die Gleichung für das Dreieck auf.

Führen Sie eine Punktprobe mit dem Ortsvektor von P bzgl. des Dreiecks durch.

Schreiben Sie die bei der Punktprobe entstehende Vektorgleichung um zu einem Gleichungssystem.

Lösen Sie das Gleichungssystem.

Überprüfen Sie, ob die berechneten Parameter der Dreiecksgleichung die Bedingungen erfüllen.

Teilaufgabe d

(1) Beachten Sie, dass für eine binomialverteilte Zufallsgröße X mit dem Parameter n gilt: $P(X \leq n) = 1$

Aus kumulierten Wahrscheinlichkeiten kann man durch entsprechende Subtraktion die Wahrscheinlichkeiten für singuläre Werte berechnen.

Lesen Sie die dabei benötigten Wahrscheinlichkeiten näherungsweise aus der Abbildung ab.

(2) Für eine binomialverteilte Zufallsgröße Y mit den Parametern n und p gilt:

$$P(Y = k) = \binom{n}{k} \cdot p^k \cdot (1-p)^{n-k}$$

Setzen Sie diese Formel mit den konkreten Werten in die gegebene Gleichung ein und lösen Sie die Gleichung nach p auf.

Lösung

a) (1) Eine Ableitung mithilfe der Produkt- und Kettenregel ergibt:

$$f'(x) = \frac{1}{2} \cdot 2x \cdot e^{-x+2} + \frac{1}{2}x^2 \cdot (-1) \cdot e^{-x+2} = e^{-x+2} \cdot \left(x - \frac{1}{2}x^2 \right)$$

(2) Die notwendige Bedingung für eine Extremstelle lautet $f'(x) = 0$.

$$e^{-x+2} \cdot \left(x - \frac{1}{2}x^2 \right) = 0 \qquad |: e^{-x+2} \neq 0$$

$$x - \frac{1}{2}x^2 = 0$$

$$x \cdot \left(1 - \frac{1}{2}x \right) = 0$$

Ein Produkt wird null, wenn wenigstens ein Faktor gleich null ist.

$$x = 0 \ \vee \ 1 - \frac{1}{2}x = 0$$

$$x = 0 \ \vee \ x = 2$$

Die hinreichende Bedingung für einen Hochpunkt lautet $f'(x) = 0$ und $f''(x) < 0$. Einsetzen der möglichen Extremstellen in die vorgegebene 2. Ableitung führt zu:

$$f''(0) = 1 \cdot e^2 > 0$$

$$f''(2) = (2 - 4 + 1) \cdot e^0 = -1 < 0$$

$x = 2$ ist eine Maximumstelle.

$$f(2) = \frac{1}{2} \cdot 2^2 \cdot e^{-2+2} = 2$$

Der Graph der Funktion f hat den Hochpunkt $H(2\,|\,2)$.

b) Gegeben ist die Funktion f mit $f(x) = x^4 - 2x^3 - x^2 + 2x$.

(1) Die schraffierte Fläche liegt vollständig oberhalb der x-Achse; ihr Inhalt ergibt sich daher durch das bestimmte Integral über f(x) in den Grenzen von 0 bis 1:

$$\int_0^1 f(x)\,dx = \left[\frac{1}{5}x^5 - \frac{1}{2}x^4 - \frac{1}{3}x^3 + x^2 \right]_0^1$$

$$= \left(\frac{1}{5} - \frac{1}{2} - \frac{1}{3} + 1 \right) - 0$$

$$= \frac{6 - 15 - 10 + 30}{30} = \frac{11}{30}$$

Der Inhalt der schraffierten Fläche beträgt $\frac{11}{30}$ FE.

(2) Die Terme A und C sind zur Berechnung des Flächeninhaltes geeignet, Term B nicht.

Mögliche Begründung (nicht verlangt!):
Liegt der Graph einer Funktion f im Intervall [a; b] vollständig oberhalb der x-Achse, so gibt das bestimmte Integral $\int_a^b f(x)\,dx$ den Flächeninhalt unter dem Graphen im Intervall [a; b] an. Liegt der Graph einer Funktion f im Intervall [a; b] vollständig unterhalb der x-Achse, so gibt das bestimmte Integral den Flächeninhalt mit negativem Vorzeichen an.
Bei Term A werden durch die Betragsstriche die Teile des Graphen von f, die unterhalb der x-Achse liegen, an der x-Achse gespiegelt; der Graph liegt dann vollständig oberhalb der x-Achse.
Bei Term B wird das bestimmte Integral über dem Gesamtintervall [–1; 2] berechnet und dann der Betrag ermittelt. Dabei wird nicht berücksichtigt, dass der Graph von f in den Teilintervallen [–1; 0] und [1; 2] unterhalb der x-Achse liegt, das Integral dort folglich negativ wird.
Bei Term C wird das Gesamtintervall [–1; 2] in die drei Teilintervalle [–1; 0], [0; 1] und [1; 2] eingeteilt. Auf [–1; 0] und [1; 2] verläuft der Graph von f unterhalb der x-Achse, das bestimmte Integral wird hier also negativ. Um für den Flächeninhalt den positiven Wert zu ermitteln, werden diese Integrale zur Korrektur mit –1 multipliziert.

c) (1) Beim Parallelogramm sind die gegenüberliegenden Seiten gleich lang und parallel.

$$\vec{d} = \overrightarrow{OA} + \vec{b} = \begin{pmatrix} 4 \\ 2 \\ -2 \end{pmatrix} + \begin{pmatrix} 16 \\ 2 \\ -14 \end{pmatrix} = \begin{pmatrix} 20 \\ 4 \\ -16 \end{pmatrix}$$

oder:

$$\vec{d} = \overrightarrow{OB} + \vec{a} = \begin{pmatrix} 16 \\ 2 \\ -14 \end{pmatrix} + \begin{pmatrix} 4 \\ 2 \\ -2 \end{pmatrix} = \begin{pmatrix} 20 \\ 4 \\ -16 \end{pmatrix}$$

Alternativ (zeitaufwendiger):
Die Diagonalen im Parallelogramm halbieren einander.

$$\overrightarrow{m_{AB}} = \frac{1}{2} \cdot (\vec{a} + \vec{b}) = \frac{1}{2} \cdot \left(\begin{pmatrix} 4 \\ 2 \\ -2 \end{pmatrix} + \begin{pmatrix} 16 \\ 2 \\ -14 \end{pmatrix} \right) = \begin{pmatrix} 10 \\ 2 \\ -8 \end{pmatrix}$$

$$\vec{d} = \vec{o} + 2 \cdot \overrightarrow{OM_{AB}} = 2 \cdot \begin{pmatrix} 10 \\ 2 \\ -8 \end{pmatrix} = \begin{pmatrix} 20 \\ 4 \\ -16 \end{pmatrix}$$

(2) Durch Einsetzen der Ortsvektoren der Punkte A und B erhält man als Gleichung des Dreiecks OAB:

$$\vec{x} = r \cdot \begin{pmatrix} 4 \\ 2 \\ -2 \end{pmatrix} + s \cdot \begin{pmatrix} 16 \\ 2 \\ -14 \end{pmatrix}; \quad 0 \le r, s \le 1; \quad r + s \le 1; \quad r, s \in \mathbb{R}$$

Durchführen einer Punktprobe: Durch Einsetzen des Ortsvektors von P in die Dreiecksgleichung erhält man die Vektorgleichung:

$$\begin{pmatrix} 14 \\ 2{,}5 \\ -11{,}5 \end{pmatrix} = r \cdot \begin{pmatrix} 4 \\ 2 \\ -2 \end{pmatrix} + s \cdot \begin{pmatrix} 16 \\ 2 \\ -14 \end{pmatrix}$$

Umschreiben der Vektorgleichung in die Koordinatengleichungen ergibt das Gleichungssystem:

$$\begin{array}{ll} \text{I} & 14 = 4r + 16s \\ \text{II} & 2{,}5 = 2r + 2s \\ \text{III} & -11{,}5 = -2r - 14s \end{array}$$

$$\text{II} + \text{III} \quad -9 = -12s \quad \Rightarrow \quad s = \frac{3}{4}$$

Einsetzen von $s = \frac{3}{4}$ in II führt zur Gleichung:

$$2{,}5 = 2r + 1{,}5 \quad \Rightarrow \quad r = \frac{1}{2}$$

Probe mit Gleichung I: $14 = 2 + 12$ (w)

$$r + s = \frac{1}{2} + \frac{3}{4} = \frac{5}{4}$$

Da $r + s = \frac{5}{4} > 1$ ist, liegt der Punkt P außerhalb des Dreiecks.

d) (1) Da $k = 5$ der letzte und größtmögliche Wert der Zufallsvariablen X mit dem Parameter $n = 5$ ist, muss die kumulierte Wahrscheinlichkeitsverteilung für $k = 5$ den Wert 1 annehmen. Die zugehörige Säule hat also die Höhe 1.

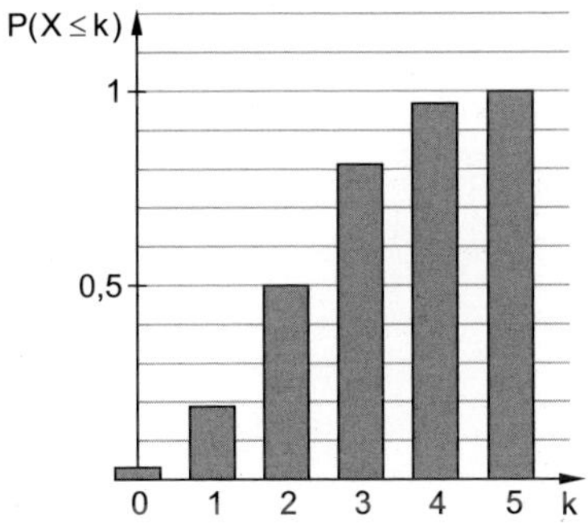

$$P(X = 2) = P(X \le 2) - P(X \le 1) \approx 0{,}5 - 0{,}2 = 0{,}3$$

(2) Für eine binomialverteilte Zufallsgröße Y mit den Parametern n und p gilt allgemein:

$P(Y=k) = \binom{n}{k} \cdot p^k \cdot (1-p)^{n-k}$

Einsetzen dieser Formel mit den konkreten Werten und n = 5 in die gegebene Gleichung $P(Y=4) = 10 \cdot P(Y=5)$ ergibt also:

$$\begin{aligned}
& \binom{5}{4} \cdot p^4 \cdot (1-p)^1 = 10 \cdot \binom{5}{5} \cdot p^5 \cdot (1-p)^0 \\
\Leftrightarrow \quad & 5 \cdot p^4 \cdot (1-p) = 10 \cdot p^5 \\
\Leftrightarrow \quad & 5p^4 - 5p^5 = 10p^5 \\
\Leftrightarrow \quad & 5p^4 = 15p^5 \qquad |:5p^4 \neq 0 \\
\Leftrightarrow \quad & 1 = 3p \\
\Leftrightarrow \quad & p = \frac{1}{3}
\end{aligned}$$

Abiturprüfung 2019 Mathematik Leistungskurs (Nordrhein-Westfalen)
Prüfungsteil B – Analysis B1 (GTR)

Die Zahl der Haushalte in Deutschland, die über einen Glasfaseranschluss erreichbar sind, wächst ständig. Aber nicht alle erreichbaren Haushalte nutzen auch ihre Anschlüsse.
Die Abbildung zeigt die Anzahl der Haushalte mit genutztem Glasfaseranschluss (im Folgenden Glasfaserhaushalte genannt) für die Jahre 2011 bis 2017. Dabei wird auf der t-Achse die Zeit in Jahren seit dem 01. 01. 2011 und auf der y-Achse die Anzahl der Glasfaserhaushalte in Tausend angegeben.

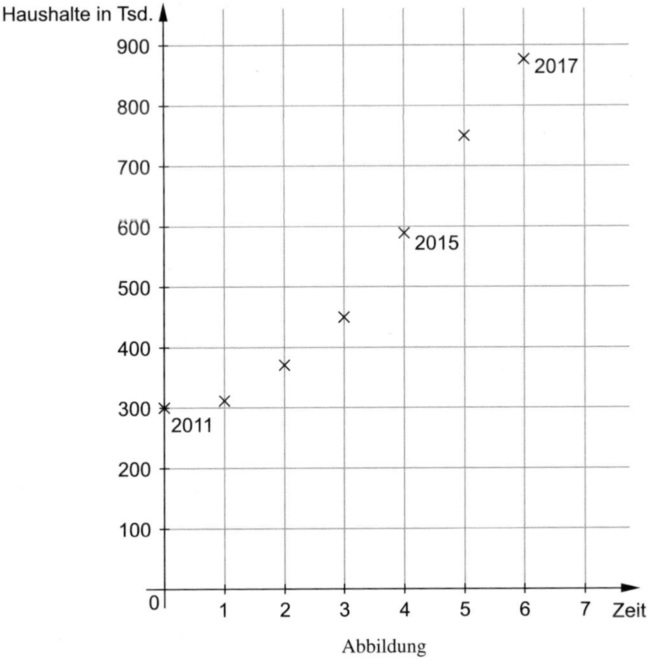

Abbildung

Punkte

a) Die Anzahl der Glasfaserhaushalte in Tausend wird durch eine Exponentialfunktion f der Form $f(t) = a \cdot e^{b \cdot t}$ modelliert, deren Graph durch die Punkte $P_1(0|296)$ und $P_2(4|590)$ verläuft. Diese Funktion soll für Prognosen bis zum Jahr 2026 $(t = 15)$ genutzt werden.

(1) Geben Sie den Parameter a an und bestimmen Sie b auf drei Nachkommastellen genau. 4

Im Folgenden soll mit $f(t) = 296 \cdot e^{0,17 \cdot t}$ weitergearbeitet werden.

(2) Im Jahr 2017 wurden in einer Erhebung ca. 880 000 Glasfaserhaushalte gezählt.
Bestimmen Sie die sinnvoll gerundete Anzahl der Glasfaserhaushalte, die sich bei der Modellierung mit der Funktion f für den 01. 01. 2017 ergibt.
Ermitteln Sie die prozentuale Abweichung zu dem Wert aus der Erhebung. 4

(3) Bestimmen Sie im Modell für $0 \leq t \leq 15$ den Zeitpunkt, zu dem die Anzahl der Glasfaserhaushalte am schnellsten wächst.
Bestimmen Sie die zugehörige Wachstumsgeschwindigkeit und geben Sie die Einheit an. 6

Es wird prognostiziert, dass der Markt für Glasfaseranschlüsse im weiteren Verlauf in eine Sättigungsphase eintritt, da eine zunehmende Zahl von Haushalten bereits über einen Glasfaseranschluss verfügt. Im Folgenden wird die Funktion f nur zur Prognose der Anzahl von Glasfaserhaushalten in Tausend bis zum 01. 01. 2026 ($t \leq 15$) genutzt. Der momentane Zuwachs der Anzahl der Glasfaserhaushalte in Tausend pro Jahr ab dem 01. 01. 2026 ($t \geq 15$) wird durch die **Änderungsrate** z mit der Funktionsgleichung
$z(t) = 50{,}32 \cdot e^{6,99 - 0,296 \cdot t}$ modelliert.

b) (1) Es gilt: $z(t) > 0$ und $z'(t) < 0$ für alle $t \in \mathbb{R}$.
[Ein Nachweis ist nicht erforderlich.]
Interpretieren Sie diese Aussage für $t \geq 15$ im Sachzusammenhang. 4

(2) Bestimmen Sie die Anzahl der Glasfaserhaushalte, die gemäß der Modellierung vom 01. 01. 2026 bis zum 01. 01. 2036 hinzukommen. 4

(3) Geben Sie einen Ansatz für einen Funktionsterm einer Funktion h an, der für $t \geq 15$ die Anzahl der Glasfaserhaushalte in Tausend modelliert. Eine Vereinfachung oder Berechnung ist nicht erforderlich. 4

Bei vielen Technologien nimmt die Anzahl der Nutzer aufgrund des technischen Fortschritts mit der Zeit wieder ab. Um auch diesen Aspekt zu erfassen, wird für $t \geq 15$ eine alternative Modellierung genutzt. Die Funktion k_a mit der Funktionsgleichung

$k_a(t) = 296 \cdot e^{2,55} + 50{,}32(t-15) \cdot e^{2,55 - a \cdot (t-15)}$, $t \geq 15$, $a > 0$

modelliert im Folgenden die Anzahl der Glasfaserhaushalte in Tausend für $t \geq 15$.

c) (1) Weisen Sie nach, dass für $t = 15$ die Änderungsrate der Funktion k_a unabhängig vom Parameter a mit der Änderungsrate der Funktion f übereinstimmt.
[*Zur Kontrolle:* $k_a'(t) = 50{,}32 \cdot (1 - a(t-15))e^{2,55 - a(t-15)}$] 5

(2) Die Funktion k_a besitzt ein lokales Maximum H_a.
Bestimmen Sie das lokale Maximum H_a der Funktion k_a in Abhängigkeit von a.
Hinweis: Auf den Nachweis einer hinreichenden Bedingung kann verzichtet werden. 5

Alle Hochpunkte $H_a\left(15+\frac{1}{a} \,\middle|\, k_a\left(15+\frac{1}{a}\right)\right)$ der Funktionenschar k_a liegen auf dem Graphen der Funktion g mit $g(t) \approx 237{,}08t + 234{,}69$.
[Ein Nachweis ist nicht erforderlich.]

(3) Um den Sachverhalt angemessen zu modellieren, soll der Wertebereich für den Parameter a weiter eingegrenzt werden.
Bestimmen Sie den Wertebereich für den Parameter a so, dass die maximale Anzahl der Glasfaserhaushalte zwischen fünf und sechs Millionen liegt. 4

Hinweise und Tipps

Teilaufgabe a

(1) Der Parameter a entspricht dem Funktionswert an der Stelle 0.

Setzen Sie die Koordinaten von P_2 in die Funktionsgleichung der Funktion f ein.

Lösen Sie die Gleichung mit dem GTR.

(2) Überlegen Sie, welchem Zeitpunkt t der 01. 01. 2017 entspricht.

Berechnen Sie den Funktionswert zu diesem Zeitpunkt mit dem GTR.

Beachten Sie, dass die Funktion die Anzahl der Haushalte in Tausend angibt.

Wählen Sie die in der Erhebung ermittelte Anzahl der Glasfaserhaushalte als Grundwert und die zum 01. 01. 2017 berechnete Anzahl an Glasfaserhaushalten als verminderten Prozentwert.

(3) Die 1. Ableitungsfunktion f'(t) gibt das Wachstum der Glasfaserhaushalte an.

Bestimmen Sie die Ableitung mithilfe der Kettenregel.

Betrachten Sie das Steigungsverhalten der Funktion f'(t).

Was bedeutet dies für die Lage des Maximums im Definitionsbereich?

Teilaufgabe b

(1) Die Änderungsrate gibt die Steigung der Anzahl der Haushalte an.

Die Ableitung der Änderungsrate gibt die Steigung der Wachstumsgeschwindigkeit an.

(2) Ordnen Sie dem 01. 01. 2026 und dem 01. 01. 2036 die entsprechenden Zeitpunkte zu.

Wählen Sie diese Zeitpunkte als Integrationsgrenzen und die Funktion z(t) als Integrationsfunktion.

Bestimmen Sie mit dem GTR den Zuwachs.

(3) Die Funktion h muss den Bestand der Glasfaserhaushalte am 31. 12. 2025, der durch den Funktionswert f(15) angegeben wird, und den Zuwachs der Glasfaserhaushalte ab dem 01. 01. 2026, der durch das Integral über die Änderungsrate z angegeben wird, enthalten.

Teilaufgabe c

(1) Bestimmen Sie die Ableitung der Funktion $k_a(t)$ mithilfe der Ketten- und Produktregel.

Berechnen Sie den Funktionswert $k_a'(15)$.

Ein Term ist unabhängig vom Parameter a, wenn der Parameter a im Term nicht vorkommt.

Vergleichen Sie $k_a'(15)$ mit f'(15).

(2) Die notwendige Bedingung für eine Extremstelle lautet: $k_a'(t) = 0$

Beachten Sie, dass die hinreichende Bedingung nicht überprüft werden muss.

Berechnen Sie die Koordinaten des lokalen Maximums.

(3) Die Funktionswerte der Geraden g entsprechen für $t = 15 + \frac{1}{a}$ jeweils der maximalen Anzahl der Haushalte bei der Modellierung mit der Funktion k_a.

Beachten Sie, dass die Anzahl der Glasfaserhaushalte in Tausend angegeben ist.

Stellen Sie mit den vorgegebenen Anzahlen der Haushalte jeweils eine Gleichung auf und lösen Sie diese mit dem GTR.

Geben Sie den eingeschränkten Wertebereich für a an.

Lösung

a) (1) Der Parameter a entspricht dem Funktionswert an der Stelle 0, denn:

$f(0) = a \cdot e^{b \cdot 0} = a \cdot 1 = a$

a hat somit den Wert 296.

Einsetzen der Koordinaten von P_2 in die Funktionsgleichung ergibt eine Gleichung, die mit dem GTR gelöst werden kann (Operator „bestimmen Sie“):

$f(t):=296\cdot e^{b\cdot t}$	*Fertig*
nSolve($f(4)=590,b$)	0.172441

$f(4) = 296e^{b \cdot 4} = 590$

Als Lösung erhält man für den Parameter b den ungefähren Wert $b \approx 0{,}172$.

(2) Der 01. 01. 2017 entspricht dem Zeitpunkt $t = 6$. Eine Berechnung des Funktionswertes f(6) mit dem GTR (Operator „bestimmen Sie“) ergibt:

$f(t):=296\cdot e^{0.17\cdot t}$	*Fertig*
$f(6)$	820.866

$f(6) \approx 820{,}866$

Da die Funktion die Anzahl der Haushalte in Tausend angibt, bedeutet dies, dass am 01. 01. 2017 ca. 821 000 Glasfaserhaushalte vorhanden sind.

Mit den vorgegebenen 880 000 Haushalten als Grundwert und den zum 01. 01. 2017 berechneten Glasfaserhaushalten als verminderten Prozentwert erhält man mit dem GTR (Operator „ermitteln Sie“):

$\frac{f(6)}{880}$	0.932802

$\frac{f(6)}{880} \approx 0{,}933 = 93{,}3\,\%$

Der mithilfe der Modellierung bestimmte Wert ist ca. 6,7 % zu niedrig.

(3) Die 1. Ableitungsfunktion f'(t) gibt das Wachstum der Glasfaserhaushalte an. Eine Ableitung mithilfe der Kettenregel ergibt:

$f'(t) = 296 \cdot 0{,}17 \cdot e^{0{,}17t} = 50{,}32 \cdot e^{0{,}17t}$ für $0 \le t \le 15$

Die Funktion f'(t) ist streng monoton steigend, sodass das Maximum am rechten Rand des Definitionsbereichs liegt (Randmaximum). Eine Berechnung ergibt:

$a1f(t):=\frac{d}{dt}(f(t))$	*Fertig*
$a1f(15)$	644.453

$f'(15) \approx 644{,}453$

Zum Zeitpunkt $t = 15$ ist die Wachstumsgeschwindigkeit für den Zeitraum $0 \le t \le 15$ am größten. Sie beträgt ca. 644 000 Haushalte pro Jahr.

Alternativ:
zeichnerische Lösung durch Analyse des Graphen

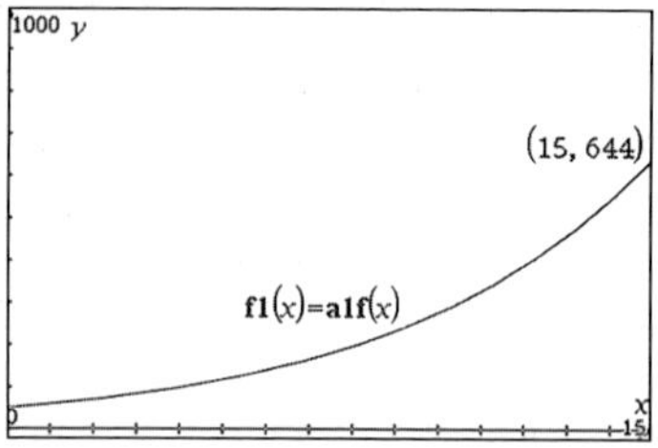

b) (1) Eine positive Änderungsrate z(t) bedeutet, dass die Anzahl der Glasfaserhaushalte über das Jahr 2026 hinaus weiter anwächst.

Ist $z'(t) < 0$, so nimmt die Wachstumsgeschwindigkeit immer mehr ab. Die Anzahl der Glasfaserhaushalte wächst also immer langsamer.

(2) Der 01. 01. 2026 entspricht dem Zeitpunkt $t = 15$, der 01. 01. 2036 dem Zeitpunkt $t = 25$.

Mit den Zeitpunkten $t = 15$ und $t = 25$ als Integrationsgrenzen und der Funktion z(t) als Integrationsfunktion kann der Zuwachs mit dem GTR (Operator „bestimmen Sie“) ermittelt werden:

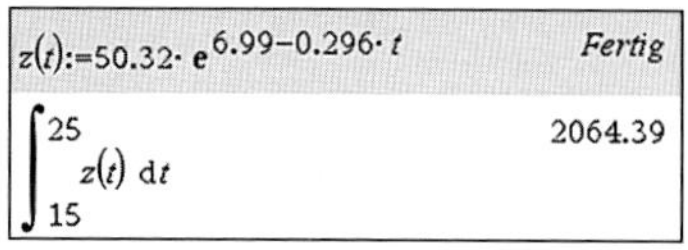

$$\int_{15}^{25} z(t)\,dt \approx 2\,064{,}39$$

Im Zeitraum vom 01. 01. 2026 bis zum 01. 01. 2036 nimmt die Anzahl der Glasfaserhaushalte um etwa 2 064 000, also um gut 2 Millionen Haushalte zu.

(3) Die Funktion h muss den Bestand der Glasfaserhaushalte am 31. 12. 2025, der durch den Funktionswert f(15) angegeben wird, und den Zuwachs der Glasfaserhaushalte ab dem 01. 01. 2026, der durch das Integral $\int_{15}^{t} z(x)\,dx$ angegeben wird, enthalten. Somit ist:

$$h(t) = f(15) + \int_{15}^{t} z(x)\,dx$$

c) (1) Eine Ableitung mithilfe der Ketten- und Produktregel ergibt:

$$k_a'(t) = 50{,}32 \cdot 1 \cdot e^{2{,}55 - a(t-15)} + 50{,}32 \cdot (t-15) \cdot (-a) \cdot e^{2{,}55 - a(t-15)}$$

$$k_a'(t) = 50{,}32 \cdot (1 \cdot e^{2{,}55 - a(t-15)} + (t-15) \cdot (-a) \cdot e^{2{,}55 - a(t-15)})$$

$$k_a'(t) = 50{,}32 \cdot e^{2{,}55 - a(t-15)} \cdot (1 - a(t-15))$$

Für $t = 15$ gilt:

$k'_a(15) = 50{,}32 \cdot e^{2{,}55 - a(15-15)} \cdot (1 - a(15-15))$

$k'_a(15) = 50{,}32 \cdot e^{2{,}55}$

Da im Term von $k'_a(15)$ der Parameter a nicht mehr vorkommt, ist $k'_a(15)$ unabhängig von a.

Ein Vergleich mit $f'(15) = 50{,}32 \cdot e^{0{,}17 \cdot 15} = 50{,}32 \cdot e^{2{,}55}$ zeigt, dass $k'_a(15)$ und $f'(15)$ übereinstimmen.

(2) Die notwendige Bedingung für eine Extremstelle lautet: $k'_a(t) = 0$

$$50{,}32 \cdot e^{2{,}55 - a(t-15)} \cdot (1 - a(t-15)) = 0 \qquad \left| : 50{,}32 \cdot e^{2{,}55 - a(t-15)} \neq 0 \right.$$

$$1 - a(t-15) = 0$$

$$1 = a(t-15)$$

$$\frac{1}{a} = t - 15$$

$$t = 15 + \frac{1}{a}$$

Berechnung des Funktionswertes:

$$k_a\left(15 + \frac{1}{a}\right) = 296 \cdot e^{2{,}55} + 50{,}32 \cdot \left(15 + \frac{1}{a} - 15\right) \cdot e^{2{,}55 - a \cdot (15 + \frac{1}{a} - 15)}$$

$$k_a\left(15 + \frac{1}{a}\right) = 296 \cdot e^{2{,}55} + \frac{50{,}32}{a} \cdot e^{1{,}55}$$

Das lokale (relative) Maximum liegt bei:

$$H_a\left(15 + \frac{1}{a} \;\middle|\; 296 \cdot e^{2{,}55} + \frac{50{,}32}{a} \cdot e^{1{,}55}\right)$$

(3) Alle Hochpunkte der Schar k_a liegen auf der Geraden g, insbesondere auch diejenigen, bei denen die maximale Anzahl 5 000 000 bzw. 6 000 000 Haushalte beträgt. Da die Anzahl der Haushalte in 1 000 angegeben wird, entspricht dies den Funktionswerten 5 000 bzw. 6 000.

Die Grenzen des Wertebereichs ergeben sich also aus folgenden Gleichungen:

$$g\left(15 + \frac{1}{a}\right) = 5\,000 \quad \text{bzw.} \quad g\left(15 + \frac{1}{a}\right) = 6\,000$$

Lösen dieser Gleichungen mit dem GTR (Operator „bestimmen Sie") ergibt eine Einschränkung des Wertebereichs für a auf das Intervall [0,107; 0,196].

$g(t):=237.08 \cdot t+234.69$	*Fertig*
$\text{nSolve}\left(g\left(15+\frac{1}{a}\right)=5000,a\right)$	0.196078
$\text{nSolve}\left(g\left(15+\frac{1}{a}\right)=6000,a\right)$	0.107319

Abiturprüfung 2019 Mathematik Leistungskurs (Nordrhein-Westfalen)
Prüfungsteil B – Analysis B2 (CAS)

Für jede reelle Zahl $k \geq 0$ ist durch die Gleichung $f_k(x) = x^3 - 3 \cdot k^2 \cdot x$, $x \in \mathbb{R}$, eine Funktion f_k gegeben.

Punkte

a) (1) Die in der nebenstehenden Abbildung 1 dargestellten Graphen I, II und III gehören jeweils zu einem der Werte $k = 0$, $k = 0{,}75$ und $k = 1$. Entscheiden Sie, welcher Wert zu welchem Graphen gehört. 3

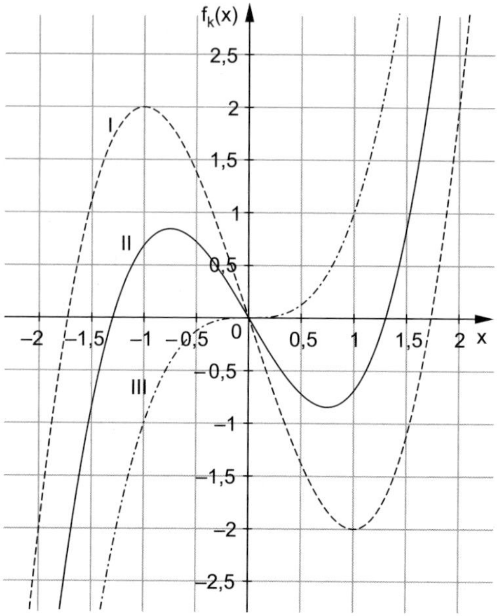

Abbildung 1

(2) Ermitteln Sie rechnerisch in Abhängigkeit von $k \geq 0$ die lokalen Extrempunkte des Graphen von f_k und die Art der Extrempunkte (falls vorhanden). 8

(3) Ermitteln Sie die Wendestelle von f_k und bestimmen Sie denjenigen Wert von k, für den die Steigung der Tangente an den Graphen von f_k im Wendepunkt –3 beträgt. 6

b) (1) Bestimmen Sie den Inhalt der Fläche, die für $x \leq 0$ vom Graphen von f_1 und der x-Achse eingeschlossen wird. 4

Für jede reelle Zahl a ist durch g_a: $y = a \cdot x$ eine Gerade g_a durch den Ursprung des Koordinatensystems gegeben.

(2) Ermitteln Sie in Abhängigkeit von a die Anzahl der Schnittpunkte des Graphen von f_1 und der Geraden g_a. 4

(3) Die Fläche, die für $x \leq 0$ vom Graphen von f_1 und der x-Achse eingeschlossen wird, soll durch eine Gerade g_a in zwei gleich große Teilflächen unterteilt werden.
Bestimmen Sie den passenden Wert von a. 5

Zur leichteren Bearbeitung ist auf dieser Seite die Abbildung 2 eingefügt. Sie stimmt mit der Abbildung 1 (Seite 17) überein.

c) Für jede reelle Zahl $k \geq 0$ ist durch t_k: $y = (0{,}75 - 3 \cdot k^2) \cdot x + 0{,}25$ eine Tangente an den Graphen von f_k im Punkt $P_k(-0{,}5 \mid f_k(-0{,}5))$ gegeben. [Nachweis nicht erforderlich.]

(1) Zeichnen Sie die Tangente t_1 in die Abbildung 2 ein. 2

(2) Die Tangente t_k und der Graph von f_k schließen eine Fläche ein. Weisen Sie nach, dass die Größe dieser Fläche nicht vom Parameter k abhängt, indem Sie den Inhalt dieser Fläche bestimmen. 4

(3) Zeigen Sie: Für jede reelle Zahl $r > 0$ ist die Gerade durch die Punkte $A_{r;\,k}(-r \mid f_k(-r))$ und $B_{r;\,k}(2 \cdot r \mid f_k(2 \cdot r))$ eine Tangente an den Graphen von f_k an der Stelle $x = -r$. 4

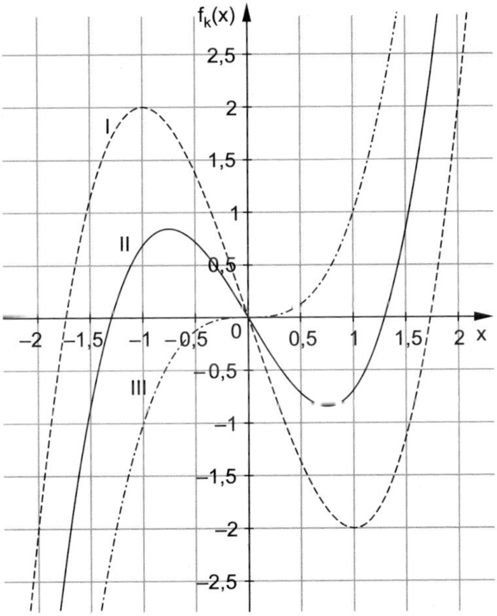

Abbildung 2

Hinweise und Tipps

Teilaufgabe a

(1) Zeichnen Sie mit dem CAS die Graphen der drei Funktionen der Schar und vergleichen Sie diese mit den vorgegebenen Graphen.

Oder

Vergleichen Sie die Nullstellen bzw. einzelne Funktionswerte der Funktionen mit den vorgegebenen Graphen.

(2) Bestimmen Sie die Ableitung der Funktionenschar mithilfe der Potenz-, Summen- und Faktorregel.

Die notwendige Bedingung für Extremstellen lautet $f_k'(x) = 0$.

Eine hinreichende Bedingung für Extremstellen lautet $f_k'(x) = 0$ und $f_k''(x) \neq 0$ oder $f_k'(x) = 0$ und an der möglichen Extremstelle findet ein Vorzeichenwechsel der Funktion $f_k'(x)$ statt.

Ist x_E eine mögliche Extremstelle, so liegt an der Stelle ein Maximum vor, falls $f_k''(x_E) < 0$ ist, und ein Minimum, falls $f_k''(x_E) > 0$ ist.

Vergessen Sie nicht, die Funktionswerte zu berechnen.

(3) Die notwendige Bedingung für Wendestellen lautet $f_k''(x) = 0$.

Die hinreichende Bedingung für Wendestellen lautet $f_k''(x) = 0$ und $f_k'''(x) \neq 0$.

Die Steigung der Tangente ist durch die 1. Ableitung gegeben.

Lösen Sie die Gleichung für die geforderte Bedingung mit dem CAS.

Teilaufgabe b

(1) Bestimmen Sie die Nullstellen der Funktion f_1 als Integrationsgrenzen.

Beachten Sie den vorgegebenen Bereich für x.

Berechnen Sie den Wert des Integrals mit dem CAS.

Stellen Sie fest, ob die Fläche ober- oder unterhalb der x-Achse liegt, und geben Sie den Flächeninhalt an.

(2) Setzen Sie die Funktionsterme gleich und lösen Sie die Gleichung mit dem CAS.

(3) Beachten Sie, dass der Graph der Funktion f_1 den oberen Rand und die Gerade g_a den unteren Rand der eingeschlossenen Fläche bildet.

Die Integrationsgrenzen sind die Schnittstellen aus Aufgabenteil (2) im angegebenen Bereich, die Integrationsfunktion ist die Differenzfunktion.

Stellen Sie mit diesem Integral und dem halben Flächeninhalt aus Aufgabenteil (1) eine Gleichung auf.

Lösen Sie die Gleichung mit dem CAS.

Teilaufgabe c

(1) Zum Einzeichnen der Tangente ist es günstig, zwei Punkte der Tangente zu bestimmen und die Gerade durch diese beiden Punkte zu zeichnen.

(2) Bestimmen Sie die Schnittstellen der Tangente t_k und des Graphen f_k.

Berechnen Sie mit dem CAS den Wert des Integrals mit den gefundenen Schnittstellen als Integrationsgrenzen und der Differenzfunktion als Integrationsfunktion.

Prüfen Sie, ob sich ein Wert unabhängig von k ergibt.

(3) Ist $t(x) = mx + b$ die Tangente an den Graphen einer Funktion f an der Stelle a, so gilt: $f(a) = t(a)$ und $f'(a) = t'(a) = m$

Die Steigung m einer Geraden durch die Punkte $A(x_A \mid y_A)$ und $B(x_B \mid y_B)$ berechnet sich nach der Formel $m = \frac{y_B - y_A}{x_B - x_A}$.

Lösung

a) (1) Eine Zuordnung kann erfolgen, wenn die Nullstellen oder einzelne Funktionswerte betrachtet werden. Da keine Begründung der Zuordnung verlangt wird, ist die Zuordnung jedoch einfacher, wenn die Graphen der drei Funktionen vorher im CAS gezeichnet werden.

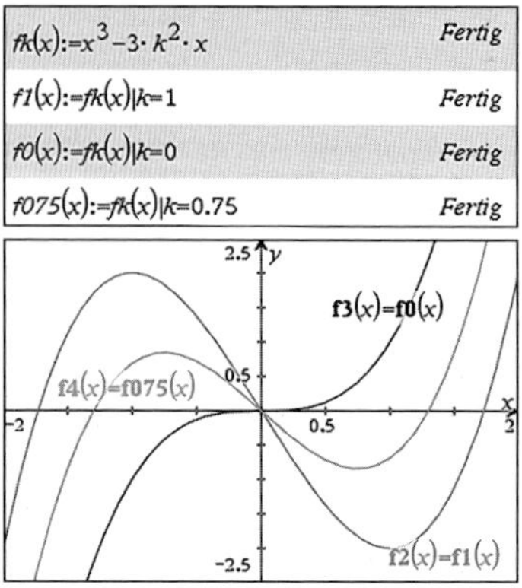

Daraus erhält man folgende Zuordnung:

$k = 0 \quad \Rightarrow \quad \text{III}$

$k = 0{,}75 \quad \Rightarrow \quad \text{II}$

$k = 1 \quad \Rightarrow \quad \text{I}$

(2) Eine Ableitung der Funktionenschar mithilfe der Potenz-, Summen- und Faktorregel ergibt:

$f_k'(x) = 3x^2 - 3k^2$

$f_k''(x) = 6x$

Die notwendige Bedingung für Extremstellen lautet $f_k'(x) = 0$.

$$3x^2 - 3k^2 = 0$$
$$x^2 = k^2$$
$$x = k \ \vee \ x = -k$$

Eine hinreichende Bedingung für Extremstellen lautet $f_k'(x) = 0$ und $f_k''(x) \neq 0$ oder $f_k'(x) = 0$ und an der möglichen Extremstelle findet ein Vorzeichenwechsel der Funktion $f_k'(x)$ statt.

$f_k''(k) = 6k > 0 \quad$ für $k > 0 \ \Rightarrow$ Minimumstelle

$f_k''(-k) = -6k < 0 \quad$ für $k > 0 \ \Rightarrow$ Maximumstelle

Mit $f_k(k) = k^3 - 3k^2 \cdot k = -2k^3$ und $f_k(-k) = -k^3 - 3k^2 \cdot (-k) = 2k^3$ erhält man für $k > 0$ den lokalen Tiefpunkt $T_k(k \mid -2k^3)$ und den lokalen Hochpunkt $H_k(-k \mid 2k^3)$.

Für $k = 0$ lautet die Funktion $f_0(x) = x^3$ und ihre Ableitung $f_0'(x) = 3x^2$; die mögliche Extremstelle ist $x = 0$.

	$3x^2$
$x < 0$	+
$x > 0$	+

Die Funktion f_0 besitzt keine lokalen Extremstellen.

(3) Die notwendige Bedingung für Wendestellen lautet $f_k''(x) = 0$.

$f_k''(x) = 6x = 0 \quad \Leftrightarrow \quad x = 0$

$x = 0$ ist eine mögliche Wendestelle.

Die hinreichende Bedingung für Wendestellen lautet $f_k'''(x) \neq 0$.

$f_k'''(x) = 6 \neq 0$

$x = 0$ ist also die Wendestelle von f_k.

$a2fk(x) := \frac{d^2}{dx^2}(fk(x))$	*Fertig*
$a2fk(x)$	$6 \cdot x$
solve$(a2fk(x)=0,x)$	$x=0$
$a3fk(x) := \frac{d^3}{dx^3}(fk(x))$	*Fertig*
$a3fk(x)$	6

Die Steigung der Tangente an der Stelle $x = 0$ ist gleich $f_k'(0)$. Gleichsetzen der Ableitung an der Stelle $x = 0$ mit der vorgegebenen Steigung –3 führt zu einer Gleichung, deren Lösung mit dem CAS ermittelt wird.

$f_k'(0) = -3 \quad \Leftrightarrow \quad k = -1 \lor k = 1$

Da $k \geq 0$ ist, entfällt die Lösung $k = -1$. Der Graph der Funktion f_1 hat eine Wendetangente mit der Steigung –3.

$a1fk(x) := \frac{d}{dx}(fk(x))$	*Fertig*
solve$(a1fk(0)=-3,k)$	$k=-1$ or $k=1$

b) (1) Die Integrationsgrenzen sind gleich den Nullstellen der Funktion f_1

Eine Lösung mit dem CAS (Operator „bestimmen Sie“) ergibt die Nullstellen:

solve$(f1(x)=0,x)$	$x=-\sqrt{3}$ or $x=0$ or $x=\sqrt{3}$

$x = 0 \lor x = \sqrt{3} \lor x = -\sqrt{3}$

Da die Fläche für $x \leq 0$ betrachtet wird, sind die relevanten Nullstellen $x = -\sqrt{3}$ und $x = 0$.

Die Fläche liegt oberhalb der x-Achse. Der Wert des Integrals über die Funktion f_1 im Intervall $[-\sqrt{3}; 0]$ entspricht also dem Flächeninhalt.
Mit dem CAS erhält man:

$$\int_{-\sqrt{3}}^{0} f_1(x)\,dx = \frac{9}{4}$$

$\int_{-\sqrt{3}}^{0} f1(x)\,dx$	$\frac{9}{4}$

Der Flächeninhalt der Fläche, die für $x \leq 0$ vom Graphen der Funktion f_1 und der x-Achse eingeschlossen wird, beträgt $\frac{9}{4}$ FE.

(2) Zur Bestimmung der Schnittstellen werden die Funktionsterme gleichgesetzt.

Für $a > -3$ besitzen der Graph der Funktion f_1 und die Gerade 3 Schnittpunkte. Die Schnittstellen sind:

solve$(f1(x)=a \cdot x,x)$
$x=-\sqrt{a+3}$ and $a\geq-3$ or $x=\sqrt{a+3}$ and $a\geq-3$ or ▸

$f_1(x) = ax \quad \Leftrightarrow \quad x = -\sqrt{a+3} \lor x = 0 \lor x = \sqrt{a+3}$

Für $a = -3$ fallen die drei Lösungen zusammen; es gibt nur die Schnittstelle $x = 0$.

Für $a < -3$ ist $\sqrt{a+3}$ nicht definiert. Der Graph der Funktion f_1 und die Gerade besitzen dann nur einen Schnittpunkt; die Schnittstelle ist $x = 0$.

(3) Für $x \leq 0$ sind die Integrationsgrenzen $x = -\sqrt{a+3}$ und $x = 0$, die Integrationsfunktion ist die Differenzfunktion $f_1(x) - ax$. Gleichsetzen mit der Hälfte des in Aufgabenteil b(1) berechneten Flächeninhaltes und Lösen der Gleichung mit dem CAS ergibt:

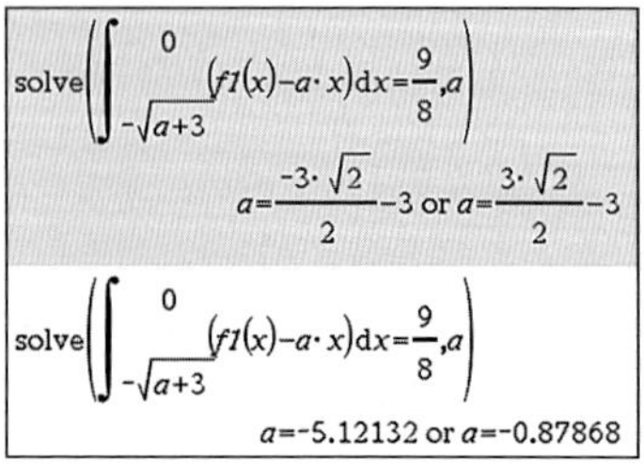

$$\int_{-\sqrt{a+3}}^{0} (f_1(x) - ax)\,dx = \frac{9}{8}$$

$$\Leftrightarrow \quad a = \frac{-3\sqrt{2}}{2} - 3 \vee a = \frac{3\sqrt{2}}{2} - 3$$

Für $a = -\frac{3\sqrt{2}}{2} - 3 \approx -5{,}12$ ist $\sqrt{a+3}$ nicht definiert, also bleibt die Lösung $a = \frac{3\sqrt{2}}{2} - 3 \approx -0{,}88$.

Die Gerade $g_{\frac{3\sqrt{2}}{2}-3}$ halbiert die Fläche, die für $x \leq 0$ vom Graphen der Funktion f_1 und der x-Achse eingeschlossen wird.

c) (1) Es ist $t_1(x) = (0{,}75 - 3) \cdot x + 0{,}25 = -2{,}25x + 0{,}25$

Zum Einzeichnen der Tangente ist es günstig, zwei Punkte der Tangente zu bestimmen und die Gerade durch diese beiden Punkte zu zeichnen.

Die Punkte können beispielsweise sein:

$t_1(1) = -2{,}25 + 0{,}25 = -2$

$\Rightarrow \quad P(1\,|\,-2)$

$t_1(-1) = 2{,}25 + 0{,}25 = 2{,}5$

$\Rightarrow \quad Q(-1\,|\,2{,}5)$

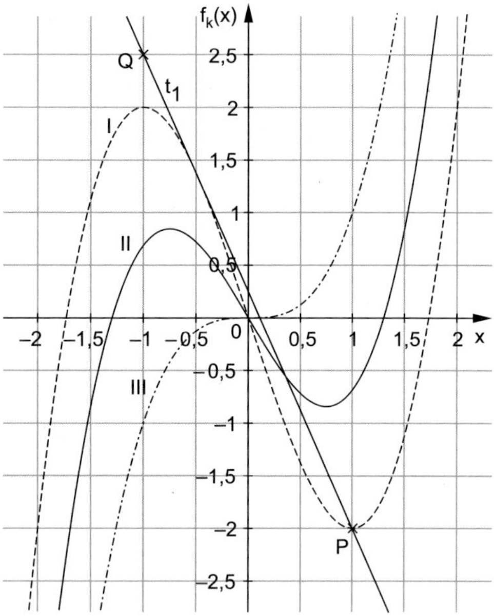

(2) Durch Gleichsetzen des Funktionsterms von f_k mit der Tangente t_k werden die gemeinsamen Stellen von Graph und Tangente bestimmt:

$f_k(x) = t_k(x) \quad \Leftrightarrow \quad x = -0{,}5 \ \vee \ x = 1$

Eine Integration über die Differenzfunktion in diesem Bereich ergibt den Flächeninhalt:

$$\int_{-0,5}^{1} (t_k(x) - f_k(x))\,dx \approx 0{,}42$$

```
tk(x):=(0.75-3·k²)·x+0.25                    Fertig
solve(fk(x)=tk(x),x)                  x=-0.5 or x=1.
∫_{-0.5}^{1} (tk(x)-fk(x))dx                0.421875
```

Der Flächeninhalt beträgt ca. 0,42 FE und ist damit unabhängig von k.

(3) Ist $t(x) = mx + b$ die Tangente an den Graphen einer Funktion f an der Stelle $x = a$, so gilt:

I $\quad f(a) = t(a)$

II $\quad f'(a) = t'(a) = m$

Der Punkt $A_{r;\,k}(-r\,|\,f_k(-r))$ ist ein Punkt der Geraden und liegt auf dem Graphen der Funktion f_k. Bedingung I ist somit erfüllt.

Nach Teilaufgabe a (2) ist $f_k'(x) = 3x^2 - 3k^2$ und damit:

$f_k'(-r) = 3 \cdot (-r)^2 - 3k^2 = 3r^2 - 3k^2$

Die Steigung m einer Geraden durch die Punkte $A(x_A\,|\,y_A)$ und $B(x_B\,|\,y_B)$ berechnet sich nach der Formel $m = \frac{y_B - y_A}{x_B - x_A}$.

Einsetzen der Koordinaten der Punkte $A_{r;\,k}(-r\,|\,f_k(-r))$ und $B_{r;\,k}(2r\,|\,f_k(2r))$ in die Formel für die Steigung ergibt:

$$m = \frac{f_k(2r) - f_k(-r)}{2r - (-r)} = \frac{(2r)^3 - 3k^2 \cdot 2r - ((-r)^3 - 3k^2 \cdot (-r))}{3r}$$

$$= \frac{8r^3 - 6k^2r - (-r^3 + 3k^2r)}{3r}$$

$$= \frac{8r^3 - 6k^2r + r^3 - 3k^2r}{3r}$$

$$= \frac{9r^3 - 9k^2r}{3r} = 3r^2 - 3k^2$$

Bedingung II ist also erfüllt.

Bei der Geraden durch die Punkte $A_{r;\,k}(-r\,|\,f_k(-r))$ und $B_{r;\,k}(2r\,|\,f_k(2r))$ handelt es sich um eine Tangente an den Graphen der Funktion f_k im Punkt $A_{r;\,k}(-r\,|\,f_k(-r))$.

Abiturprüfung 2019 Mathematik Leistungskurs (Nordrhein-Westfalen)
Prüfungsteil B – Vektorielle Geometrie B3 (GTR/CAS)

Die Abbildung zeigt den Würfel ABCDEFGH mit $A(0|0|0)$ und $G(5|5|5)$ in einem kartesischen Koordinatensystem. Die Ebene T schneidet die Kanten des Würfels unter anderem in den Punkten $I(5|0|1)$, $J(2|5|0)$, $K(0|5|2)$ und $L(1|0|5)$.

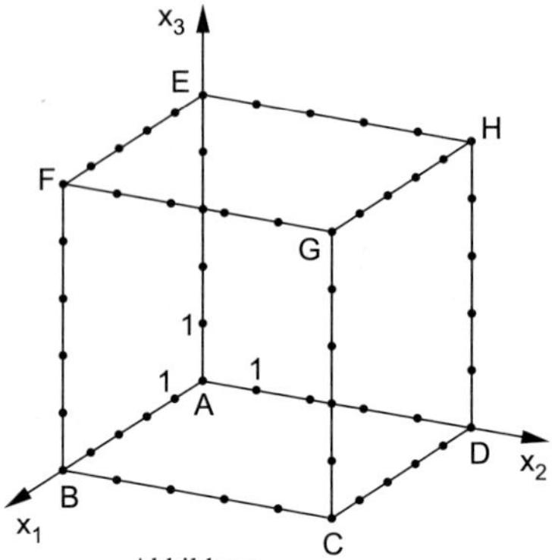

Abbildung

Punkte

a) Zeichnen Sie das Viereck IJKL in die Abbildung ein. 4

b) Zeigen Sie, dass das Viereck IJKL ein Trapez ist, in dem zwei Seiten gleich lang sind. 4

c) Der Punkt $Q(2|0|4)$ liegt auf der Strecke $\overline{IL}$.

Zeigen Sie, dass $\overrightarrow{KQ} = \begin{pmatrix} 2 \\ -5 \\ 2 \end{pmatrix}$ auf $\overrightarrow{IL}$ senkrecht steht.

Bestimmen Sie rechnerisch den Flächeninhalt des Trapezes IJKL.

[*Zur Kontrolle:* Der Flächeninhalt beträgt $3 \cdot \sqrt{66}$ FE $\approx 24{,}37$ FE.] 7

d) Ermitteln Sie eine Gleichung der Ebene T in Koordinatenform.
[*Zur Kontrolle:* T: $5x_1 + 4x_2 + 5x_3 = 30$] 5

Der Abstand d eines Punktes $P(z_1|z_2|z_3)$ von der Ebene T ist gegeben durch
$d(T, P) = \frac{|5 \cdot z_1 + 4 \cdot z_2 + 5 \cdot z_3 - 30|}{\sqrt{66}}$. [Nachweis nicht erforderlich!]

e) Bestimmen Sie das Volumen einer Pyramide mit der Grundfläche IJKL und der Spitze F. 4

f) Die Spitze einer Pyramide mit der Grundfläche IJKL liegt auf der Strecke $\overline{FG}$.
Untersuchen Sie, ob die Höhe dieser Pyramide $\frac{18}{\sqrt{66}}$ betragen kann. 5

Spiegelt man T an der Ebene mit der Gleichung $x_1 = 2{,}5$, so erhält man die Ebene T' mit der Gleichung T': $-5x_1 + 4x_2 + 5x_3 - 5 = 0$.

g) Berechnen Sie die Größe des Winkels, unter dem sich T und T' schneiden. 3

Betrachtet wird die Schar der Geraden g_a: $\vec{x} = \begin{pmatrix} 2{,}5 \\ 0 \\ 3{,}5 \end{pmatrix} + r \cdot \begin{pmatrix} 0 \\ -10a \\ \frac{2}{a} \end{pmatrix}$ mit $a > 0$ und $r \in \mathbb{R}$.

h) Begründen Sie, dass keine Gerade der Schar in der Ebene mit der Gleichung $x_3 = 3{,}5$ liegt. 2

i) Bestimmen Sie eine Parametergleichung der Geraden g, die zur Schar g_a gehört und in der Ebene T liegt.
Zeigen Sie, dass die Gerade g auch in T' liegt. 6

Hinweise und Tipps

Teilaufgabe a

- Beachten Sie, dass bei jedem der vier Punkte genau eine Koordinate gleich null ist. Welche Bedeutung hat dies für die Lage der Punkte im Koordinatensystem?
- Denken Sie daran, dass die Punkte Schnittpunkte der Würfelkanten mit der Ebene T sind.
- Bestimmen Sie die Lage der Punkte auf den Kanten im Polygonzugverfahren.
- Vergessen Sie nicht, die Punkte zu einem Viereck zu verbinden.

Teilaufgabe b

- Überlegen Sie, durch welche Eigenschaft ein Viereck zu einem Trapez wird.
- Zwei Vektoren sind parallel, wenn sie linear abhängig sind.
- Der Abstand zweier Punkte $P(x_P | y_P | z_P)$ und $Q(x_Q | y_Q | z_Q)$ berechnet sich nach der Formel: $d(P; Q) = \sqrt{(x_P - x_Q)^2 + (y_P - y_Q)^2 + (z_P - z_Q)^2}$

Teilaufgabe c

- Zwei Vektoren $\vec{a}$ und $\vec{b}$ stehen dann senkrecht aufeinander, wenn das Skalarprodukt der Vektoren gleich 0 ist.
- Der Flächeninhalt eines Trapezes mit den Grundseiten (parallelen Seiten) a und c und der Höhe h berechnet sich nach der Formel: $A = \frac{1}{2} \cdot (a + c) \cdot h$
- Überlegen Sie, welche Bedeutung es hat, dass die Strecke $\overline{KQ}$ senkrecht zu den beiden parallelen Seiten des Trapezes verläuft.
- Bestimmen Sie die Längen der Grundseiten und der Höhe und setzen Sie die berechneten Werte in die Flächeninhaltsformel ein.

Teilaufgabe d

- Stellen Sie die Drei-Punkte-Form der Ebenengleichung der Ebene T auf, z. B. mit den Punkten I, J und L.
- Ein Normalenvektor der Ebene steht senkrecht zu den Spannvektoren der Ebene.
- Stehen zwei Vektoren senkrecht aufeinander, so ist ihr Skalarprodukt gleich 0.
- Bestimmen Sie mit dem Normalenvektor und einem Punkt der Ebene die Punkt-Normalenform und schreiben Sie die Normalenform um in die Koordinatenform.

Oder

- Schreiben Sie die Vektorgleichung der Ebene T um in die Koordinatengleichungen.
- Eliminieren Sie aus dem Gleichungssystem die Parameter der Ebene.

Teilaufgabe e

- Der Punkt F ist ein Eckpunkt des Würfels.
- Das Volumen einer Pyramide mit der Grundfläche G und der Höhe h_K berechnet sich nach der Formel $V = \frac{1}{3} \cdot G \cdot h_K$.

- Die Höhe einer Pyramide entspricht dem Abstand der Spitze zur Grundfläche.
- Berechnen Sie mithilfe der vorgegebenen Abstandsformel den Abstand des Punktes F von der Ebene T.

Teilaufgabe f

- Stellen Sie eine Gleichung für die Strecke $\overline{FG}$ auf.
- Die Spitze S der Pyramide ist ein fester Punkt der Strecke $\overline{FG}$. Wie lauten demnach die Koordinaten von S? Beachten Sie den Definitionsbereich des Parameters.
- Bestimmen Sie mithilfe der gegebenen Abstandsformel den Abstand des Punktes S von der Ebene T.
- Stellen Sie mit der vorgegebenen Höhe eine Gleichung auf.
- Achten Sie beim Lösen der Betragsgleichung auf eine Fallunterscheidung.

Oder

- Stellen Sie die Betragsgleichung um und definieren Sie eine Funktion.
- Bestimmen Sie zeichnerisch durch Analyse des Graphen die Nullstellen.

Teilaufgabe g

- Der Winkel φ, der von den Ebenen T und T' mit den Normalenvektoren $\vec{n}$ und $\vec{n}'$ eingeschlossen wird, wird berechnet mithilfe der Formel $\cos\varphi = \frac{|\vec{n} \circ \vec{n}'|}{|\vec{n}| \cdot |\vec{n}'|}$.

Teilaufgabe h

- Setzen Sie die Koordinaten der Geradenschar in die Ebenengleichung ein.
- Lösen Sie die Gleichung.

Teilaufgabe i

- Eine Gerade liegt dann in einer Ebene, wenn der Anbindungspunkt der Geraden in der Ebene liegt und die Gerade parallel zur Ebene verläuft.
- Führen Sie eine Punktprobe mit dem Anbindungspunkt der Geradenschar für die Ebene T durch.
- Eine Gerade verläuft dann parallel zu einer Ebene, wenn der Richtungsvektor der Geraden und der Normalenvektor der Ebene senkrecht aufeinander stehen.
- Zwei Vektoren sehen senkrecht aufeinander, wenn ihr Skalarprodukt gleich 0 ist.
- Stellen Sie mithilfe dieser Orthogonalitätsbedingung eine Gleichung auf und lösen Sie diese.
- Achten Sie dabei auf den Definitionsbereich für a.

Oder

- Eine Gerade liegt dann in der Ebene, wenn die Koordinaten der Geraden die Ebenengleichung erfüllen.

Lösung

a) Die Punkte liegen, da jeweils eine Koordinate gleich 0 ist, in einer Koordinatenebene und, da die Ebene T die Kanten des Würfels schneidet, auf diesen Kanten. Da die Kantenlänge des Würfels 5 LE beträgt, ist es günstig, beim Einzeichnen der Punkte (im Polygonzugverfahren) zuerst die 5 Einheiten auf einer Koordinatenachse abzutragen. Anschließendes Verbinden der Punkte ergibt das Viereck IJKL.

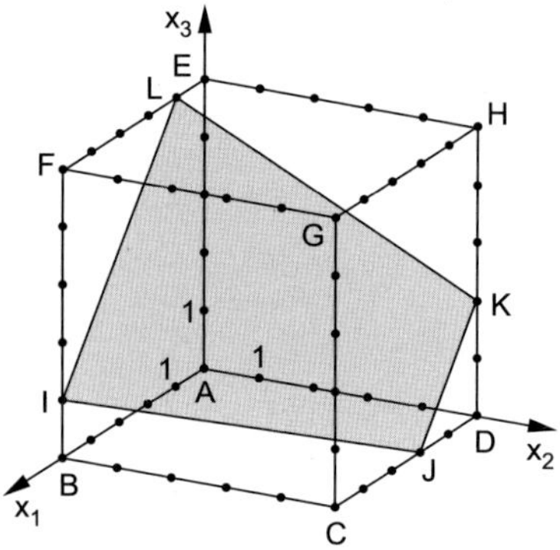

b) In einem Trapez sind zwei gegenüberliegende Seiten parallel. Betrachtet man die Abbildung, so können nur die Seiten $\overline{IL}$ und $\overline{JK}$ parallel sein.
Die Seitenvektoren sind dann parallel, wenn sie linear abhängig sind.

Es sind $\overrightarrow{IL} = \begin{pmatrix} -4 \\ 0 \\ 4 \end{pmatrix}$ und $\overrightarrow{JK} = \begin{pmatrix} -2 \\ 0 \\ 2 \end{pmatrix}$.

Da $\overrightarrow{IL} = 2 \cdot \overrightarrow{JK}$ ist, sind die beiden Seitenvektoren parallel und das Viereck IJKL ist ein Trapez.

$i:=\begin{bmatrix}5\\0\\1\end{bmatrix}:j:=\begin{bmatrix}2\\5\\0\end{bmatrix}:k:=\begin{bmatrix}0\\5\\2\end{bmatrix}:l:=\begin{bmatrix}1\\0\\5\end{bmatrix}$	$\begin{bmatrix}1\\0\\5\end{bmatrix}$
v_il:=l−i	$\begin{bmatrix}-4\\0\\4\end{bmatrix}$
v_jk:=k−j	$\begin{bmatrix}-2\\0\\2\end{bmatrix}$
2· v_jk	$\begin{bmatrix}-4\\0\\4\end{bmatrix}$

CAS

solve(v_il=r· v_jk,r)	r=2

Für die beiden anderen Seitenvektoren berechnet man folgende Längen:

$$|\overrightarrow{IJ}| = \left| \begin{pmatrix} -3 \\ 5 \\ -1 \end{pmatrix} \right| = \sqrt{9+25+1} = \sqrt{35} \text{ [LE]}$$

und

$$|\overrightarrow{KL}| = \left| \begin{pmatrix} 1 \\ -5 \\ 3 \end{pmatrix} \right| = \sqrt{1+25+9} = \sqrt{35} \text{ [LE]}$$

norm(k−l)	5.91608
norm(j−i)	5.91608

CAS

norm(k−l)	$\sqrt{35}$
norm(j−i)	$\sqrt{35}$

Die Seiten $\overline{IJ}$ und $\overline{KL}$ des Trapezes sind gleich lang.

c) Die Vektoren $\overrightarrow{IL}$ und $\overrightarrow{KQ}$ stehen dann senkrecht aufeinander, wenn das Skalarprodukt der Vektoren gleich 0 ist.

$$\overrightarrow{IL} \circ \overrightarrow{KQ} = \begin{pmatrix} -4 \\ 0 \\ 4 \end{pmatrix} \circ \begin{pmatrix} 2 \\ -5 \\ 2 \end{pmatrix} = -8+0+8=0$$

$q:=\begin{bmatrix} 2 \\ 0 \\ 4 \end{bmatrix}$	$\begin{bmatrix} 2 \\ 0 \\ 4 \end{bmatrix}$
dotP($l-i$,$q-k$)	0

Die Vektoren $\overrightarrow{IL}$ und $\overrightarrow{KQ}$ stehen also senkrecht aufeinander.

Der Flächeninhalt eines Trapezes mit den Grundseiten (parallelen Seiten) a und c und der Höhe h berechnet sich nach der Formel:

$$A = \frac{1}{2} \cdot (a+c) \cdot h$$

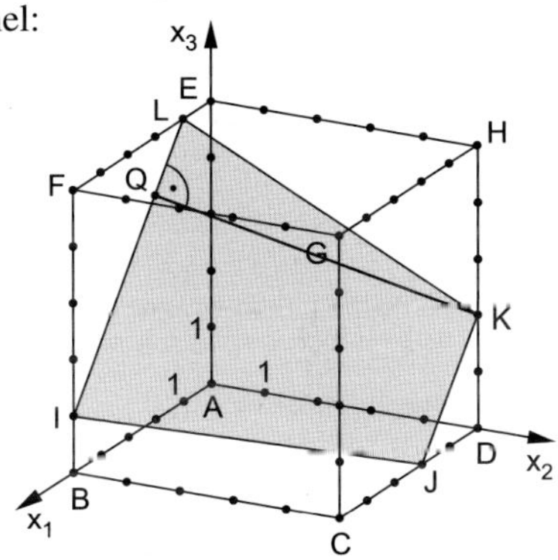

Der Punkt Q liegt auf der Strecke $\overline{IL}$ (dies ist in der Aufgabenstellung vorausgesetzt und muss nicht gezeigt werden).

Da $\overrightarrow{IL}$ und $\overrightarrow{KQ}$ senkrecht aufeinander stehen, gibt die Strecke $\overline{KQ}$ die Höhe des Trapezes an.

Die Längen der Grundseiten und der Höhe sind:

$$|\overrightarrow{IL}| = \left| \begin{pmatrix} -4 \\ 0 \\ 4 \end{pmatrix} \right| = \sqrt{16+0+16} = \sqrt{32} = 4\sqrt{2} \text{ [LE]}$$

$$|\overrightarrow{JK}| = \left| \begin{pmatrix} -2 \\ 0 \\ 2 \end{pmatrix} \right| = \sqrt{4+0+4} = \sqrt{8} = 2\sqrt{2} \text{ [LE]}$$

$$|\overrightarrow{KQ}| = \left| \begin{pmatrix} 2 \\ -5 \\ 2 \end{pmatrix} \right| = \sqrt{4+25+4} = \sqrt{33} \text{ [LE]}$$

Einsetzen der Längen in die Flächeninhaltsformel des Trapezes ergibt:

$$A = \frac{1}{2} \cdot (4\sqrt{2} + 2\sqrt{2}) \cdot \sqrt{33} = 3\sqrt{2} \cdot \sqrt{33} = 3\sqrt{66} \text{ [FE]}$$

Das Trapez hat einen Flächeninhalt von $3\sqrt{66}$ FE.

GTR

norm($q-k$)	5.74456
norm($l-i$)	5.65685
norm($k-j$)	2.82843
at:=0.5· (norm($l-i$)+norm($k-j$))· norm($q-k$)	24.3721

CAS

norm($q-k$)	$\sqrt{33}$
norm($l-i$)	$4\cdot\sqrt{2}$
norm($k-j$)	$2\cdot\sqrt{2}$
at:=0.5· (norm($l-i$)+norm($k-j$))· norm($q-k$)	24.3721

d) Mit dem Anbindungspunkt I und den Spannvektoren $\overrightarrow{IJ}$ und $\overrightarrow{IL}$ lautet die Drei-Punkte-Form der Ebenengleichung der Ebene T:

$$T:\ \vec{x}=\begin{pmatrix}5\\0\\1\end{pmatrix}+r\cdot\begin{pmatrix}-3\\5\\-1\end{pmatrix}+s'\cdot\begin{pmatrix}-4\\0\\4\end{pmatrix}=\begin{pmatrix}5\\0\\1\end{pmatrix}+r\cdot\begin{pmatrix}-3\\5\\-1\end{pmatrix}+s\cdot\begin{pmatrix}-1\\0\\1\end{pmatrix};\ s', r, s\in\mathbb{R}$$

Ist $\vec{n}=\begin{pmatrix}n_1\\n_2\\n_3\end{pmatrix}$ ein Normalenvektor der Ebene T, so steht $\vec{n}$ senkrecht zu den Spannvektoren der Ebene, das Skalarprodukt von Normalenvektor und Spannvektor ist somit gleich 0.

$$\text{I}\quad \begin{pmatrix}-3\\5\\-1\end{pmatrix}\circ\begin{pmatrix}n_1\\n_2\\n_3\end{pmatrix}=0 \quad\Leftrightarrow\quad -3n_1+5n_2-n_3=0$$

$$\text{II}\quad \begin{pmatrix}-1\\0\\1\end{pmatrix}\circ\begin{pmatrix}n_1\\n_2\\n_3\end{pmatrix}=0 \quad\Leftrightarrow\quad -n_1+n_3=0$$

$$\Rightarrow\quad n_1=n_3$$

Wählt man $n_1=1$, so ist $n_3=1$.
Einsetzen in Gleichung I führt zu:

$$-3+5n_2-1=0 \quad\Rightarrow\quad n_2=\frac{4}{5}$$

CAS:

$$\text{linSolve}\left(\begin{cases}-3\cdot n1+5\cdot n2-n3=0\\-n1+n3=0\end{cases},\{n1,n2,n3\}\right)\qquad \left\{c1,\frac{4\cdot c1}{5},c1\right\}$$

$$n:=\begin{bmatrix}5\\4\\5\end{bmatrix}\qquad \begin{bmatrix}5\\4\\5\end{bmatrix}$$

Mit dem Normalenvektor $\begin{pmatrix}1\\\frac{4}{5}\\1\end{pmatrix}$ bzw. dem linear abhängigen Vektor $\vec{n}=\begin{pmatrix}5\\4\\5\end{pmatrix}$ und dem Anbindungspunkt I erhält man die Punkt-Normalenform:

$$T:\ \begin{pmatrix}5\\4\\5\end{pmatrix}\circ\vec{x}-\begin{pmatrix}5\\4\\5\end{pmatrix}\circ\begin{pmatrix}5\\0\\1\end{pmatrix}=0$$

$$T:\ \begin{pmatrix}5\\4\\5\end{pmatrix}\circ\vec{x}-30=0$$

bzw. die Koordinatenform:
$T:\ 5x_1+4x_2+5x_3=30$

CAS

$$\text{dotP}\left(n,\begin{bmatrix}5\\0\\1\end{bmatrix}\right)\qquad 30$$

$$\text{dotP}\left(n,\begin{bmatrix}x\\y\\z\end{bmatrix}\right)-\text{dotP}\left(n,\begin{bmatrix}5\\0\\1\end{bmatrix}\right)=0\qquad 5\cdot x+4\cdot y+5\cdot z-30=0$$

Alternativ:
Durch Umschreiben der Vektorgleichung von T in die Koordinatengleichungen erhält man:

I $\quad x_1=5-3r-s$
II $\quad x_2=5r$
III $\quad x_3=1-r+s$

Durch geeignete Umformungen werden die Parameter r und s eliminiert:

$\text{I}+\text{III}\qquad x_1+x_3=6-4r\qquad (\text{I}')$

$5\cdot\text{I}'+4\cdot\text{II}\qquad 5x_1+5x_3+4x_2=30$

Die Gleichung der Ebene T lautet in Koordinatenform: $5x_1+4x_2+5x_3=30$

Anmerkung (kein Teil des verpflichtenden Lehrplans): Einen Normalenvektor erhält man auch über das Vektorprodukt der Spannvektoren.

crossP(j−i,l−i) $\begin{bmatrix} 20 \\ 16 \\ 20 \end{bmatrix}$

e) Der Punkt F ist ein Eckpunkt des Würfels mit den Koordinaten F(5 | 0 | 5).

Einsetzen der Koordinaten des Punktes F in die vorgegebene Formel ergibt:

$$d(T, F) = \frac{|5 \cdot 5 + 4 \cdot 0 + 5 \cdot 5 - 30|}{\sqrt{66}} = \frac{20}{\sqrt{66}} \text{ [LE]}$$

Das Volumen einer Pyramide mit der Grundfläche G und der Höhe h_K berechnet sich nach der Formel $V = \frac{1}{3} \cdot G \cdot h_K$.

Die Höhe h_K der Pyramide entspricht dem Abstand des Punktes F von der Ebene T, die Grundfläche G dem Flächeninhalt des Trapezes (vgl. Teilaufgabe c).

Einsetzen der berechneten Werte in die Volumenformel der Pyramide führt zu:

$$V = \frac{1}{3} \cdot 3\sqrt{66} \cdot \frac{20}{\sqrt{66}} = 20 \text{ [VE]}$$

Die Pyramide hat ein Volumen von 20 VE.

f) Die Strecke $\overline{FG}$ hat die Gleichung $s_{FG}\colon \vec{x} = \begin{pmatrix} 5 \\ 0 \\ 5 \end{pmatrix} + t \cdot \begin{pmatrix} 0 \\ 1 \\ 0 \end{pmatrix}$; $0 \le t \le 5$.

Die Spitze S der Pyramide als Punkt dieser Strecke hat die Koordinaten S(5 | t | 5) mit einem festen $t \in [0; 5]$.

Nach Einsetzen der Koordinaten von S in die Abstandsformel erhält man den Abstand der Spitze zur Grundfläche:

$$d(T, S) = \frac{|5 \cdot 5 + 4 \cdot t + 5 \cdot 5 - 30|}{\sqrt{66}} = \frac{|20 + 4t|}{\sqrt{66}}$$

Gleichsetzen mit dem vorgegebenen Abstand führt zur Betragsgleichung:

$$\frac{|20 + 4t|}{\sqrt{66}} = \frac{18}{\sqrt{66}}$$

1: Fall: $20 + 4t \ge 0$

$$\frac{20 + 4t}{\sqrt{66}} = \frac{18}{\sqrt{66}}$$
$$20 + 4t = 18$$
$$4t = -2$$
$$t = -0{,}5 \notin [0; 5]$$

2: Fall: $20 + 4t < 0$

$$-\frac{20 + 4t}{\sqrt{66}} = \frac{18}{\sqrt{66}}$$
$$-20 - 4t = 18$$
$$-38 = 4t$$
$$t = -9{,}5 \notin [0; 5]$$

Beide berechneten Lösungen liegen nicht im Definitionsbereich für t.

Die Höhe der Pyramide kann somit nicht $\frac{18}{\sqrt{66}}$ LE betragen.

GTR

$$\text{nSolve}\left(\left|\frac{5\cdot 5+4\cdot t+5\cdot 5-30}{\sqrt{66}}\right|=\frac{18}{\sqrt{66}},t\right) \quad -0.5$$

$$\text{nSolve}\left(\left|\frac{5\cdot 5+4\cdot t+5\cdot 5-30}{\sqrt{66}}\right|=\frac{18}{\sqrt{66}},t\right)\Big|0\le t\le 5$$

"Keine Lösung gefunden"

CAS

$$\text{solve}\left(\left|\frac{5\cdot 5+4\cdot t+5\cdot 5-30}{\sqrt{66}}\right|=\frac{18}{\sqrt{66}},t\right)$$

$$t=\frac{-19}{2} \text{ or } t=\frac{-1}{2}$$

Anmerkung: Eine Lösung der Betragsgleichung mit dem Befehl nSolve() im GTR führt nur zu einer Lösung; zur Ermittlung weiterer Lösungen muss der Lösungsbereich vorgegeben werden.

Alternativ:

Der Operator „untersuchen Sie" lässt auch die zeichnerische Lösung der Betragsgleichung zu. Hierzu stellt man die Gleichung um zu:

$$\frac{|20+4t|}{\sqrt{66}}-\frac{18}{\sqrt{66}}=0$$

Man definiert eine Funktion $d_{TS}(t)$ mit der linken Seite der Gleichung als Funktionsterm und bestimmt die Nullstellen dieser Funktion.

$$d\_ts(t):=\frac{|5\cdot 5+4\cdot t+5\cdot 5-30|}{\sqrt{66}}-\frac{18}{\sqrt{66}} \quad \textit{Fertig}$$

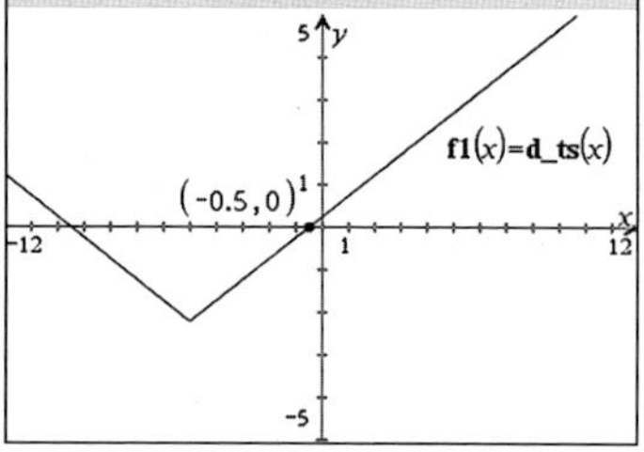

g) Ist φ der Winkel, der von den Ebenen T und T' mit den Normalenvektoren $\vec{n}$ und $\vec{n}\,'$ eingeschlossen wird, so gilt:

$$\cos\varphi=\frac{|\vec{n}\circ\vec{n}\,'|}{|\vec{n}|\cdot|\vec{n}\,'|}$$

Mit den Normalenvektoren $\vec{n}=\begin{pmatrix}5\\4\\5\end{pmatrix}$ von T und $\vec{n}\,'=\begin{pmatrix}-5\\4\\5\end{pmatrix}$ von T' ergibt sich:

$$\cos\varphi=\frac{\left|\begin{pmatrix}5\\4\\5\end{pmatrix}\circ\begin{pmatrix}-5\\4\\5\end{pmatrix}\right|}{\left|\begin{pmatrix}5\\4\\5\end{pmatrix}\right|\cdot\left|\begin{pmatrix}-5\\4\\5\end{pmatrix}\right|}=\frac{|-25+16-25|}{\sqrt{66}\cdot\sqrt{66}}$$

$$=\frac{16}{66}=\frac{8}{33}$$

$$\varphi=\cos^{-1}\left(\frac{8}{33}\right)\approx 75{,}97°$$

$$ns:=\begin{bmatrix}-5\\4\\5\end{bmatrix} \quad \begin{bmatrix}-5\\4\\5\end{bmatrix}$$

$$\frac{|\text{dotP}(n,ns)|}{\text{norm}(n)\cdot\text{norm}(ns)} \quad 0.242424$$

$$\cos^{-1}(0.242424) \quad 75.9703$$

Der Winkel zwischen den Ebenen beträgt ca. 76°.

h) Eine Gerade der Schar liegt dann in der Ebene mit der Gleichung $x_3 = 3{,}5$, wenn die Koordinaten der Geraden die Ebenengleichung erfüllen:

$$3{,}5 + r \cdot \frac{2}{a} = 3{,}5$$

$$r \cdot \frac{2}{a} = 0$$

CAS

solve$\left(3.5+\frac{r\cdot 2}{a}=3.5, a\right)|a>0$ $a>0$ and $r=0.$

Da $r \in \mathbb{R}$ ist, ist die Gleichung nur dann erfüllt, wenn $\frac{2}{a}$ gleich 0 ist. Diese Gleichung ist jedoch allgemein nicht lösbar. Keine Gerade der Geradenschar g_a liegt somit in der Ebene mit der Gleichung $x_3 = 3{,}5$.

i) Eine Gerade liegt dann in einer Ebene, wenn der Anbindungspunkt der Geraden in der Ebene liegt und die Gerade parallel zur Ebene verläuft.

Eine Punktprobe mit dem Anbindungspunkt der Geradenschar zeigt, dass dieser (unabhängig von a) in der Ebene T liegt:

$$5 \cdot 2{,}5 + 4 \cdot 0 + 5 \cdot 3{,}5 = 30 \quad (w)$$

$5\cdot 2.5+4\cdot 0+5\cdot 3.5-30$ $0.$

Eine Gerade verläuft dann parallel zu einer Ebene, wenn der Richtungsvektor der Geraden und der Normalenvektor der Ebene senkrecht aufeinander stehen. Dies ist der Fall, wenn das Skalarprodukt der beiden Vektoren gleich 0 ist:

$$\begin{pmatrix} 5 \\ 4 \\ 5 \end{pmatrix} \circ \begin{pmatrix} 0 \\ -10a \\ \frac{2}{a} \end{pmatrix} = 0 \iff -40a + \frac{10}{a} = 0$$

nSolve$\left(\text{dotP}\left(\begin{bmatrix} 0 \\ -10\cdot a \\ \frac{2}{a} \end{bmatrix}, n\right)=0, a\right)$ 0.5

$$-40a + \frac{10}{a} = 0 \qquad |:10 \quad |\cdot a > 0$$

$$-4a^2 + 1 = 0$$

$$a^2 = \frac{1}{4}$$

$$a = \frac{1}{2} \vee a = -\frac{1}{2} \notin \mathbb{D}_a$$

CAS

solve$\left(\text{dotP}\left(\begin{bmatrix} 0 \\ -10\cdot a \\ \frac{2}{a} \end{bmatrix}, n\right)=0, a\right)$ $a=\frac{-1}{2}$ or $a=\frac{1}{2}$

Die Gerade g: $\vec{x} = \begin{pmatrix} 2{,}5 \\ 0 \\ 3{,}5 \end{pmatrix} + r \cdot \begin{pmatrix} 0 \\ -5 \\ 4 \end{pmatrix}$, $r \in \mathbb{R}$ der Schar liegt in der Ebene T.

Alternativ:
Eine Gerade der Schar liegt dann in der Ebene T, wenn die Koordinaten der Geraden die Ebenengleichung erfüllen:

$$5\cdot 2{,}5+4\cdot r\cdot(-10a)+5\cdot\left(3{,}5+r\cdot\frac{2}{a}\right)=30$$

$$-40ar+\frac{10}{a}\cdot r=0 \qquad |:10 \;\; |\cdot a>0$$

$$-4a^2r+r=0$$

$$r\cdot(-4a^2+1)=0$$

$$r=0 \;\vee\; -4a^2+1=0$$

$$r=0 \;\vee\; a^2=\frac{1}{4}$$

$$r=0 \;\vee\; a=\frac{1}{2} \;\vee\; a=-\frac{1}{2}\notin \mathbb{D}_a$$

Ist der Parameter $r=0$, so liegt nur der Punkt $P(2{,}5\,|\,0\,|\,3{,}5)$ vor und keine Gerade.

Die Gerade g: $\vec{x}=\begin{pmatrix}2{,}5\\0\\3{,}5\end{pmatrix}+r\cdot\begin{pmatrix}0\\-5\\4\end{pmatrix}$, $r\in\mathbb{R}$ der Schar liegt in der Ebene T.

Die Gerade g liegt auch in der Ebene T', denn die Koordinaten von g erfüllen die Ebenengleichung:

$$-5\cdot 2{,}5+4\cdot r\cdot(-5)+5\cdot(3{,}5+r\cdot 4)-5=0$$

$$-12{,}5-20r+17{,}5+20r-5=0$$

$$0=0 \;\; (w)$$

CAS

$-5\cdot 2.5+4\cdot -5\cdot r+5\cdot(3.5+4\cdot r)-5=0$	true

Abiturprüfung 2019 Mathematik Leistungskurs (Nordrhein-Westfalen)
Prüfungsteil B – Stochastik B5 (GTR/CAS)

Für ein Schwimmbad besitzen 2 000 Personen eine Jahreskarte. Für einen bestimmten Tag beschreibt die Zufallsgröße X die Anzahl der Jahreskartenbesitzer, die das Schwimmbad besuchen. Vereinfachend soll davon ausgegangen werden, dass X binomialverteilt ist. Dabei beträgt die Wahrscheinlichkeit dafür, dass ein zufällig ausgewählter Jahreskartenbesitzer an diesem Tag das Schwimmbad besucht, 10 %.

Punkte

a) (1) Es gilt $P(X=210) \approx 2{,}2\,\%$.
Interpretieren Sie diese Aussage im Sachzusammenhang. 2

(2) Bestimmen Sie die Wahrscheinlichkeit dafür, dass mehr als 210 Jahreskartenbesitzer das Schwimmbad besuchen. 3

(3) Bestimmen Sie die Wahrscheinlichkeit dafür, dass der Wert von X höchstens um eine halbe Standardabweichung vom Erwartungswert der Zufallsgröße abweicht. 6

(4) Bestimmen Sie die größte natürliche Zahl k, für die die Wahrscheinlichkeit dafür, dass weniger als k Jahreskartenbesitzer das Schwimmbad besuchen, kleiner als 10 % ist. 4

(5) Beschreiben Sie im Sachzusammenhang ein Zufallsexperiment, das durch das abgebildete Baumdiagramm dargestellt wird.
Geben Sie ein Ereignis an, dessen Wahrscheinlichkeit $1-(r+s)$ beträgt. 4

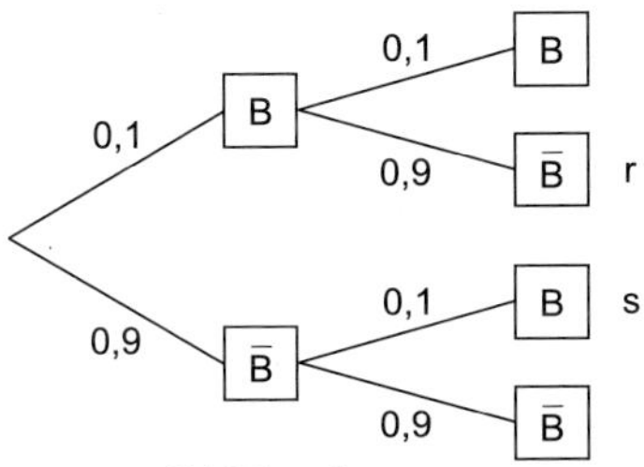

Abbildung 1

b) Auf dem Gelände des Schwimmbades wird ein Kiosk betrieben. Der Besitzer nimmt vereinfachend an, dass jeder Gast 4 €, 12 € oder gar kein Geld an seinem Kiosk ausgibt. Die Wahrscheinlichkeit, dass ein Gast 4 € ausgibt, betrage 50 %, die Wahrscheinlichkeit, dass ein Gast 12 € ausgibt, betrage 30 %.

(1) An dem betrachteten Tag besuchen 660 Personen das Bad.
Bestimmen Sie die Höhe der Einnahmen, mit denen der Besitzer des Kiosks rechnen kann. 3

(2) Ermitteln Sie die Wahrscheinlichkeit dafür, dass der Besitzer des Kiosks an dem betrachteten Tag erwartete Einnahmen von den Jahreskartenbesitzern hat, die mindestens 1 000 € betragen. 4

c) An einem bestimmten Tag ist das Schwimmbad zwischen 07:00 Uhr und 21:00 Uhr geöffnet. Es soll davon ausgegangen werden, dass der Zeitpunkt, zu dem ein zufällig ausgewählter Badegast das Schwimmbad betritt, mithilfe einer normalverteilten Zufallsgröße mit dem Erwartungswert 14,5 und der Standardabweichung 2 beschrieben werden kann. Die zugehörige Dichtefunktion ist in der Abbildung 2 dargestellt; dabei ist t die seit 00:00 Uhr vergangene Zeit in Stunden.

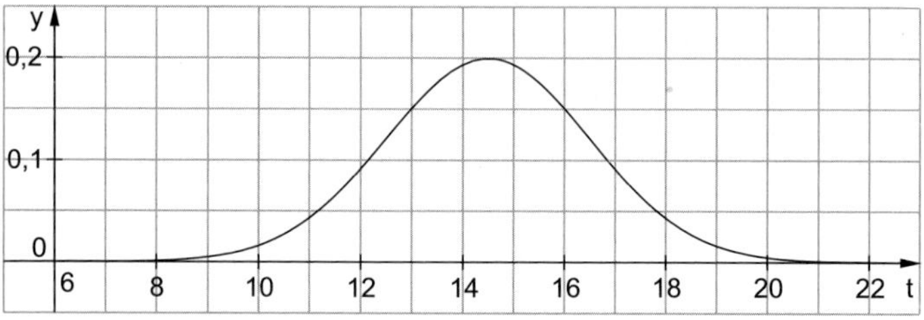

Abbildung 2

(1) Geben Sie den Zeitraum mit einer Länge von einer Stunde an, für den mit der größten Anzahl eintreffender Badegäste zu rechnen ist. 2

(2) Ermitteln Sie grafisch, ob die Wahrscheinlichkeit dafür, dass ein zufällig ausgewählter Badegast das Schwimmbad zwischen 12:00 Uhr und 16:00 Uhr betritt, größer als 50 % ist. Erläutern Sie Ihr Vorgehen. 4

(3) Am betrachteten Tag wird das Schwimmbad von 2 500 Badegästen besucht.
Ermitteln Sie, zu welchem Zeitpunkt mit dem Eintreffen des eintausendfünfhundertsten Badegasts zu rechnen ist. 4

(4) Beurteilen Sie mithilfe einer Rechnung die folgende Argumentation: „Das Schwimmbad ist nur zwischen 07:00 Uhr und 21:00 Uhr geöffnet. Deshalb ist es nicht sinnvoll, das Eintreffen der Badegäste mithilfe einer normalverteilten Zufallsgröße zu beschreiben, die für alle reellen Zahlen definiert ist." 4

Hinweise und Tipps

Teilaufgabe a

Betrachten Sie die Aufgabenstellung als Bernoulli-Versuch mit der Zufallsgröße X: „Anzahl der Jahreskartenbesitzer, die an einem bestimmten Tag das Schwimmbad besuchen“ und beachten Sie, dass X als binomialverteilt angenommen wird mit $n = 2\,000$ und $p = 0{,}1$.

(1) $X = 210$ gibt eine feste Anzahl von Jahreskartenbesitzern an.

(2) Zu berechnen ist $P(X > 210)$.

(3) Berechnen Sie zunächst den Erwartungswert μ und die Standardabweichung σ.

Für den Erwartungswert einer binomialverteilten Zufallsgröße gilt $\mu = n \cdot p$, für die Standardabweichung $\sigma = \sqrt{n \cdot p \cdot (1-p)}$.

Zu berechnen ist dann $P\left(\mu - \frac{\sigma}{2} \leq X \leq \mu + \frac{\sigma}{2}\right)$.

(4) Die Aufgabe lässt sich wie folgt in eine Ungleichung übersetzen:
Gesucht ist der größte Wert $k \in \mathbb{N}$, sodass gilt: $P(X < k) < 0{,}1$

Dieser Wert für k lässt sich durch gezieltes Probieren mit dem Rechner ermitteln.

(5) Betrachten Sie nacheinander zwei Jahreskartenbesitzer und analysieren Sie deren Schwimmbadbesuch an einem bestimmten Tag.

Beachten Sie, dass die Endwahrscheinlichkeiten im Baumdiagramm mittels der Multiplikationsregel (1. Pfadregel) berechnet werden.

Teilaufgabe b

(1) Betrachten Sie die Zufallsgröße A: „Ausgaben eines Badegastes“ (in Euro).

Diese kann die Werte $a_1 = 0$, $a_2 = 4$ und $a_3 = 12$ annehmen. Die Wahrscheinlichkeiten für $A = a_i$ können Sie der Aufgabenstellung entnehmen.

Berechnen Sie dann den Erwartungswert von A mit:

$$\mu = \sum_{i=1}^{3} a_i \cdot P(A = a_i)$$

Der berechnete Wert gibt die zu erwartenden Einnahmen pro Badegast an. Multiplizieren Sie diese mit der Anzahl der Gäste.

(2) Gehen Sie davon aus, dass an dem betrachteten Tag n Jahreskartenbesitzer das Schwimmbad besuchen. Ermitteln Sie die dabei zu erwartenden Einnahmen (in Abhängigkeit von n) und setzen Sie diese gleich 1 000 €. Auf diese Weise ist die erforderliche Anzahl n an Jahreskartenbesitzern zu ermitteln.

Schließlich ist noch die Wahrscheinlichkeit $P(X \geq n)$ zu berechnen.

Teilaufgabe c

(1) Beachten Sie, dass der Erwartungswert einer Normalverteilung an der Stelle ihres Maximums angenommen wird.

(2) Denken Sie daran, dass Wahrscheinlichkeiten bei normalverteilten Zufallsgrößen mit der Formel $P(a \leq Y \leq b) = \int_a^b \varphi_{\mu,\sigma}(t)\,dt$ berechnet werden, also dem Flächeninhalt unter der Dichtefunktion $\varphi_{\mu,\sigma}$ im Intervall [a; b] entsprechen.

Hier ist das Intervall [12; 16] zu betrachten; der Flächeninhalt kann durch Auszählen der Kästchen am gegebenen Graphen abgeschätzt werden.

(3) Bei 2 500 Badegästen entsprechen 1 500 Gäste 60 % der Gäste an diesem Tag. Gesucht ist die Uhrzeit, bis zu der dieser Anteil das Bad betreten hat, also ein (möglichst kleiner) Wert k, sodass gilt:

$$P(7 \leq Y \leq k) = \int_7^k \varphi_{\mu,\sigma}(t)\,dt = 0{,}6$$

Dieser Wert für k lässt sich mittels GTR bzw. CAS experimentell ermitteln: Verwenden Sie die kumulierte Normalverteilung NormalCdf(), geben Sie als untere Schranke 7 ein und ermitteln Sie die gesuchte obere Schranke durch schrittweise Berechnung, bis der Wert 0,6 = 60 % erreicht ist.

Oder

Der gesuchte Wert von k kann auch grafisch ermittelt werden. Dazu wird zunächst der Graph der Dichtefunktion $\varphi_{\mu,\sigma}$ erzeugt. Die Analyse des Graphen mit dem Werkzeug „Integral“ ermöglicht eine Berechnung des Flächeninhaltes (also der Wahrscheinlichkeit). Bei gegebener unterer Grenze 7 kann die obere Grenze so weit variiert werden, bis der gesuchte Flächeninhalt von 0,6 = 60 % erreicht ist.

(4) Berechnen Sie die Wahrscheinlichkeit für das Betreten des Schwimmbades außerhalb der Öffnungszeiten.

Lösung

a) Die in den Aufgabenstellungen (1) bis (4) betrachteten Situationen können als 2 000-facher Bernoulli-Versuch mit der zugehörigen Zufallsgröße X: „Anzahl der Jahreskartenbesitzer, die an einem bestimmten Tag das Schwimmbad besuchen" interpretiert werden. X ist binomialverteilt mit $n = 2\,000$ und $p = 0{,}1$.

(1) $P(X = 210) = \binom{2\,000}{210} \cdot 0{,}1^{210} \cdot 0{,}9^{1790} \approx 2{,}2\ \%$

Der Term berechnet die Wahrscheinlichkeit dafür, dass an dem bestimmten Tag genau 210 der 2 000 Jahreskartenbesitzer das Schwimmbad besuchen. Diese Wahrscheinlichkeit beträgt ca. 2,2 %.

(2) Zu berechnen ist:

$P(X > 210) = 1 - P(X \le 210)$

$\approx 1 - 0{,}784 = 0{,}216 = 21{,}6\ \%$

binomCdf(2000,0.1,210)	0.784215

(3) Man berechnet zunächst den Erwartungswert und die Standardabweichung von X:

$\mu = E(X) = n \cdot p = 2\,000 \cdot 0{,}1 = 200$

$\sigma = \sqrt{n \cdot p \cdot (1-p)} = \sqrt{2\,000 \cdot 0{,}1 \cdot 0{,}9} = \sqrt{180} \approx 13{,}4$

Gefragt ist nach der Wahrscheinlichkeit dafür, dass die Zufallsgröße X in einem Intervall um den Erwartungswert 200 mit einer Länge von $\frac{\sigma}{2} \approx 6{,}7$ liegt.

Für diese Wahrscheinlichkeit ergibt sich:

$P\left(\mu - \frac{\sigma}{2} \le X \le \mu + \frac{\sigma}{2}\right) = P(200 - 6{,}7 \le X \le 200 + 6{,}7) = P(193{,}3 \le X \le 206{,}7)$

Da aufgrund des Sachkontextes und der Binomialverteilung nur ganze Werte für X infrage kommen, entspricht dies folgender Wahrscheinlichkeit:

$P(194 \le X \le 206)$

$= P(X \le 206) - P(X \le 193)$

$\approx 0{,}689 - 0{,}317 = 0{,}372 = 37{,}2\ \%$

binomCdf(2000,0.1,206)	0.688661
binomCdf(2000,0.1,193)	0.31674

Die gesuchte Wahrscheinlichkeit beträgt ca. 37,2 %.

(4) Die Aufgabenstellung lässt sich mithilfe einer Ungleichung formulieren:

Gesucht ist der größte Wert $k \in \mathbb{N}$, sodass gilt: $P(X < k) < 0{,}1$

Aus (3) ergibt sich, dass $k < 193$ sein muss, da $P(X \le 193) \approx 0{,}317$ ist.

Den gesuchten Wert k kann man experimentell ermitteln und beginnt dabei z. B. bei 180; es ergeben sich folgende Wahrscheinlichkeiten:

$P(X < 181) = P(X \le 180) \approx 0{,}07$

$P(X < 182) = P(X \le 181) \approx 0{,}08$

$P(X < 183) = P(X \le 182) \approx 0{,}09 < 0{,}1$

$P(X < 184) = P(X \le 183) \approx 0{,}11 > 0{,}1$

binomCdf(2000,0.1,180)	0.071431
binomCdf(2000,0.1,181)	0.082499
binomCdf(2000,0.1,182)	0.094791
binomCdf(2000,0.1,183)	0.108358

Also ist $k = 183$ der gesuchte Wert.

(5) Ein zum abgebildeten Baumdiagramm passendes Zufallsexperiment könnte wie folgt aussehen:
Von den 2 000 Jahreskartenbesitzern werden zwei Personen zufällig ausgewählt und es wird überprüft, ob sie an dem bestimmten Tag das Schwimmbad besuchen (B) oder nicht ($\overline{B}$). In der ersten Stufe wird die erste Person dargestellt, es gilt $P(B) = 0{,}1$ und $P(\overline{B}) = 0{,}9$. Die zweite Person wird in der zweiten Stufe des Baumdiagramms dargestellt; auch für sie gilt $P(B) = 0{,}1$ und $P(\overline{B}) = 0{,}9$.

Betrachtet man beide Personen zusammen, so ergeben sich die folgenden vier Möglichkeiten mit den mittels Pfadregel berechneten Wahrscheinlichkeiten:
$P(BB) = 0{,}1 \cdot 0{,}1$
$P(B\overline{B}) = 0{,}1 \cdot 0{,}9 = r$
$P(\overline{B}B) = 0{,}9 \cdot 0{,}1 = s$
$P(\overline{B}\overline{B}) = 0{,}9 \cdot 0{,}9$

Aus dieser Übersicht erkennt man, dass der Wert $1 - (r + s)$ die Wahrscheinlichkeit für folgendes Ereignis angibt:
An dem betrachteten Tag wird das Schwimmbad entweder von beiden (BB) oder von keinem der beiden ($\overline{B}\overline{B}$) ausgewählten Jahreskartenbesitzern besucht.

b) (1) Die Zufallsgröße A: „Ausgaben eines Badegastes" (in Euro) nimmt die Werte $a_1 = 0$, $a_2 = 4$ und $a_3 = 12$ an. Die zugehörigen Wahrscheinlichkeiten sind:
$P(A = a_2) = 0{,}5 = 50\,\%$
$P(A = a_3) = 0{,}3 = 30\,\%$
$\Rightarrow \quad P(A = a_1) = 1 - 0{,}5 - 0{,}3 = 0{,}2 = 20\,\%$

Der Erwartungswert von A (in Euro) ergibt sich dann zu:

$$\mu = \sum_{i=1}^{3} a_i \cdot P(A = a_i) = 0 \cdot 0{,}2 + 4 \cdot 0{,}5 + 12 \cdot 0{,}3 = 5{,}6$$

Da 660 Personen das Bad besuchen, kann der Besitzer des Kiosks insgesamt mit Einnahmen in Höhe von $660 \cdot 5{,}6\,€ = 3\,696\,€$ rechnen.

(2) Angenommen, am betrachteten Tag besuchen n Jahreskartenbesitzer das Schwimmbad. Von diesen kann der Kioskbesitzer 5,6n (Euro) an Einnahmen erwarten; vgl. (1). Diese Einnahmen sollen (mindestens) 1 000 € betragen:

$$5{,}6n = 1000 \quad \Rightarrow \quad n = \frac{1000}{5{,}6} \approx 178{,}6$$

D. h., mindestens 179 Jahreskartenbesitzer müssen das Schwimmbad an diesem Tag besuchen, damit der Kioskbesitzer mit Einnahmen in Höhe von mindestens 1 000 € rechnen kann. Die Wahrscheinlichkeit hierfür ist:

$$P(X \geq 179) = 1 - P(X \leq 178) \approx 1 - 0{,}053 = 0{,}947$$

binomCdf(2000,0.1,178)	0.052711

Die gesuchte Wahrscheinlichkeit beträgt ca. 95 %.

c) (1) Der Erwartungswert einer Normalverteilung gibt an, an welcher Stelle diese ihr Maximum hat. Im vorliegenden Fall liegt das Maximum gemäß der Aufgabenstellung an der Stelle $\mu = 14{,}5$.

Folglich kann man in dem einstündigen Zeitraum von 14:00 Uhr bis 15:00 Uhr mit der größten Anzahl eintreffender Badegäste rechnen.

Sie können den gesuchten Zeitraum auch aus der Darstellung der Dichtefunktion ablesen.

(2) Die Berechnung von Wahrscheinlichkeiten bei normalverteilten Zufallsgrößen geschieht mithilfe der Formel $P(a \le Y \le b) = \int_a^b \varphi_{\mu,\sigma}(t)\,dt$, wobei $\varphi_{\mu,\sigma}$ die Dichtefunktion mit Erwartungswert μ und Standardabweichung σ ist.

Um die gesuchte Wahrscheinlichkeit W für das Ereignis „Ein zufällig ausgewählter Badegast betritt das Schwimmbad zwischen 12:00 Uhr und 16:00 Uhr" grafisch zu ermitteln, ist also die Fläche unter dem in der Aufgabenstellung gegebenen Graphen im Intervall [12; 16] zu bestimmen. Dies geschieht näherungsweise durch Abzählen der Kästchen, wobei jedes Kästchen einen Flächeninhalt von $0{,}05 \cdot 1 = 0{,}05$ hat:

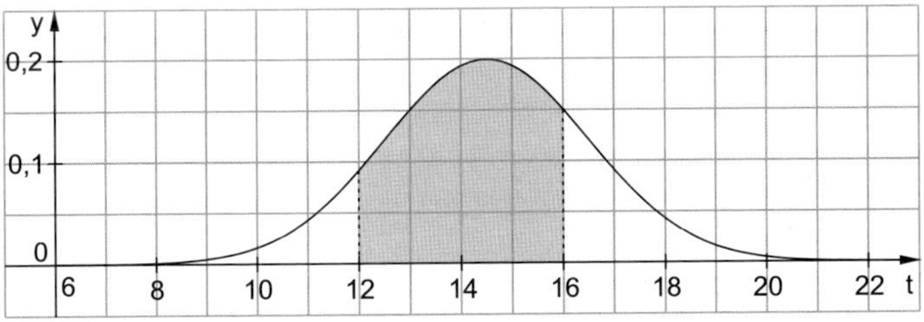

Man erhält ersichtlich mehr als 12 Kästchen, also:
$W > 12 \cdot 0{,}05 = 0{,}6 > 0{,}5 = 50\,\%$
Die gesuchte Wahrscheinlichkeit ist also größer als 50 %.

(3) Bei 2 500 Badegästen entsprechen 1 500 Gäste $\frac{1\,500}{2\,500} = 0{,}6 = 60\,\%$ aller Gäste.
Für den gesuchten Wert k gilt (vgl. (2))

$$P(7 \le Y \le k) = \int_7^k \varphi_{\mu,\sigma}(t)\,dt = 0{,}6,$$

wobei 7:00 Uhr der Zeitpunkt der Schwimmbadöffnung und k Uhr der Zeitpunkt ist, an dem die vorgegebenen 60 % der Badegäste an diesem Tag das Bad betreten haben. Der Wert k ist zu bestimmen.

Man kann diesen Wert experimentell mithilfe des GTR bzw. CAS ermitteln.

Untere Schranke: 7 (feste Öffnungszeit des Schwimmbades)

Obere Schranke: Start z. B. mit 14, schrittweise Erhöhung, bis 0,6 erreicht

$\mu = 14{,}5$ und $\sigma = 2$: laut Aufgabentext

Es ergibt sich, dass für $k = 15$ ca. der Wert 0,6 erreicht wird, d. h., etwa um 15:00 Uhr ist mit dem Eintreffen des 1 500. Badegasts zu rechnen.

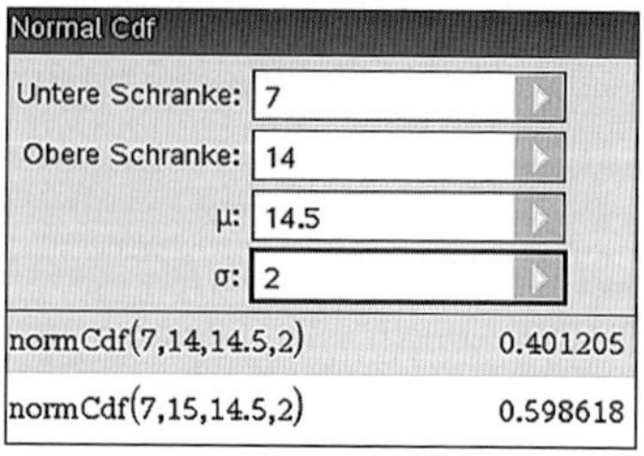

Sie können auch eine Wertetabelle der kumulierten Wahrscheinlichkeitswerte erstellen und den gesuchten Wert k ablesen.

Alternativ:

Der gesuchte Wert für k kann auch grafisch ermittelt werden. Dazu stellt man den Graphen der Dichtefunktion der gegebenen Normalverteilung im Grafikbereich dar und ermittelt grafisch den gesuchten Flächeninhalt. Als untere Grenze des Integrals wird 7 ausgewählt, die obere Grenze wird so weit nach rechts verschoben, bis der Flächeninhalt den Wert 0,6 erreicht.
Dies ist ca. für $k = 15$ der Fall.

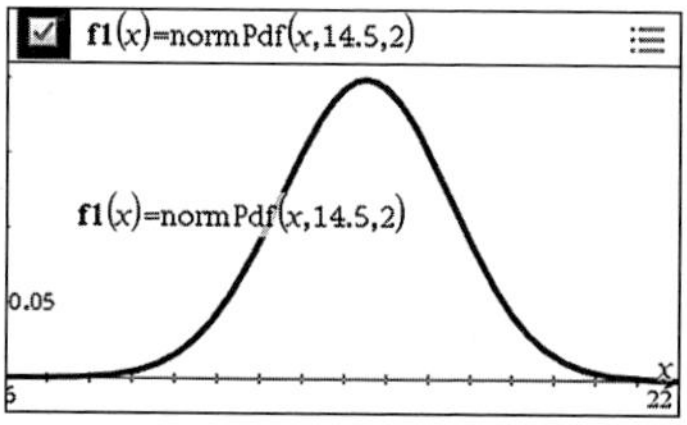

(4) Mittels Rechner erhält man:
$1 - P(7 \le Y \le 21) \approx 0{,}000666$

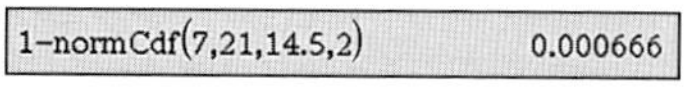

Die Wahrscheinlichkeit für das Betreten des Schwimmbades außerhalb der Öffnungszeiten ist demnach bei der gewählten Modellierung so gering, dass sie vernachlässigt werden kann.
Deshalb ist die gegebene Normalverteilung für die Modellierung des Eintreffens der Badegäste durchaus geeignet.

Abiturprüfung 2020 Mathematik Leistungskurs (Nordrhein-Westfalen)
Prüfungsteil A – Aufgaben ohne Hilfsmittel

Punkte

a) Gegeben ist die Funktion f mit $f(x) = x \cdot (x^2 - 1),\ x \in \mathbb{R}$.

(1) Zeigen Sie: $f'\left(-\frac{1}{2}\right) = -\frac{1}{4}$. 3

(2) Bestimmen Sie eine Gleichung der Tangente an den Graphen von f an der Stelle $x = -\frac{1}{2}$. 3

b) Eine Funktionenschar f_k ist gegeben durch $f_k(x) = e^{-x} - k$ für $x \in \mathbb{R}$, $k \in \mathbb{R}, k > 0$.

(1) Bestimmen Sie k so, dass $x = -1$ eine Nullstelle von f_k ist. 2

(2) Berechnen Sie das Integral $\int_0^k (e^{-x} - k)\,dx$ in Abhängigkeit von k. 4

c) Für jedes $r \in \mathbb{R}$ mit $r \neq -4$ bilden die Punkte $A(0|0|-4)$, $B(3|4|-4)$, C, $D(-8|6|-4)$, E_r, F_r, $G_r(-5|10|r)$ und H_r einen Quader. In der Abbildung 1 ist ein Quader für einen konkreten Wert von r dargestellt.

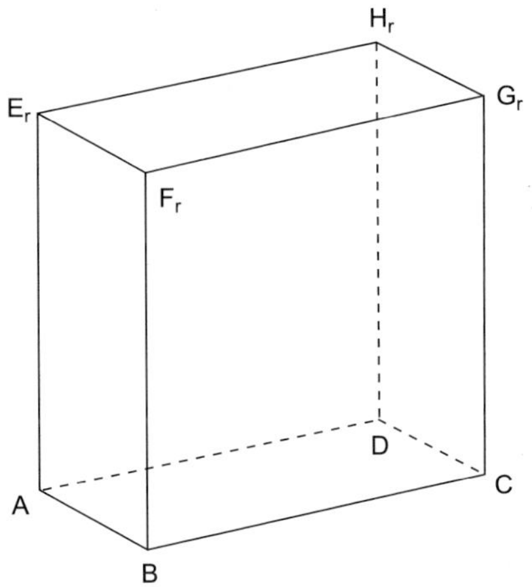

Abbildung 1

(1) Weisen Sie rechnerisch nach, dass die Kanten $\overline{AB}$ und $\overline{AD}$ senkrecht zueinander verlaufen. 2

(2) Bestimmen Sie die Werte von r, für die die Raumdiagonale $\overline{AG_r}$ die Länge 15 LE besitzt. 4

d) Bei einem Stadtfest gibt es ein Glücksrad, welches in zehn gleich große Sektoren unterteilt ist (siehe Abbildung 2). Jede teilnehmende Person dreht das Glücksrad genau einmal.

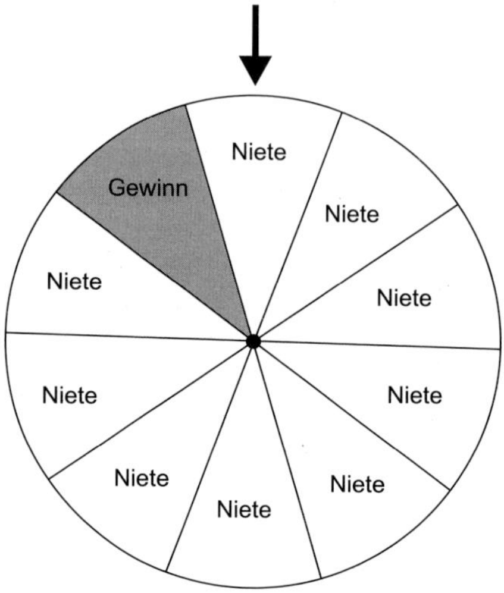

Abbildung 2

(1) Beschreiben Sie in diesem Sachzusammenhang ein Ereignis, dessen Wahrscheinlichkeit mit dem folgenden Term berechnet werden kann:
$\binom{7}{0} \cdot 0{,}1^0 \cdot 0{,}9^7 + \binom{7}{1} \cdot 0{,}1^1 \cdot 0{,}9^6 + \binom{7}{2} \cdot 0{,}1^2 \cdot 0{,}9^5$ 2

(2) Geben Sie einen Term an, mit dem die Wahrscheinlichkeit für das folgende Ereignis berechnet werden kann:
„Von 20 teilnehmenden Personen erhalten genau vier Personen einen Gewinn.“ 1

Ein anderes Glücksrad ist in n gleich große Sektoren aufgeteilt. Zwei Personen drehen dieses Glücksrad jeweils genau einmal. Die Zufallsgröße X gibt die Anzahl der Personen an, die einen Gewinn erhalten. Es gilt: $P(X=0)=9 \cdot P(X=2)$.

(3) Ermitteln Sie eine mögliche Gesamtzahl n der Sektoren auf dem Glücksrad sowie die zugehörige Anzahl der Sektoren mit einem Gewinn. 3

Hinweise und Tipps

Teilaufgabe a

(1) Multiplizieren Sie den Funktionsterm aus und bestimmen Sie die 1. Ableitung.

(2) Die Steigung einer Tangente an der Stelle $x = -\frac{1}{2}$ ergibt sich durch die 1. Ableitung von f an der Stelle $x = -\frac{1}{2}$.

Bestimmen Sie den Punkt $S\left(-\frac{1}{2} \mid y\right)$ und stellen Sie die Gleichung der Tangente auf.

Teilaufgabe b

(1) Setzen Sie den Funktionsterm für $x = -1$ gleich null und lösen Sie die Gleichung nach k auf.

(2) Ermitteln Sie mithilfe der Stammfunktion von f_k das Integral.

Teilaufgabe c

(1) Bestimmen Sie die Vektoren $\overrightarrow{AB}$ und $\overrightarrow{AD}$.

Zeigen Sie mithilfe des Skalarprodukts, dass die beiden Vektoren senkrecht zueinander verlaufen.

(2) Bestimmen Sie den Vektor $\overrightarrow{AG_r}$.

Stellen Sie den Term für $\left|\overrightarrow{AG_r}\right|$ auf und setzen Sie diesen gleich 15.

Lösen Sie die Gleichung nach r auf, indem sie diese vorher quadrieren.

Beachten Sie, dass eine quadratische Gleichung bis zu zwei Lösungen besitzen kann.

Teilaufgabe d

(1) Bedenken Sie, dass es sich um eine Binomialverteilung handelt.

Ermitteln Sie anhand des Terms die Anzahl der teilnehmenden Personen, die Anzahl der Personen mit Gewinn und die Gewinnwahrscheinlichkeit.

(2) Betrachten Sie die Zufallsgröße X für die Anzahl der Personen mit Gewinn.

Berechnen Sie $P(X=4)$.

(3) Erstellen Sie eine Gleichung für $P(X=0) = 9 \cdot P(X=2)$, indem Sie für die Gewinnwahrscheinlichkeit p als Variable einsetzen.

Lösen Sie die Gleichung nach p auf.

Lösung

a) (1) Durch Ausmultiplizieren erhält man:

$f(x) = x \cdot (x^2 - 1) = x^3 - x$

Die 1. Ableitung von f lautet:

$f'(x) = 3 \cdot x^2 - 1$

Einsetzen von $x = -\frac{1}{2}$ ergibt:

$$f'\left(-\frac{1}{2}\right) = 3 \cdot \left(-\frac{1}{2}\right)^2 - 1 = \frac{3}{4} - 1 = -\frac{1}{4}$$

(2) Die Tangente hat die Gleichung $y = m \cdot x + b$.

Der Berührungspunkt S der Tangente mit dem Graphen von f an der Stelle $x = -\frac{1}{2}$ wird berechnet durch:

$$f\left(-\frac{1}{2}\right) = \left(-\frac{1}{2}\right)^3 - \left(-\frac{1}{2}\right) = -\frac{1}{8} + \frac{1}{2} = \frac{3}{8} = y$$

Damit gilt: $S\left(-\frac{1}{2} \,\middle|\, \frac{3}{8}\right)$

Die Steigung m der Tangente entspricht der Steigung des Graphen von f im Punkt S. Man erhält m, indem man $x = -\frac{1}{2}$ in die 1. Ableitung von f einsetzt (siehe Teilaufgabe a (1)):

$$f'\left(-\frac{1}{2}\right) = -\frac{1}{4} = m$$

Setzt man die Werte für x, y und m in die Tangentengleichung ein, so erhält man:

$$\frac{3}{8} = \left(-\frac{1}{4}\right) \cdot \left(-\frac{1}{2}\right) + b$$

$$\frac{3}{8} = \frac{1}{8} + b \qquad \left| -\frac{1}{8}\right.$$

$$b = \frac{1}{4}$$

Die Tangentengleichung an der Stelle $x = -\frac{1}{2}$ lautet somit:

$$y = -\frac{1}{4} \cdot x + \frac{1}{4}$$

b) (1) Damit $x = -1$ eine Nullstelle von f_k ist, setzt man diesen Wert in die Gleichung $f_k(x) = 0$ ein:

$$f_k(-1) = 0 \quad \Leftrightarrow \quad e^{-(-1)} - k = 0 \quad \Leftrightarrow \quad e - k = 0 \quad \Leftrightarrow \quad k = e$$

(2) Eine Stammfunktion von f_k ist:

$F_k(x) = -e^{-x} - k \cdot x$

So kann das Integral in Abhängigkeit von k bestimmt werden:

$$\int_0^k (e^{-x} - k)\,dx = [-e^{-x} - k \cdot x]_0^k$$
$$= (-e^{-k} - k \cdot k) - (-e^0 - k \cdot 0)$$
$$= -e^{-k} - k^2 + 1$$

c) (1) $\overrightarrow{AB} = \begin{pmatrix} 3 \\ 4 \\ 0 \end{pmatrix}$; $\overrightarrow{AD} = \begin{pmatrix} -8 \\ 6 \\ 0 \end{pmatrix}$

Die beiden Vektoren sind genau dann orthogonal, wenn das Skalarprodukt null ist.

$\overrightarrow{AB} \circ \overrightarrow{AD} = 3 \cdot (-8) + 4 \cdot 6 + 0 \cdot 0 = 0$

Die Kante $\overline{AB}$ verläuft senkrecht zur Kante $\overline{AD}$.

(2) Durch die Eckpunkte der Raumdiagonalen wird $\overrightarrow{AG_r} = \begin{pmatrix} -5 \\ 10 \\ r+4 \end{pmatrix}$ bestimmt.

Mithilfe des Betrags von $\overrightarrow{AG_r}$ und der Länge der Raumdiagonalen von 15 LE lässt sich eine Gleichung aufstellen:

$|\overrightarrow{AG_r}| = 15 \quad \Leftrightarrow \quad \sqrt{(-5)^2 + 10^2 + (r+4)^2} = 15$

Quadrieren der Gleichung ergibt:

$$25 + 100 + (r+4)^2 = 225$$
$$125 + r^2 + 8r + 16 = 225$$
$$r^2 + 8r + 16 = 100$$
$$(r+4)^2 = 100$$
$$r + 4 = 10 \lor r + 4 = -10$$
$$r = 6 \lor r = -14$$

d) (1) Es handelt sich um eine Binomialverteilung mit der Versuchsanzahl $n = 7$ und der Trefferwahrscheinlichkeit $p = 0{,}1$. Die Zufallsgröße X gibt an, wie viele Personen einen Gewinn erhalten. Der Term gibt die Wahrscheinlichkeit $P(X \leq 2)$ an.
Im Sachzusammenhang wird damit die Wahrscheinlichkeit dafür bestimmt, dass von 7 teilnehmenden Personen höchstens zwei einen Gewinn erhalten.

(2) Es wird die Wahrscheinlichkeit $P(X = 4)$ gesucht, wobei X die Personen mit Gewinn beschreibt. Die Zufallsgröße X ist binomialverteilt mit $n = 20$ und $p = 0{,}1$. Damit ergibt sich:

$$P(X = 4) = \binom{20}{4} \cdot 0{,}1^4 \cdot 0{,}9^{16}$$

(3) Es handelt sich um eine Binomialverteilung mit $n = 2$ (zwei teilnehmende Personen). Die Trefferwahrscheinlichkeit p muss bestimmt werden, um die Anzahl der Sektoren auf dem Glücksrad zu ermitteln.

$$P(X=0) = \binom{2}{0} \cdot p^0 \cdot (1-p)^2 = (1-p)^2$$

$$9 \cdot P(X=2) = 9 \cdot \binom{2}{2} \cdot p^2 \cdot (1-p)^0 = 9 \cdot p^2$$

Gleichsetzen ergibt:

$$(1-p)^2 = 9 \cdot p^2 \quad \Leftrightarrow \quad 1-p = 3 \cdot p \ \vee \ 1-p = -3 \cdot p \quad \Leftrightarrow \quad p = \frac{1}{4} \ \vee \ p = -\frac{1}{2}$$

Da für p gilt: $0 \le p \le 1$, folgt daraus: $p = \frac{1}{4}$

Das Glücksrad muss demnach 4 gleich große Sektoren besitzen, von denen eines das Gewinnfeld ist.

Flüsse treten manchmal über ihre Ufer. Zur Vermeidung solcher Überschwemmungen werden große Wasserbecken eingesetzt, sogenannte Rückhaltebecken. Droht eine Überschwemmung, so wird ein Teil des Flusswassers in das Rückhaltebecken geleitet. Dort wird das Wasser zunächst zurückgehalten und später kontrolliert in den Fluss geleitet.
Im Folgenden soll zunächst der Zufluss in und anschließend der Abfluss des Wassers aus einem Rückhaltebecken betrachtet werden.
Zur Modellierung der momentanen **Zuflussrate**, mit der das Wasser des Flusses während eines Beobachtungszeitraumes von 40 Stunden in das Rückhaltebecken fließt, wird für $0 \leq t \leq 40$ die Funktion f mit der Gleichung

$f(t) = 7\,200 \cdot t^2 \cdot e^{-0{,}25 \cdot t}$, mit $t \in \mathbb{R}$,

verwendet. Dabei ist t die Zeit seit Beobachtungsbeginn in Stunden und f(t) die momentane Zuflussrate in m^3 Wasser pro Stunde.

In der folgenden Abbildung 1 ist der Graph von f im Intervall [0; 40] dargestellt.

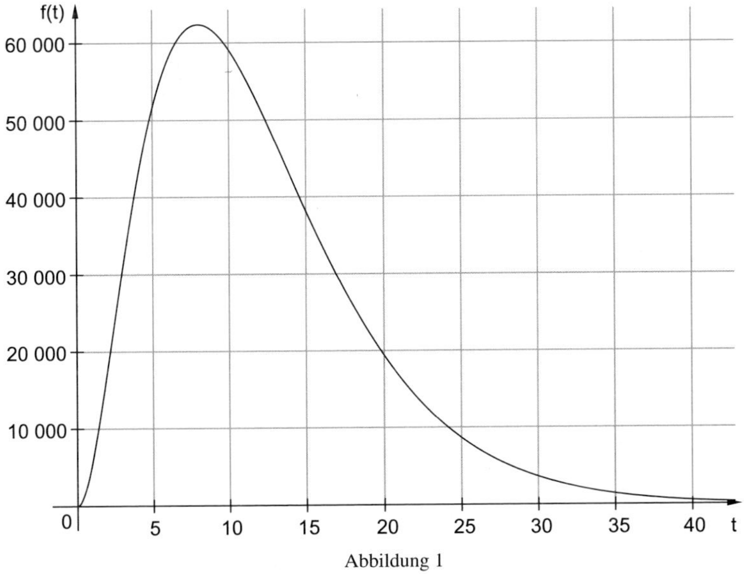

Abbildung 1

Punkte

a) (1) Geben Sie den Funktionswert von f an der Stelle $t = 20$ an und interpretieren Sie diesen Wert im Sachzusammenhang. 3

(2) Zeigen Sie: $f'(t) = 7\,200 \cdot (-0{,}25 \cdot t^2 + 2 \cdot t) \cdot e^{-0{,}25 \cdot t}$. 3

(3) Weisen Sie rechnerisch nach, dass die momentane Zuflussrate im Modell 8 Stunden nach Beobachtungsbeginn maximal ist, und geben Sie die maximale momentane Zuflussrate an. 6

b) (1) Geben Sie einen Term zur Berechnung der Wassermenge w(t) (in m^3) an, die vom Beginn der Beobachtung bis zu einem Zeitpunkt t im Beobachtungszeitraum in das Rückhaltebecken fließt.
[Hinweis: Der Term muss nicht ausgerechnet oder vereinfacht werden.] 3

(2) Im Beobachtungszeitraum fließen ungefähr 919 000 m^3 Wasser in das Rückhaltebecken.

Die Gleichung $\int_t^{t+8} f(x)\,dx = \frac{1}{2} \cdot 919\,000$ hat die Lösungen t_1, t_2 und t_3 mit $t_1 \approx -4{,}19$, $t_2 \approx 4{,}26$ und $t_3 \approx 5{,}06$. [Nachweis nicht erforderlich.]
Interpretieren Sie die Gleichung und die Lösungen im Sachzusammenhang. 3

c) Die momentane **Abflussrate** vom Rückhaltebecken in den Fluss im Beobachtungszeitraum wird für $0 \le t \le 40$ durch eine Funktion der Schar g_a modelliert:

$g_a(t) = 3\,600 \cdot a \cdot t^3 \cdot e^{-0{,}25 \cdot t}$, mit $t \in \mathbb{R}$, $a \in \mathbb{R}$, $a > 0$

Dabei ist $g_a(t)$ die momentane Abflussrate in m^3 Wasser pro Stunde. Durch den Parameter a wird berücksichtigt, dass der Abfluss reguliert werden kann.
Ohne Nachweis darf im Folgenden verwendet werden:

$g_a'(t) = 900 \cdot a \cdot t^2 \cdot (-t + 12) \cdot e^{-0{,}25t}$,

$g_a''(t) = 225 \cdot a \cdot t \cdot (t^2 - 24 \cdot t + 96) \cdot e^{-0{,}25t}$

(1) Zeigen Sie, dass für alle $a > 0$ ein lokales Maximum von g_a bei $t = 12$ vorliegt. 5

(2) Bestimmen Sie den Wert für den Parameter a so, dass zum Zeitpunkt $t = 12$ die momentane Abflussrate 46 800 m^3 Wasser pro Stunde beträgt. 3

d) Im Folgenden wird zunächst davon ausgegangen, dass der Abfluss so reguliert wird, dass $a = 0{,}15$ gilt.
Der Graph von f und der Graph von $g_{0,15}$ sind in der Abbildung 2 auf der folgenden Seite dargestellt.

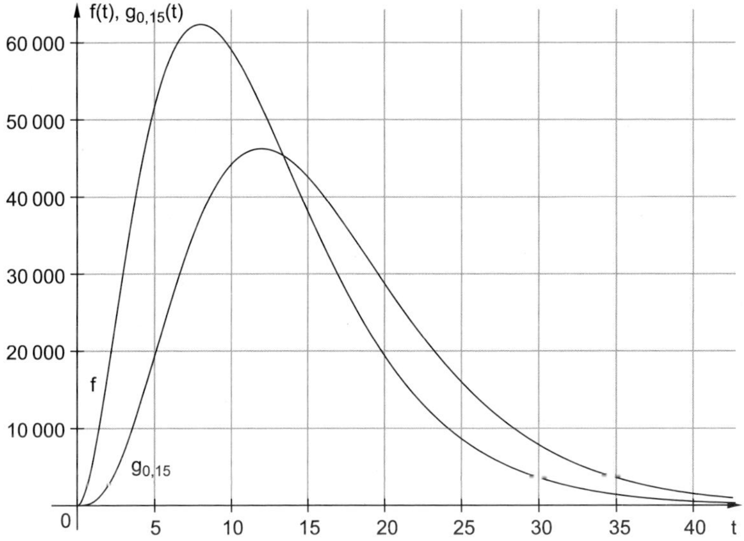

Abbildung 2

(1) Ermitteln Sie anhand von Abbildung 2 näherungsweise den Zeitpunkt im Beobachtungszeitraum, zu dem die Wassermenge im Rückhaltebecken maximal ist, und begründen Sie Ihr Vorgehen. 5

(2) Die Funktion d ist durch die Gleichung $d(t) = f(t) - g_{0,15}(t)$ gegeben. Das Maximum dieser Funktion im Intervall [0; 40] ist positiv und liegt an der Stelle t_{max} mit $t_{max} \approx 5{,}33$.
Interpretieren Sie den Zeitpunkt t_{max} im Sachzusammenhang. 3

(3) Weisen Sie nach, dass sich am Ende des Beobachtungszeitraumes mehr Wasser im Rückhaltebecken befindet als zu Beginn des Beobachtungszeitraumes. 3

(4) Es gibt einen Wert für $a > 0$, sodass sich am Ende des Beobachtungszeitraumes genauso viel Wasser im Rückhaltebecken befindet wie zu Beginn.
Geben Sie einen Ansatz an, mit dem dieser Wert von a bestimmt werden kann. 3

Hinweise und Tipps

Teilaufgabe a

(1) Benutzen Sie den Funktionsterm zur Berechnung.

(2) Wenden Sie die Produkt- und Kettenregel an.

(3) Die notwendige Bedingung für eine Extremstelle ist $f'(t)=0$.

Ein Produkt wird 0, wenn wenigstens ein Faktor 0 wird.

Die hinreichende Bedingung für eine Maximumstelle ist $f'(t)=0$ und $f'(t)$ hat an der möglichen Maximumstelle einen +/– Vorzeichenwechsel.

Oder

Die hinreichende Bedingung für eine Maximumstelle ist $f'(t)=0$ und $f''(t)<0$.

Untersuchen Sie die Funktion auf Randmaxima.

Denken Sie daran, das Maximum anzugeben.

Teilaufgabe b

(1) Denken Sie daran, dass die Funktion f(t) die momentane Zuflussrate in m^3 pro Stunde angibt.

Die Funktion w(t) gibt die Bestandsfunktion an.

Achten Sie bei den Integrationsgrenzen darauf, dass die Wassermenge bis zum Zeitpunkt t bestimmt werden soll.

(2) Überlegen Sie, was mit $\int f(t)\,dt$ berechnet wird.

Achten Sie darauf, dass die untere und die obere Integrationsgrenze den gleichen Parameter enthalten.

Welche Bedeutung hat der Faktor $\frac{1}{2}$ für die Wassermenge im Beobachtungszeitraum?

Denken Sie daran, dass der Beobachtungszeitraum die Zeit von 0 bis 40 Stunden ist.

Achten Sie darauf, die Lösung im Sachkontext zu beschreiben.

Teilaufgabe c

(1) Die notwendige Bedingung für eine Extremstelle ist $g_a'(t)=0$.

Ein Produkt wird 0, wenn wenigstens ein Faktor 0 wird.

Die hinreichende Bedingung für eine Maximumstelle ist $g_a'(t)=0$ und $g_a''(t)<0$.

(2) Bestimmen Sie den Funktionswert $g_a(12)$ und setzen Sie den Wert mit der angegebenen momentanen Abflussrate gleich.

Wegen des Operators „bestimmen“ dürfen Sie die entstehende Gleichung mit dem GTR lösen.

Teilaufgabe d

(1) Überlegen Sie, welche Bedeutung die Lage der Graphen G_f und $G_{g_{0,15}}$ zueinander hat.

Welche Bedeutung hat dann der Schnittpunkt der beiden Graphen?

(2) Überlegen Sie, welche Bedeutung die Differenz der Funktionen f(t) und $g_{0,15}(t)$ hat.

(3) Am Ende des Beobachtungszeitraums befindet sich mehr Wasser im Rückhaltebecken als am Anfang des Beobachtungszeitraums, wenn mehr Wasser eingeleitet als abgelassen wurde.

Welche Bedeutung hat dies für den Wert des Integrals?

Überlegen Sie, mit welcher Funktion/welchen Funktionen man die Wassermenge im Rückhaltebecken berechnen kann.

Berechnen Sie das Integral im entsprechenden Zeitintervall.

(4) Am Ende des Beobachtungszeitraums befindet sich genauso viel Wasser im Rückhaltebecken wie zu Beginn, wenn genauso viel Wasser eingeleitet wie abgelassen wurde.

Überlegen Sie, wie man die eingeleitete bzw. abgeflossene Wassermenge berechnen kann.

Stellen Sie eine Gleichung auf.

Lösung

a) (1) Durch Einsetzen von $t = 20$ in den Funktionsterm erhält man:

$f(20) = 7\,200 \cdot 20^2 \cdot e^{-0{,}25 \cdot 20} \approx 19\,405$

$f(t):=7200\cdot t^2\cdot e^{-0.25\cdot t}\vert 0\le t\le 40$	Fertig
$f(20)$	19405.3

20 Stunden nach Beginn der Beobachtung beträgt die Zuflussrate etwa 19 405 m^3 pro Stunde.

(2) Durch Anwenden der Produkt- und Kettenregel erhält man:

$$f'(t) = 7\,200 \cdot 2t \cdot e^{-0{,}25t} + 7\,200 \cdot t^2 \cdot (-0{,}25) \cdot e^{-0{,}25t}$$
$$= 7\,200 \cdot (2t - 0{,}25t^2) \cdot e^{-0{,}25t}$$
$$= 7\,200 \cdot (-0{,}25t^2 + 2t) \cdot e^{-0{,}25t}$$

(3) Die notwendige Bedingung für eine Extremstelle ist $f'(t) = 0$.

$$f'(t) = 0$$
$$7\,200 \cdot (-0{,}25t^2 + 2t) \cdot e^{-0{,}25t} = 0 \qquad \vert : 7\,200 \cdot e^{-0{,}25t}$$
$$-0{,}25t^2 + 2t = 0$$
$$t \cdot (-0{,}25t + 2) = 0$$

Ein Produkt wird 0, wenn wenigstens ein Faktor 0 wird.

$t = 0 \;\vee\; -0{,}25t + 2 = 0$

$t = 0 \;\vee\; t = 8$

$a1f(t):=7200\cdot(-0.25\cdot t^2+2\cdot t)\cdot e^{-0.25\cdot t}$	Fertig
$nSolve(a1f(t)=0,t)$	0.
$nSolve(a1f(t)=0,t)\vert t>0$	8.

Die hinreichende Bedingung für eine Maximumstelle ist $f'(t) = 0$ und $f'(t)$ hat an der möglichen Maximumstelle einen +/– Vorzeichenwechsel.

	7 200 t	− 0,25t + 2	$e^{-0{,}25t}$	f '(t)
$0 < t < 8$	+	+	+	+
$8 < t < 40$	+	–	+	–

An der Stelle $t = 8$ befindet sich ein lokales/relatives Maximum.

Alternativ (mithilfe der 2. Ableitung):
Die hinreichende Bedingung für eine Maximumstelle ist $f'(t) = 0$ und $f''(t) < 0$.

$f''(8) \approx -1\,949 < 0$

$a2f(t):=\frac{d}{dt}(a1f(t))$	Fertig
$a2f(8)$	-1948.83

Das lokale Maximum erhält man durch Einsetzen von $t=8$ in den Funktionsterm:

$f(8)=7\,200 \cdot 8^2 \cdot e^{-0,25 \cdot 8} \approx 62\,363$

f(8)	62362.5
f(0)	0.
f(40)	523.007

Untersuchung auf Randextrema:

$f(0)=7\,200 \cdot 0^2 \cdot e^{-0,25 \cdot 0}=0$

$f(40)=7\,200 \cdot 40^2 \cdot e^{-0,25 \cdot 40} \approx 523$

Das lokale Maximum ist also auch das absolute Maximum. Es liegt zum Zeitpunkt $t=8$ mit ca. 62 363 m^3 pro Stunde vor.

b) (1) Die Funktion f(t) gibt die momentane Zuflussrate in m^3 pro Stunde an. Das bestimmte Integral über den Zeitraum [0; t] gibt dann die Wassermenge in m^3 bis zu einem Zeitpunkt t an.

$$w(t)=\int_0^t f(z)\,dz$$

(2) Durch die Gleichung wird ein 8-stündiger Zeitraum bestimmt. In diesen 8 Stunden ist die Hälfte des Wassers, das in dem 40-stündigen Beobachtungszeitraum in das Rückhaltebecken geleitet wurde, ins Becken geflossen.

Da t_1 negativ ist, gibt es kein 8-stündiges Intervall im Beobachtungszeitpunkt. t_2 und t_3 liefern Lösungen, die im Sachzusammenhang sinnvoll sind: Im Zeitraum von 4,26 Stunden bis 12,26 Stunden oder im Zeitraum von 5,06 Stunden bis 13,06 Stunden ist die Hälfte des Wassers, das in dem 40-stündigen Beobachtungszeitraum in das Rückhaltebecken geleitet wurde, ins Becken geflossen.

c) (1) Die notwendige Bedingung für eine Extremstelle ist $g_a'(t)=0$.

$$900 \cdot a \cdot t^2 \cdot (-t+12) \cdot e^{-0,25t}=0 \quad \left|:900 \cdot a \cdot e^{-0,25t};\ a>0\right.$$

$$t^2 \cdot (-t+12)=0$$

Ein Produkt wird 0, wenn wenigstens ein Faktor 0 wird.

$t=0 \ \vee \ t=12$

Die hinreichende Bedingung für eine Maximumstelle ist $g_a'(t)=0$ und $g_a''(t)<0$.

$$g_a''(12)=225 \cdot a \cdot 12 \cdot (12^2-24 \cdot 12+96) \cdot e^{-0,25 \cdot 12}$$
$$=225 \cdot a \cdot 12 \cdot (-48) \cdot e^{-3}<0, \text{ da } a>0$$

Zum Zeitpunkt $t=12$ hat jede Funktion der Funktionenschar g_a ein lokales Maximum.

(2) Die momentane Abflussrate zum Zeitpunkt $t=12$ beträgt:

$g_a(12)=3\,600 \cdot a \cdot 12^3 \cdot e^{-0,25 \cdot 12}=3\,600 \cdot a \cdot 12^3 \cdot e^{-3}$

Dieser Wert soll 46 800 betragen:

$3\,600 \cdot a \cdot 12^3 \cdot e^{-3} = 46\,800$

$\Leftrightarrow \quad a \approx 0{,}1511$

```
nSolve(3600·a·12³·e⁻³=46800,a)
                                0.151106
```

Ist $a \approx 0{,}1511$, so beträgt die momentane Abflussrate zum Zeitpunkt $t = 12$ $46\,800\ m^3$ Wasser pro Stunde.

d) (1) Ungefähr zum Zeitpunkt $t = 13$ ist die Wassermenge im Rückhaltebecken maximal. Bis zum Zeitpunkt $t = 13$ verläuft der Graph der Zuflussfunktion oberhalb des Graphen der Abflussfunktion. Die Wassermenge im Rückhaltebecken nimmt zu.

Ab dem Zeitpunkt $t = 13$ verläuft der Graph der Zuflussfunktion unterhalb des Graphen der Abflussfunktion. Die Wassermenge im Rückhaltebecken nimmt daher ab.

(2) Die Funktion d(t) ist die Differenzfunktion der Funktionen f(t) und $g_{0,15}(t)$. Sie gibt somit den Zuwachs/die Abnahme der Wassermenge im Rückhaltebecken an. Die Funktionswerte sind zum Zeitpunkt t_{max} positiv und maximal.

5 Stunden und 20 Minuten nach Beobachtungsbeginn ist der Zuwachs der Wassermenge im Rückhaltebecken am größten.

(3) Am Ende des Beobachtungszeitraums befindet sich mehr Wasser im Rückhaltebecken als am Anfang des Beobachtungszeitraums, wenn mehr Wasser eingeleitet als abgelassen wurde.

$$\int_0^{40} f(t)\,dt > \int_0^{40} g_{0,15}(t)\,dt$$

$$\Leftrightarrow \quad \int_0^{40} (f(t) - g_{0,15}(t))\,dt > 0$$

$$\Leftrightarrow \quad \int_0^{40} d(t)\,dt > 0$$

```
g_n(t):=3600·0.15·t³·e^(-0.25·t)        Fertig
d(t):=f(t)-g_n(t)                        Fertig
∫₀⁴⁰ d(t) dt                             98180.9
```

Der Wert des Integrals über die Funktion d(t) im Zeitintervall [0; 40] ist positiv. Am Ende des Beobachtungszeitraums befindet sich mehr Wasser im Rückhaltebecken als am Anfang.

(4) Am Ende des Beobachtungszeitraums befindet sich genauso viel Wasser im Rückhaltebecken wie zu Beginn, wenn genauso viel Wasser eingeleitet wie abgelassen wurde.

$$\int_0^{40} f(t)\,dt = \int_0^{40} g_a(t)\,dt \quad \Leftrightarrow \quad \int_0^{40} (f(t) - g_a(t))\,dt = 0$$

Abiturprüfung 2020 Mathematik Leistungskurs (Nordrhein-Westfalen)
Prüfungsteil B – Analysis B2 (CAS)

Das Jagdverhalten von Raubkatzen in der freien Wildbahn ist gekennzeichnet durch eine hohe Anfangsbeschleunigung. Darauf folgt eine kurze Phase mit annähernd konstanter Geschwindigkeit, bevor die Geschwindigkeit wieder abfällt.
Die Geschwindigkeit eines Tigers bei einem Jagdvorgang aus der Ruheposition heraus wird für $0 \leq t \leq 10$ zunächst ohne Berücksichtigung der Phase mit konstanter Geschwindigkeit modelliert. Dazu wird für $0 \leq t \leq 10$ die Funktion f mit

$$f(t) = 0{,}0808 \cdot t^3 - 1{,}71 \cdot t^2 + 10{,}08 \cdot t, \quad t \in \mathbb{R}$$

verwendet. Dabei gibt t die Zeit seit Verlassen der Ruheposition in Sekunden und f(t) die Geschwindigkeit in $\frac{m}{s}$ an.

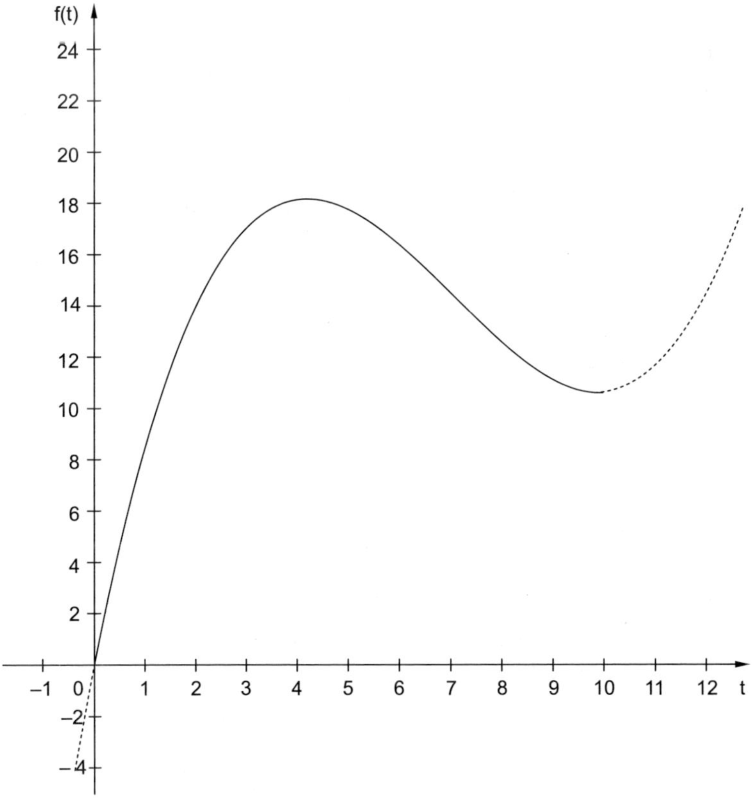

Punkte

a) (1) Geben Sie den Funktionswert von f für $t = 5$ an und interpretieren Sie diesen Wert im Sachzusammenhang. 3

(2) Weisen Sie rechnerisch nach, dass der Tiger seine Maximalgeschwindigkeit von ca. $18{,}2\,\frac{m}{s}$ ungefähr 4,2 Sekunden nach Verlassen der Ruheposition erreicht, und geben Sie die Maximalgeschwindigkeit in $\frac{km}{h}$ an. 7

(3) Ermitteln Sie das Zeitintervall, in dem die Geschwindigkeit des Tigers mindestens $15\,\frac{m}{s}$ beträgt. 4

(4) Erläutern Sie die Bedeutung der ersten Ableitung von f im Sachzusammenhang. 2

b) (1) Bestimmen Sie $\int_0^{4{,}2} f(t)\,dt$ und erläutern Sie die Bedeutung dieses Wertes im Sachzusammenhang. 4

Wenn ein Tiger seine Maximalgeschwindigkeit erreicht hat, dann kann er diese für höchstens 10 s beibehalten. Hat er seine Beute bis dahin nicht gefasst, muss er den Jagdvorgang abbrechen. In einem konkreten Fall wittert ein Beutetier den Tiger und ergreift die Flucht. Als der Tiger seine Ruheposition verlässt, ist das Beutetier 100 m entfernt und hat seine konstante Fluchtgeschwindigkeit von $12\,\frac{m}{s}$ bereits erreicht.

(2) Untersuchen Sie, ob der Tiger unter diesen Bedingungen das Beutetier einholen kann. 5

c) Im Folgenden wird das Jagdverhalten anderer Raubkatzen mit einem veränderten Modell betrachtet, das durch einen Parameter u für konkrete Raubkatzen spezifiziert werden kann. Die Geschwindigkeiten dieser Raubkatzen aus der Ruheposition heraus werden für $0 \le t \le 8{,}25$ näherungsweise durch Funktionen der Schar g_u mit

$$g_u(t) = -\frac{1}{3u^2}t^3 + \frac{1}{u}t^2 + 3t, \text{ mit } 0 \le t \le 8{,}25, \; 1{,}75 \le u \le 2{,}75, \; t, u \in \mathbb{R}$$

beschrieben. Dabei gibt weiterhin t die Zeit seit Verlassen der Ruheposition in Sekunden und $g_u(t)$ die Geschwindigkeit in $\frac{m}{s}$ an.
Es ist $g_u(t) \ge 0$ für $0 \le t \le 8{,}25$ und $1{,}75 \le u \le 2{,}75$.

(1) Ermitteln Sie rechnerisch in Abhängigkeit von u den Zeitpunkt nach Verlassen der Ruheposition, an dem die Raubkatzen ihre Maximalgeschwindigkeit erreichen. Auf eine Betrachtung der Randwerte kann dabei verzichtet werden.
[Zur Kontrolle: Die Hochpunkte der Schar sind $H_u(3u \mid g_u(3u))$.] 4

(2) Eine konkrete Raubkatze legt ab dem Verlassen der Ruheposition eine Strecke von 65 m zurück und benötigt dafür 6 s. Gehen Sie davon aus, dass die Funktion g_u den Geschwindigkeitsverlauf auf dieser Strecke modelliert.
Ermitteln Sie mit dem Modell der Funktion g_u die Maximalgeschwindigkeit, die diese Raubkatze auf dieser Strecke erreicht hat. 6

(3) Weisen Sie nach, dass in diesem Modell die maximale momentane Änderungsrate der Geschwindigkeit für alle Raubkatzen gleich ist. 5

Hinweise und Tipps

Teilaufgabe a

(1) Definieren Sie im CAS die Funktion f(t) und setzen Sie den Wert $t=5$ ein.

(2) Beachten Sie, dass das absolute Maximum einer Funktion sowohl an den lokalen Extremstellen (Nullstellen der 1. Ableitung) als auch an den Randstellen angenommen werden kann.

Ermitteln Sie dazu die Nullstellen von f'(t) und berechnen Sie die Funktionswerte von f an diesen Nullstellen sowie an den Randstellen von [0; 10].

Durch Vergleich der Funktionswerte lässt sich dann die Stelle des absoluten Maximums ermitteln.

Sie benötigen den Umrechnungsfaktor von Stunden in Sekunden und von Metern in Kilometer.

(3) Es gilt: Die Geschwindigkeit beträgt mindestens $15\,\frac{m}{s}$, wenn $f(t) \geq 15$.

Das Intervall, in dem diese Ungleichung erfüllt ist, ergibt sich durch Lösung der Gleichung $f(t)=15$.

Beachten Sie, dass es auch Lösungen außerhalb des vorgegebenen Zeitintervalls von [0; 10] geben kann. Diese Lösungen sind von der weiteren Untersuchung auszuschließen.

(4) Worum handelt es sich bei der Veränderung der Geschwindigkeit?

Teilaufgabe b

(1) Die Stammfunktion der Geschwindigkeit-Zeit-Funktion ist die Weg-Zeit-Funktion.

Ein bestimmtes Integral über die Geschwindigkeit-Zeit-Funktion gibt also eine zurückgelegte Wegstrecke an.

(2) Fertigen Sie sich zur besseren Übersicht eine Skizze an, die die folgenden Angaben enthält:
- Startpunkt und Weg-Zeit-Funktion des Beutetiers (ist vereinfacht linear),
- Startpunkt und Weg-Zeit-Funktion (angenähert) des Tigers bis zum Erreichen der Maximalgeschwindigkeit,
- Weg-Zeit-Funktion des Tigers mit Maximalgeschwindigkeit (ist linear) für 10 s.

Wenn der Tiger die Beute erreichen will, müssen sich die Graphen schneiden.

Die analytische Lösung ergibt sich aus der Gleichsetzung der beiden Weg-Zeit-Funktionen und der Auflösung nach der Zeit t.

Zu beachten für die Weg-Zeit-Funktion des Tigers ist, dass der Tiger erst nach 4,2 s mit Maximalgeschwindigkeit die Verfolgung der Beute aufnimmt.

Teilaufgabe c

(1) Um eine lokale Maximalstelle zu ermitteln, untersucht man die gegebene Funktion g_u auf die notwendige Bedingung $(g'_u(t) = 0)$ und auf die hinreichende Bedingung $(g''_u(t_E) < 0$, wobei t_E Nullstelle von g'_u ist).

(2) Zunächst ist der Parameter u für die konkrete Modellfunktion zu bestimmen.

Hierzu berechnet man das bestimmte Integral der gegebenen Geschwindigkeit-Zeit-Funktion über das Intervall [0; 6] und setzt dieses gleich mit der gegebenen Strecke von 65 m.

Prüfen Sie, ob sich die aus diesem Wert gemäß (1) ergebende Maximalstelle im vorgegebenen Intervall [0; 6] befindet, da ansonsten die Maximalgeschwindigkeit am Intervallende angenommen wird.

(3) Ermitteln Sie mittels des notwendigen und hinreichenden Kriterium das lokale Maximum der Funktion g'_u, also das lokale Maximum der Beschleunigung-Zeit-Funktion.

Setzen Sie dann den ermittelten Wert in die Funktion g'_u ein.

Lösung

a) $f(t) = 0{,}0808t^3 - 1{,}71t^2 + 10{,}08t$

$f(t):=0.0808\cdot t^3-1.71\cdot t^2+10.08\cdot t$	*Fertig*
$f(5)$	17.75

(1) $f(5) = 0{,}0808 \cdot 5^3 - 1{,}71 \cdot 5^2 + 10{,}08 \cdot 5$
$= 17{,}75$

5 s nach dem Start aus der Ruheposition heraus hat der Tiger eine Geschwindigkeit von $17{,}75\,\frac{m}{s}$ erreicht.

(2) Es ist das absolute Maximum der Funktion f im betrachteten Intervall [0; 10] zu bestimmen. Dieses Maximum kann entweder an einer Nullstelle der Ableitungsfunktion (notwendige Bedingung für eine lokale Extremstelle) oder am Rand angenommen werden.

Die notwendige Bedingung für eine lokale Extremstelle lautet:

$f'(t) = 0 \quad \Leftrightarrow \quad t_1 \approx 4{,}19 \;\vee\; t_2 \approx 9{,}91$

$a1f(t):=\frac{d}{dt}(f(t))$	*Fertig*
solve$(a1f(t)=0,t)$	$t=4.19418$ or $t=9.91473$

Zuzüglich der Randstellen $t_3 = 0$ und $t_4 = 10$ ergeben sich somit 4 Stellen, an denen die Funktion f ihr absolutes Maximum im Intervall [0; 10] annehmen kann. Durch Vergleich der Funktionswerte wird dann die Maximalstelle ermittelt:

$f(0) = 0$
$f(4{,}19) \approx 18{,}16$
$f(9{,}91) \approx 10{,}59$
$f(10) = 10{,}6$

$f(0)$	0.
$f(4.19)$	18.1579
$f(9.91)$	10.5949
$f(10)$	10.6

Somit hat der Tiger nach ca. 4,2 Sekunden seine Maximalgeschwindigkeit von ca. $18{,}2\,\frac{m}{s}$ im Zeitintervall [0; 10] erreicht.

Umrechnung in $\frac{km}{h}$:

$1\,h \mathrel{\hat{=}} 60 \cdot 60\,s = 3\,600\,s$

$$18{,}2\,\frac{m}{s} \mathrel{\hat{=}} \frac{18{,}2 \cdot 3\,600}{3\,600}\,\frac{m}{s} = 65\,520\,\frac{m}{h} = 65{,}520\,\frac{km}{h}$$

(3) Die Geschwindigkeit des Tigers beträgt mindestens $15\,\frac{m}{s}$, wenn gilt:
$f(t) \geq 15$

Um diesen Bereich zu bestimmen, werden zunächst die Lösungen der folgenden Gleichung bestimmt.

$f(t) = 15 \quad \Leftrightarrow \quad t_{01} \approx 2{,}3$
$t_{02} \approx 6{,}7$
$t_{03} \approx 12{,}2$

solve$(f(t)=15,t)$
$t=2.26572$ or $t=6.73873$ or $t=12.1589$

Der Wert t_{03} liegt außerhalb des zu betrachtenden Zeitrahmens. Somit kommt für den fraglichen Zeitraum das Zeitintervall $[t_{01}; t_{02}]$ in Betracht.
Der Testwert $t=5$ liefert mit $f(5)=17{,}75$ (siehe Teilaufgabe a(1)) einen Wert größer als 15. Berücksichtigt man zusätzlich den Verlauf des Graphen (siehe Aufgabenstellung), ergibt sich, dass der Tiger im Zeitintervall [2,3; 6,7] eine Geschwindigkeit von mindestens 15 $\frac{m}{s}$ hatte.

(4) Die erste Ableitung der Geschwindigkeit-Zeit-Funktion gibt die momentane Veränderung der Geschwindigkeit an, also die Beschleunigung des Tigers.

b) (1) $\int_0^{4{,}2} f(t)\,dt \approx 52{,}96$

$\int_0^{4.2} f(t)\,dt$ 52.9611

Die Stammfunktion der Geschwindigkeits-Zeit-Funktion ist die Weg-Zeit-Funktion. Folglich legt der Tiger in den 4,2 s nach seinem Start eine Strecke von ca. 52,96 m zurück.

(2) Die nachfolgende Skizze veranschaulicht die zu untersuchende Problemstellung:

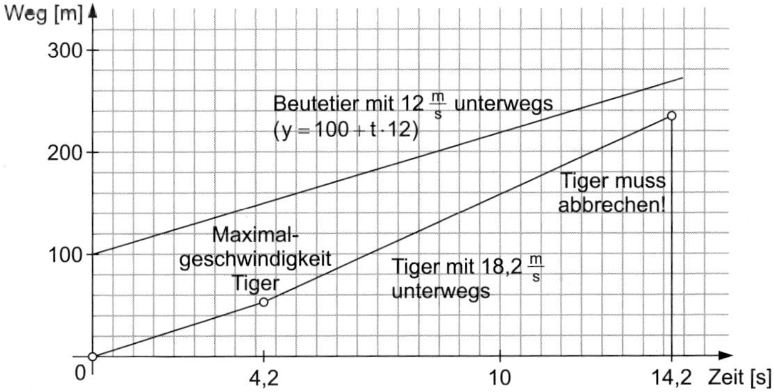

- Zum Zeitpunkt $t=0$ befindet sich das Beutetier 100 m vom Tiger entfernt und läuft mit einer Geschwindigkeit von 12 $\frac{m}{s}$ davon.
- Der Tiger startet ebenfalls zum Zeitpunkt $t=0$ und erreicht seine Maximalgeschwindigkeit zum Zeitpunkt $t=4{,}2$ s (siehe Teilaufgabe a(2)). Bis dahin hat er 52,96 m zurückgelegt (siehe Teilaufgabe c(1)).
(Diese Strecke wird in der Skizze vereinfacht als linear eingezeichnet.)
- Danach läuft er für 10 s (also bis zum Zeitpunkt $t=14{,}2$) mit einer Maximalgeschwindigkeit von 18,2 $\frac{m}{s}$ (siehe Teilaufgabe a(2)) weiter. Zum Zeitpunkt $t=14{,}2$ hat er also insgesamt $(52{,}96+10\cdot 18{,}2)$ m $=234{,}96$ m zurückgelegt. Nach der Skizze kann der Tiger die Beute im fraglichen Zeitraum nicht einholen.

Die analytische Rechnung dazu lautet:

$100 + t \cdot 12 = 52{,}96 + (t - 4{,}2) \cdot 18{,}2$

$\Leftrightarrow \quad t \approx 19{,}9$

```
solve(100+t·12=52.96+(t−4.2)·18.2,t)
                              t=19.9161
```

Diese Lösung bedeutet, dass der Tiger seine Maximalgeschwindigkeit $19{,}9 - 4{,}2 = 15{,}7$ Sekunden lang beibehalten müsste, um seine Beute einzuholen. Dazu ist er aber aufgrund der Vorgaben in der Aufgabenstellung nicht in der Lage. Er muss die Verfolgung nach 10 s (also zum Zeitpunkt $t = 14{,}2$) abbrechen und die Beute ziehen lassen.

c) Untersucht wird die Funktionenschar g_u mit

$$g_u(t) = -\frac{1}{3u^2}t^3 + \frac{1}{u}t^2 + 3t, \text{ mit } 0 \le t \le 8{,}25, \; 1{,}75 \le u \le 2{,}75, \; t, u \in \mathbb{R}.$$

(1) Zu bestimmen ist die Maximalgeschwindigkeit, also das lokale Maximum der Funktion g_u im Intervall [0; 8,25] (Randwerte bleiben außer Betracht).

Notwendige Bedingung: $g'_u(t) = 0$

$g'_u(t) = 0 \quad \Leftrightarrow \quad t_1 = 3u \;\vee\; t_2 = -u$

Wegen $t_2 = -u < 0$ kommt nur $t_1 = 3u$ als Lösung infrage.

$gu(t) := \frac{-1}{3 \cdot u^2} \cdot t^3 + \frac{1}{u} \cdot t^2 + 3 \cdot t$ Fertig

$a1gu(t) := \frac{d}{dt}(gu(t))$ Fertig

⚠ solve(a1gu(t)=0,t) — $t = 3 \cdot u$ or $t = -u$

Hinreichende Bedingung für lokales Maximum: $g''_u(t) < 0$

$g''_u(3u) = -\frac{4}{u} < 0$, da $1{,}75 \le u \le 2{,}75$

$a2gu(t) := \frac{d}{dt}(a1gu(t))$ Fertig

⚠ $a2gu(3 \cdot u)$ — $\frac{-4}{u}$

An der Stelle $t = 3u$ hat folglich die Funktion g_u ein lokales Maximum. Für die Koordinaten des Hochpunktes gilt:

$g_u(3u) = 9u \quad \Rightarrow \quad H_u(3u \mid 9u)$

⚠ $gu(3 \cdot u)$ — $9 \cdot u$

Die Maximalgeschwindigkeit der Raubkatzen beträgt also $9u \, \frac{m}{s}$.

(2) Zu ermitteln ist zunächst der Parameter u, um die konkrete Modellfunktion für die betrachtete Raubkatze zu bestimmen. Die Stammfunktion G_u ist die Weg-Zeit-Funktion zur Geschwindigkeit-Zeit-Funktion g_u. Gemäß den Angaben der Aufgabenstellung gilt dann:

$$\int_0^6 g_u(t)\,dt = 65$$

$\Leftrightarrow \quad u_1 \approx 2{,}33 \;\vee\; u_2 \approx 4{,}22$

$\text{solve}\left(\int_0^6 gu(t)\,dt = 65, u\right)$ — $u = 2.32797$ or $u = 4.21748$

u_2 liegt außerhalb des Definitionsbereichs.

Gemäß Teilaufgabe c (1) wird die Maximalgeschwindigkeit zum Zeitpunkt
$3u = 3 \cdot 2{,}33\,[s] = 6{,}99\,[s]$

angenommen. Da sich die Raubkatze aber bereits nach 6 s am Ende der betrachteten Strecke befindet, erreicht die Raubkatze ihre Maximalgeschwindigkeit nach 6 s, sie beträgt:

$$g_{2,33}(6) \approx 20{,}19 \left[\frac{m}{s}\right]$$

$g\_n(t):=gu(t)\vert u=2.33$	*Fertig*
$g\_n(6)$	20.1883

(3) Die momentane Änderungsrate der Geschwindigkeit g_u wird durch die erste Ableitung angegeben, also durch die Funktion g'_u. Das (lokale) Maximum dieser Funktion ist gesucht.

$$g'_u(t) = -\frac{1}{u^2}t^2 + \frac{2}{u}t + 3$$

$$g''_u(t) = -\frac{2}{u^2}t + \frac{2}{u}$$

$$g'''_u(t) = -\frac{2}{u^2}$$

Notwendige Bedingung: $g''_u(t) = 0$

$$g''_u(t) = -\frac{2}{u^2}t + \frac{2}{u} = 0 \quad \Leftrightarrow \quad \frac{2}{u^2}t = \frac{2}{u} \quad \Leftrightarrow \quad t = u$$

Hinreichende Bedingung für lokales Maximum: $g'''_u(t) < 0$

$$g'''_u(u) = -\frac{2}{u^2} < 0$$

⚠ solve$(a2gu(t)=0,t)$	$t=u$
$a3gu(t):=\frac{d}{dt}(a2gu(t))$	*Fertig*
⚠ $a3gu(t)$	$\frac{-2}{u^2}$

Die Funktion g'_u hat an der Stelle $t=u$ ein lokales Maximum. Für die maximale Beschleunigung gilt:

$$g'_u(u) = -\frac{1}{u^2} \cdot u^2 + \frac{2}{u} \cdot u + 3$$
$$= -1 + 2 + 3$$
$$= 4$$

⚠ $\frac{d}{dt}(gu(t))$	$\frac{-t^2}{u^2}+\frac{2\cdot t}{u}+3$
$a1gu(t):=\frac{-t^2}{u^2}+\frac{2\cdot t}{u}+3$	*Fertig*
⚠ $a1gu(u)$	4

Die maximale Beschleunigung der Raubkatzen ist vom Parameter u unabhängig und beträgt für alle Raubkatzen $4\,\frac{m}{s^2}$.

Abiturprüfung 2020 Mathematik Leistungskurs (Nordrhein-Westfalen)
Prüfungsteil B – Vektorielle Geometrie B3 (GTR/CAS)

In Abbildung 1 ist ein regelmäßiges Tetraeder ABCD mit den Eckpunkten A(0|0|0), B(10|10|0), C(10|0|10) und D(0|10|10) in einem kartesischen Koordinatensystem abgebildet.

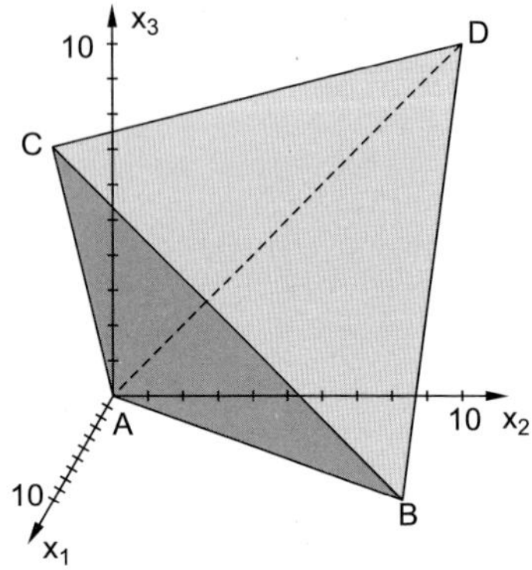

Abbildung 1

		Punkte
a)	(1) Zeigen Sie, dass das Dreieck ABC gleichseitig ist.	4
	(2) Bestimmen Sie den Flächeninhalt des Dreiecks ABC und den Oberflächeninhalt des Tetraeders ABCD.	4
	(3) Geben Sie die Koordinaten der Eckpunkte eines Würfels mit dem Volumen V = 1 000 VE an, der das Tetraeder enthält.	4
b)	(1) Stellen Sie eine Koordinatengleichung der Ebene E auf, in der das Dreieck ABC liegt. [Mögliche Lösung: E: $-x_1 + x_2 + x_3 = 0$]	4
	(2) Stellen Sie die Dreiecksfläche ABC in einer Parameterform dar.	3
	(3) Bestimmen Sie das Volumen des Tetraeders ABCD.	4

Das Tetraeder ABCD modelliert einen Körper mit Kanten aus Draht. Diesen Körper taucht man in Seifenlauge. Beim Herausnehmen bilden sich im Inneren des Körpers Flächen aus Seifenhaut (vgl. Abbildungen 2 und 3).

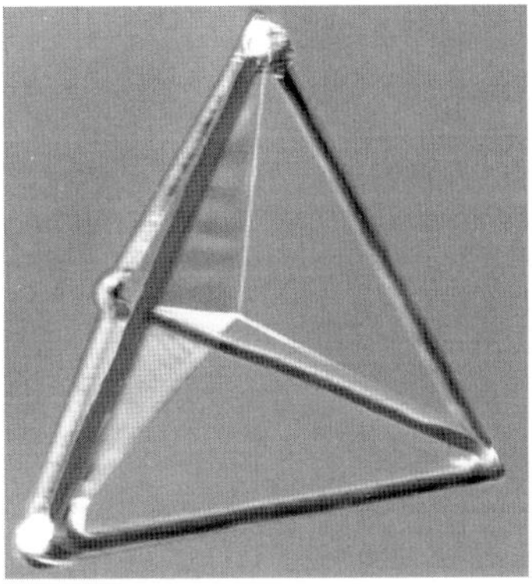

Abbildung 2

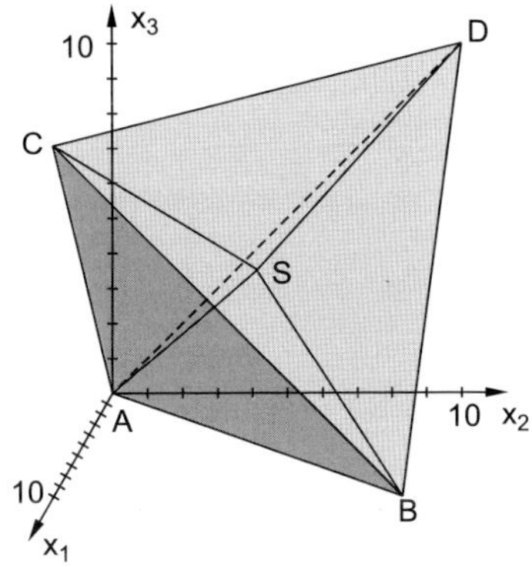

Abbildung 3

Die Seifenhaut besteht aus sechs kongruenten gleichschenkligen Dreiecken mit einem gemeinsamen Eckpunkt, der durch S modelliert wird. S liegt im Inneren des Tetraeders.

c) Das Dreieck ABS liegt in der Ebene H: $-x_1+x_2=0$,
das Dreieck ADS liegt in der Ebene I: $-x_2+x_3=0$ und
das Dreieck SBD liegt in der Ebene J: $x_1+x_3=10$.

(1) Berechnen Sie die Größe des Winkels zwischen den Ebenen I und J. 3

(2) Bestimmen Sie die Lösung des linearen Gleichungssystems

$$\left| \begin{array}{l} -x_1+x_2=0 \\ -x_2+x_3=0 \\ x_1+x_3=10 \end{array} \right|$$

und interpretieren Sie die Lösung im Sachzusammenhang. 4

d) Im Folgenden werden unterschiedlich große Drahtkantenmodelle von regelmäßigen Tetraedern in Seifenlauge getaucht. Um dies zu modellieren, wird im Folgenden ein regelmäßiges Tetraeder A'B'C'D' mit dem Eckpunkt A'(0|0|0) und den variablen Eckpunkten B'(a|a|0), C'(a|0|a) und D'(0|a|a) mit $a>0$ betrachtet. Dieses Tetraeder hat den Oberflächeninhalt $O'=2\cdot a^2\cdot\sqrt{3}$ FE.
Taucht man diesen Körper in Seifenlauge, so bilden sich bei dessen Herausnahme im Inneren des Körpers Flächen aus Seifenhaut. Die Seifenhaut besteht aus sechs kongruenten gleichschenkligen Dreiecken mit einem gemeinsamen Eckpunkt, der durch den von a abhängigen Punkt S' modelliert wird.
Jedes dieser Dreiecke hat den Flächeninhalt $A'_{\text{Dreieck}}=\frac{\sqrt{2}}{4}\cdot a^2$ FE.

(1) Bestimmen Sie, um wie viel Prozent der Gesamtflächeninhalt der Seifenhaut kleiner ist als der Oberflächeninhalt O' des Tetraeders. 3

(2) Das Dreieck A'B'C' liegt in der Ebene E: $-x_1 + x_2 + x_3 = 0$.
Bestimmen Sie rechnerisch die Koordinaten des Fußpunktes F' des Lotes von D' auf die Ebene E. 4

$\left[\text{Zur Kontrolle: } F'\left(\frac{2}{3} \cdot a \,\middle|\, \frac{1}{3} \cdot a \,\middle|\, \frac{1}{3} \cdot a\right)\right]$

(3) Auf der Strecke $\overline{F'D'}$ liegt der Punkt S'. Die sechs Flächen aus Seifenhaut teilen das Tetraeder A'B'C'D' in vier volumengleiche Pyramiden. Diese Pyramiden haben die gemeinsame Spitze S' und jeweils eine der vier Seitenflächen des Tetraeders A'B'C'D' als Grundfläche.
Bestimmen Sie rechnerisch unter Verwendung von F' die Koordinaten von S'. 3

Hinweise und Tipps

Teilaufgabe a

(1) In einem gleichseitigen Dreieck sind alle Seiten gleich lang.

(2) Der Flächeninhalt eines gleichseitigen Dreiecks mit der Seitenlänge a kann berechnet werden durch die Formel $A = \frac{a^2}{4}\sqrt{3}$.

Denken Sie daran, dass Sie in Teilaufgabe a (1) die Seitenlänge berechnet haben.

Oder

Der Flächeninhalt eines Dreiecks mit der Grundseite g und der zugehörigen Höhe h kann berechnet werden durch die Formel $A = \frac{1}{2} \cdot g \cdot h$.

Im gleichseitigen Dreieck ist die Höhe gleich der Seitenhalbierenden.

Für den Ortsvektor des Mittelpunktes einer Strecke $\overline{AB}$ gilt: $\vec{m}_{AB} = \frac{1}{2} \cdot (\vec{a} + \vec{b})$

Die Oberfläche des Tetraeders besteht aus 4 kongruenten gleichseitigen Dreiecken.

(3) Die Volumenformel für einen Würfel lautet: $V = a^3$

Berechnen Sie die Kantenlänge des Würfels und betrachten Sie die Koordinaten der Eckpunkte des Tetraeders.

Teilaufgabe b

(1) Stellen Sie die Dreipunkteform der Ebene E_{ABC} auf.

Ein Normalenvektor der Ebene steht senkrecht zu den Spannvektoren der Ebene.

Bestimmen Sie einen Normalenvektor der Ebene mithilfe eines unterbestimmten Gleichungssystems.

Stellen Sie die Punkt-Normalenform auf und formen Sie diese um in die Koordinatenform.

Oder

Stellen Sie die Koordinatengleichungen der Ebene so um, dass die Parameter eliminiert werden.

(2) Ein Punkt P liegt dann in dem von A aus durch die Vektoren $\overrightarrow{AB}$ und $\overrightarrow{AC}$ aufgespannten Dreieck ($\vec{p} = \vec{a} + r \cdot \overrightarrow{AB} + s \cdot \overrightarrow{AC}$), wenn $r, s \geq 0$ und $r + s \leq 1$ gilt.

(3) Das Volumen eines Tetraeders berechnet sich mit der Volumenformel einer Pyramide: $V = \frac{1}{3} \cdot G \cdot h$

Wählen Sie das Dreieck ABC als Grundfläche.

Die Höhe ist dann der Abstand des Punktes D von der Ebene E_{ABC}.

Lesen Sie aus der Koordinatengleichung der Ebene E_{ABC} einen Normalenvektor ab.

Stellen Sie die Punkt-Richtungsform der Lotgeraden g_ℓ vom Punkt D auf die Ebene E_{ABC} auf.

Bestimmen Sie den Lotfußpunkt als Schnittpunkt von Lotgerade und Ebene.

Berechnen Sie mithilfe des Lotfußpunktes die Länge der Höhe.

Denken Sie daran, dass der Flächeninhalt der Grundfläche schon berechnet wurde.

Berechnen Sie das Volumen.

Oder

Beim Tetraeder ist der Lotfußpunkt des Lotes von Punkt D gleich dem Schwerpunkt der Dreiecksfläche ABC.

Der Schwerpunkt S* der Dreiecksfläche des Dreiecks ABC berechnet sich nach der Formel $\vec{s}^* = \frac{1}{3} \cdot (\vec{a} + \vec{b} + \vec{c})$.

Oder

Wenden Sie die Abstandsformel an.

Teilaufgabe c

(1) Sind die Normalenvektoren zweier Ebenen $\vec{n}_1$ und $\vec{n}_2$, so gilt für den Schnittwinkel α:

$$\cos\alpha = \frac{|\vec{n}_1 \circ \vec{n}_2|}{|\vec{n}_1| \cdot |\vec{n}_2|}$$

Lesen Sie aus den Koordinatengleichungen der Ebenen die Normalenvektoren ab.

(2) Lösen Sie das Gleichungssystem mit dem Additionsverfahren oder dem GTR/CAS.

Es wird ein Schnittpunkt berechnet. Was bedeutet das im Sachzusammenhang?

Teilaufgabe d

(1) Wählen Sie den Oberflächeninhalt des Tetraeders als Grundwert und das Sechsfache der Dreiecksfläche als verminderten Prozentwert.

Denken Sie bei der Antwort daran, dass Sie mit dem verminderten Prozentwert gerechnet haben.

(2) Lesen Sie aus der Koordinatenform der Ebenengleichung der Ebene $E_{A'B'C'}$ einen Normalenvektor ab.

Stellen Sie die Punkt-Richtungsform der Gleichung der Lotgeraden g_ℓ vom Punkt D' auf die Ebene $E_{A'B'C'}$ auf.

Bestimmen Sie den Lotfußpunkt als Schnittpunkt von Lotgerade und Ebene.

Oder

Beim Tetraeder ist der Lotfußpunkt des Lotes von Punkt D' gleich dem Schwerpunkt der Dreiecksfläche A'B'C'.

Der Schwerpunkt S* der Dreiecksfläche des Dreiecks A'B'C' berechnet sich nach der Formel $\vec{s}^* = \frac{1}{3} \cdot (\vec{a}' + \vec{b}' + \vec{c}')$.

(3) Das Tetraeder wird in 4 volumengleiche Teilpyramiden zerlegt.

Betrachten Sie die Grundflächen zu den Höhen $\overline{F'D'}$ und $\overline{F'S'}$.

Welche Bedeutung hat es für die Höhen, dass das Tetraeder in 4 volumengleiche Teilpyramiden zerlegt wird?

Bestimmen Sie mit dem Verhältnis der Höhen den Punkt S'.

Lösung

a) (1) In einem gleichseitigen Dreieck sind alle Seiten gleich lang.

Die Seiten des Dreiecks haben folgende Längen:

$$\overline{AB} = |\overrightarrow{AB}| = \left|\begin{pmatrix}10\\10\\0\end{pmatrix}\right| = \sqrt{100+100} = 10\sqrt{2}\ [LE]$$

$$\overline{AC} = |\overrightarrow{AC}| = \left|\begin{pmatrix}10\\0\\10\end{pmatrix}\right| = \sqrt{100+100} = 10\sqrt{2}\ [LE]$$

$$\overline{BC} = |\overrightarrow{BC}| = \left|\begin{pmatrix}10\\0\\10\end{pmatrix} - \begin{pmatrix}10\\10\\0\end{pmatrix}\right| = \left|\begin{pmatrix}0\\-10\\10\end{pmatrix}\right| = \sqrt{100+100} = 10\sqrt{2}\ [LE]$$

$$a:=\begin{bmatrix}0\\0\\0\end{bmatrix}:b:=\begin{bmatrix}10\\10\\0\end{bmatrix}:c:=\begin{bmatrix}10\\0\\10\end{bmatrix}:d:=\begin{bmatrix}0\\10\\10\end{bmatrix} \qquad \begin{bmatrix}0\\10\\10\end{bmatrix}$$

GTR

norm(a−b)	14.1421
norm(a−c)	14.1421
norm(b−c)	14.1421

CAS

norm(a−b)	$10\cdot\sqrt{2}$
norm(a−c)	$10\cdot\sqrt{2}$
norm(b−c)	$10\cdot\sqrt{2}$

Die Dreiecksseiten sind gleich lang, das Dreieck ist somit gleichseitig.

(2) Der Flächeninhalt eines gleichseitigen Dreiecks mit der Seitenlänge a kann berechnet werden durch folgende Formel:

$$A = \frac{a^2}{4}\sqrt{3}$$

Einsetzen der in Teilaufgabe a (1) berechneten Seitenlänge in die Formel:

$$A = \frac{(10\sqrt{2})^2}{4}\sqrt{3} = 50\sqrt{3} \approx 86{,}60\,[FE]$$

Alternativ:

Der Flächeninhalt eines Dreiecks mit der Grundseite g und der zugehörigen Höhe h kann berechnet werden durch die Formel $A = \frac{1}{2}\cdot g \cdot h$. Im gleichseitigen Dreieck ist die Höhe gleich der Seitenhalbierenden.

Ist $\overline{AB}$ die Grundseite, so ist $\overline{CM_{AB}}$ die zugehörige Höhe.

$$\vec{m}_{AB} = \frac{1}{2}\cdot(\vec{a}+\vec{b}) = \frac{1}{2}\cdot\left[\begin{pmatrix}0\\0\\0\end{pmatrix} + \begin{pmatrix}10\\10\\0\end{pmatrix}\right] = \begin{pmatrix}5\\5\\0\end{pmatrix}$$

$$\overline{CM_{AB}} = |\overrightarrow{CM_{AB}}| = \left|\begin{pmatrix}5\\5\\0\end{pmatrix} - \begin{pmatrix}10\\0\\10\end{pmatrix}\right| = \left|\begin{pmatrix}-5\\5\\-10\end{pmatrix}\right| = \sqrt{150} = 5\sqrt{6}\ [LE]$$

Einsetzen der Längen in die Flächeninhaltsformel ergibt:

$$A = \frac{1}{2} \cdot 10\sqrt{2} \cdot 5\sqrt{6} = 25\sqrt{12} = 50\sqrt{3} \approx 86{,}60\,[\text{FE}]$$

GTR

$mab := \frac{1}{2} \cdot (a+b)$ $\quad \begin{bmatrix} 5 \\ 5 \\ 0 \end{bmatrix}$

$a\_d := \frac{1}{2} \cdot \text{norm}(a-b) \cdot \text{norm}(c-mab)$ $\quad$ 86.6025

CAS

$mab := \frac{1}{2} \cdot (a+b)$ $\quad \begin{bmatrix} 5 \\ 5 \\ 0 \end{bmatrix}$

$a\_d := \frac{1}{2} \cdot \text{norm}(a-b) \cdot \text{norm}(c-mab)$ $\quad 50 \cdot \sqrt{3}$

Der Flächeninhalt des Dreiecks ABC beträgt $50\sqrt{3}$ Flächeneinheiten.

Die Oberfläche des Tetraeders besteht aus 4 kongruenten gleichseitigen Dreiecken.

$$O = 4 \cdot 50\sqrt{3} = 200\sqrt{3} \approx 346{,}41\,[\text{FE}]$$

Der Oberflächeninhalt des Tetraeders ABCD beträgt $200\sqrt{3}$ Flächeneinheiten.

(3) Die Volumenformel für einen Würfel lautet: $V = a^3$

Einsetzen des angegebenen Volumens in die Formel ergibt folgende Gleichung:

$a^3 = 1\,000 \quad \Leftrightarrow \quad a = 10$

Betrachtet man die Koordinaten der Eckpunkte, so sieht man, dass A und B in der x_1x_2-Koordinatenebene ($x_3 = 0$) liegen und die Eckpunkte der Diagonalen des Grundflächenquadrats eines Würfels mit der Kantenlänge 10 LE bilden. Die anderen Punkte des Grundflächenquadrats sind dann $W_2(10\,|\,0\,|\,0)$ und $W_4(0\,|\,10\,|\,0)$. In der Ebene $x_3 = 10$ liegen dann die Eckpunkte $W_5(0\,|\,0\,|\,10)$ und $W_7(10\,|\,10\,|\,10)$. Zudem ist $W_1 = A(0\,|\,0\,|\,0)$, $W_3 = B(10\,|\,10\,|\,0)$, $W_6 = C(10\,|\,0\,|\,10)$ und $W_8 = D(0\,|\,10\,|\,10)$.

Im Folgenden die entsprechende Abbildung (nicht verlangt):

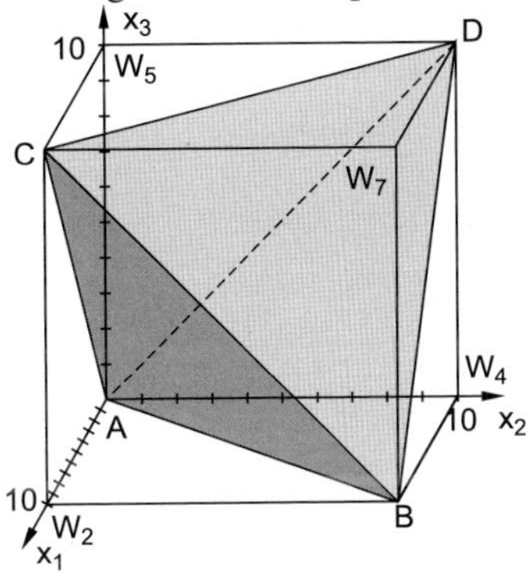

b) (1) Die Dreipunkteform der Ebene E_{ABC} mit A als Anbindungspunkt sowie den Vektoren $\overrightarrow{AB}$ und $\overrightarrow{AC}$ als Spannvektoren lautet:

$$E_{ABC}: \vec{x} = \begin{pmatrix} 0 \\ 0 \\ 0 \end{pmatrix} + r \cdot \begin{pmatrix} 10 \\ 10 \\ 0 \end{pmatrix} + s \cdot \begin{pmatrix} 10 \\ 0 \\ 10 \end{pmatrix} = r' \cdot \begin{pmatrix} 1 \\ 1 \\ 0 \end{pmatrix} + s' \cdot \begin{pmatrix} 1 \\ 0 \\ 1 \end{pmatrix}; r, r', s, s' \in \mathbb{R}$$

Ist $\vec{n} = \begin{pmatrix} n_1 \\ n_2 \\ n_3 \end{pmatrix}$ ein Normalenvektor der Ebene, so steht dieser senkrecht zu den Spannvektoren. Es gilt somit:

$$\text{I} \quad \begin{pmatrix} n_1 \\ n_2 \\ n_3 \end{pmatrix} \circ \begin{pmatrix} 1 \\ 1 \\ 0 \end{pmatrix} = 0 \quad \Leftrightarrow \quad n_1 + n_2 = 0$$

$$\text{II} \quad \begin{pmatrix} n_1 \\ n_2 \\ n_3 \end{pmatrix} \circ \begin{pmatrix} 1 \\ 0 \\ 1 \end{pmatrix} = 0 \quad \Leftrightarrow \quad n_1 + n_3 = 0$$

Wählt man $n_1 = -1$, so ist $n_2 = n_3 = 1$.

Ein Normalenvektor lautet damit $\vec{n} = \begin{pmatrix} -1 \\ 1 \\ 1 \end{pmatrix}$.

Mit dem Anbindungspunkt A und dem Normalenvektor $\vec{n} = \begin{pmatrix} -1 \\ 1 \\ 1 \end{pmatrix}$ erhält man die Punkt-Normalenform der Ebenengleichung der Ebene E_{ABC}:

$$\begin{pmatrix} -1 \\ 1 \\ 1 \end{pmatrix} \circ \vec{x} - \begin{pmatrix} -1 \\ 1 \\ 1 \end{pmatrix} \circ \begin{pmatrix} 0 \\ 0 \\ 0 \end{pmatrix} = 0$$

Ausmultiplizieren führt zur Koordinatenform:
$E_{ABC}: -x_1 + x_2 + x_3 = 0$

Alternativ (durch Umstellen der Koordinatengleichungen):

$$\vec{x} = r' \cdot \begin{pmatrix} 1 \\ 1 \\ 0 \end{pmatrix} + s' \cdot \begin{pmatrix} 1 \\ 0 \\ 1 \end{pmatrix}$$

Die Koordinatengleichungen lauten:

I $\quad x_1 = r' + s'$
II $\quad x_2 = r'$
III $\quad x_3 = s'$

Einsetzen von r' und s' in Gleichung I ergibt:
$x_1 = x_2 + x_3 \quad \Leftrightarrow \quad -x_1 + x_2 + x_3 = 0$

(2) Das Dreieck liegt in der Ebene E_{ABC}. Ein Punkt P liegt dann in dem von A aus durch die Vektoren $\overrightarrow{AB}$ und $\overrightarrow{AC}$ aufgespannten Dreieck, wenn $r, s \geq 0$ und $r + s \leq 1$ gilt. Somit lautet die Parameterform der Dreiecksfläche ABC:

$$\vec{x} = \begin{pmatrix} 0 \\ 0 \\ 0 \end{pmatrix} + r \cdot \begin{pmatrix} 10 \\ 10 \\ 0 \end{pmatrix} + s \cdot \begin{pmatrix} 10 \\ 0 \\ 10 \end{pmatrix}; r, s \in \mathbb{R};\ r, s \geq 0 \wedge r + s \leq 1$$

(3) Das Volumen eines Tetraeders berechnet sich mit der Volumenformel einer Pyramide:

$$V = \frac{1}{3} \cdot G \cdot h$$

Nimmt man als Grundfläche G den in Teilaufgabe a (2) berechneten Flächeninhalt des Dreiecks ABC, so ist die Höhe h gleich dem Abstand des Punktes D von der Ebene E_{ABC}.

Ein Normalenvektor der Ebene E_{ABC} lautet $\vec{n} = \begin{pmatrix} -1 \\ 1 \\ 1 \end{pmatrix}$. Die Punkt-Richtungsform der Lotgeraden g_ℓ vom Punkt D auf die Ebene E_{ABC} ist somit:

$$g_\ell\colon\ \vec{x} = \begin{pmatrix} 0 \\ 10 \\ 10 \end{pmatrix} + r \cdot \begin{pmatrix} -1 \\ 1 \\ 1 \end{pmatrix};\ r \in \mathbb{R}$$

Durch Einsetzen der Koordinaten der Lotgeraden in die Koordinatenform der Ebenengleichung der Ebene E_{ABC} kann der Ortsvektor des Lotfußpunktes L berechnet werden.

$$-(-r) + (10 + r) + (10 + r) = 0$$
$$3r = 20$$
$$r = -\frac{20}{3}$$

Durch Einsetzen von $r = -\frac{20}{3}$ in die Gleichung der Lotgeraden erhält man den Ortsvektor des Lotfußpunktes L:

$$\vec{\ell} = \begin{pmatrix} 0 \\ 10 \\ 10 \end{pmatrix} - \frac{20}{3} \cdot \begin{pmatrix} -1 \\ 1 \\ 1 \end{pmatrix} = \begin{pmatrix} \frac{20}{3} \\ \frac{10}{3} \\ \frac{10}{3} \end{pmatrix}$$

Für die Länge der Höhe erhält man dann:

$$h = |\overline{DL}| = \left| \begin{pmatrix} \frac{20}{3} \\ \frac{10}{3} \\ \frac{10}{3} \end{pmatrix} - \begin{pmatrix} 0 \\ 10 \\ 10 \end{pmatrix} \right| = \left| \begin{pmatrix} \frac{20}{3} \\ -\frac{20}{3} \\ -\frac{20}{3} \end{pmatrix} \right| = \frac{20}{3}\sqrt{3} \approx 11{,}55\,[\text{LE}]$$

Durch Einsetzen der Größen für G und h in die Volumenformel erhält man das Volumen:

$$V = \frac{1}{3} \cdot 50\sqrt{3} \cdot \frac{20}{3}\sqrt{3} = \frac{1\,000}{3} \approx 333{,}33\,[\text{VE}]$$

Alternativ (Berechnung des Lotfußpunktes mithilfe des Schwerpunktes):
Beim Tetraeder ist der Lotfußpunkt des Lotes von D auf die Ebene E_{ABC} gleich dem Schwerpunkt der Dreiecksfläche ABC. Der Schwerpunkt S* der Dreiecksfläche des Dreiecks ABC berechnet sich nach folgender Formel:

$$\vec{s}^* = \frac{1}{3} \cdot (\vec{a} + \vec{b} + \vec{c})$$

Durch Einsetzen der Ortsvektoren der Eckpunkte des Dreiecks ABC erhält man als Ortsvektor des Lotfußpunktes:

$$\vec{\ell} = \vec{s}^* = \frac{1}{3} \cdot \left[\begin{pmatrix} 0 \\ 0 \\ 0 \end{pmatrix} + \begin{pmatrix} 10 \\ 10 \\ 0 \end{pmatrix} + \begin{pmatrix} 10 \\ 0 \\ 10 \end{pmatrix} \right] = \begin{pmatrix} \frac{20}{3} \\ \frac{10}{3} \\ \frac{10}{3} \end{pmatrix}$$

$$lf := \frac{1}{3} \cdot (a+b+c) \qquad \begin{bmatrix} \frac{20}{3} \\ \frac{10}{3} \\ \frac{10}{3} \end{bmatrix}$$

Die Höhe und das Volumen erhält man wie oben.

Alternativ (Berechnung der Höhe durch Einsetzen in die Abstandsformel):

$$h = \left| \frac{-1 \cdot 0 + 1 \cdot 10 + 1 \cdot 10}{\sqrt{3}} \right| = \frac{20}{3} \cdot \sqrt{3} \approx 11{,}55\,[\text{LE}]$$

c) (1) Der Schnittwinkel α zweier Ebenen entspricht dem Winkel bzw. dem Ergänzungswinkel zu 180° zwischen ihren Normalenvektoren. Sind die Normalenvektoren der Ebenen $\vec{n}_1$ und $\vec{n}_2$, so gilt für den Schnittwinkel α:

$$\cos\alpha = \frac{|\vec{n}_1 \circ \vec{n}_2|}{|\vec{n}_1| \cdot |\vec{n}_2|}$$

Die Ebene I hat den Normalenvektor $\vec{n}_I = \begin{pmatrix} 0 \\ -1 \\ 1 \end{pmatrix}$, die Ebene J den Normalenvektor $\vec{n}_J = \begin{pmatrix} 1 \\ 0 \\ 1 \end{pmatrix}$.

Somit gilt:

$$\cos\alpha = \frac{\left| \begin{pmatrix} 0 \\ -1 \\ 1 \end{pmatrix} \circ \begin{pmatrix} 1 \\ 0 \\ 1 \end{pmatrix} \right|}{\left| \begin{pmatrix} 0 \\ -1 \\ 1 \end{pmatrix} \right| \cdot \left| \begin{pmatrix} 1 \\ 0 \\ 1 \end{pmatrix} \right|} = \frac{1}{2}$$

$$\alpha = \cos^{-1}\left(\frac{1}{2}\right) = 60°$$

$$ni := \begin{bmatrix} 0 \\ -1 \\ 1 \end{bmatrix} : nj := \begin{bmatrix} 1 \\ 0 \\ 1 \end{bmatrix} \qquad \begin{bmatrix} 1 \\ 0 \\ 1 \end{bmatrix}$$

$$\cos(\alpha) = \frac{\text{dotP}(ni,nj)}{\text{norm}(ni) \cdot \text{norm}(nj)} \qquad \cos(\alpha) = \frac{1}{2}$$

$$\alpha = \cos^{-1}\left(\frac{1}{2}\right) \qquad \alpha = 60$$

Der Schnittwinkel der Ebenen I und J hat die Größe 60°.

(2) I: $\quad -x_1 + x_2 = 0$

II: $\quad -x_2 + x_3 = 0$

III: $\quad x_1 + x_3 = 10$

I + II: $\quad -x_1 + x_3 = 0 \quad$ (I')

I' + III: $\quad 2x_3 = 10$

$x_3 = 5$

$x_3 = 5$ in I': $\quad x_1 = 5$

$x_1 = 5$ in I: $\quad x_2 = 5$

GTR

$$\text{linSolve}\left(\begin{cases} -x1+x2=0 \\ -x2+x3=0 \\ x1+x3=10 \end{cases}, \{x1,x2,x3\}\right) \qquad \{5,5,5\}$$

CAS

$$\text{solve}\left(\begin{cases} -x1+x2=0 \\ -x2+x3=0 \\ x1+x3=10 \end{cases}, \{x1,x2,x3\}\right)$$

$x1=5$ and $x2=5$ and $x3=5$

Die Flächen, die beim Herausnehmen des Körpers aus der Seifenlauge entstehen, haben den gemeinsamen Punkt S(5 | 5 | 5). Sie stoßen im Punkt S also zusammen.

Anmerkung: Der Operator „Bestimmen Sie …" lässt auch die Taschenrechnerlösung zu.

d) (1) Mit dem Oberflächeninhalt des Tetraeders als Grundwert und dem Sechsfachen der Dreiecksfläche als verminderter Prozentwert ergibt sich:

$$p = \frac{6 \cdot A_{\text{Dreieck}}}{O'} = \frac{6 \cdot \frac{\sqrt{2}}{4} \cdot a^2}{2a^2 \cdot \sqrt{3}} = \frac{3}{4} \cdot \sqrt{\frac{2}{3}} \approx 0{,}612 = 61{,}2\,\%$$

Der Gesamtflächeninhalt der Seifenhaut ist ca. 38,8 % kleiner als die Oberfläche des Tetraeders.

(2) Ein Normalenvektor der Ebene $E_{A'B'C'}$ lautet: $\vec{n} = \begin{pmatrix} -1 \\ 1 \\ 1 \end{pmatrix}$

Die Punkt-Richtungsform der Lotgeraden g_ℓ vom Punkt D' auf die Ebene $E_{A'B'C'}$ ist somit:

$$g_1\!: \vec{x} = \begin{pmatrix} 0 \\ a \\ a \end{pmatrix} + r \cdot \begin{pmatrix} -1 \\ 1 \\ 1 \end{pmatrix}; \; r \in \mathbb{R}$$

Durch Einsetzen der Koordinaten der Lotgeraden in die Koordinatenform der Ebenengleichung der Ebene $E_{A'B'C'}$ kann der Ortsvektor des Lotfußpunktes L berechnet werden:

$$-(-r) + (a + r) + (a + r) = 0$$
$$3r = -2a$$
$$r = -\frac{2}{3}a$$

Durch Einsetzen von $r = -\frac{2}{3}a$ in die Gleichung der Lotgeraden erhält man den Ortsvektor des Lotfußpunktes F':

$$\vec{f}\,' = \begin{pmatrix} 0 \\ a \\ a \end{pmatrix} - \frac{2}{3}a \cdot \begin{pmatrix} -1 \\ 1 \\ 1 \end{pmatrix} = \begin{pmatrix} \frac{2}{3}a \\ \frac{1}{3}a \\ \frac{1}{3}a \end{pmatrix}$$

Alternativ (Berechnung mithilfe des Schwerpunktes):
Beim Tetraeder ist der Lotfußpunkt des Lotes von Punkt D' gleich dem Schwerpunkt der Dreiecksfläche A'B'C'. Der Schwerpunkt S* der Dreiecksfläche des Dreiecks A'B'C' berechnet sich nach folgender Formel:

$$\vec{s}^* = \frac{1}{3} \cdot (\vec{a}\,' + \vec{b}\,' + \vec{c}\,')$$

Durch Einsetzen der Ortsvektoren der Eckpunkte des Dreiecks A'B'C' erhält man als Ortsvektor des Lotfußpunktes:

$$\vec{f}\,' = \vec{s}^* = \frac{1}{3} \cdot \left[\begin{pmatrix} 0 \\ 0 \\ 0 \end{pmatrix} + \begin{pmatrix} a \\ a \\ 0 \end{pmatrix} + \begin{pmatrix} a \\ 0 \\ a \end{pmatrix} \right] = \begin{pmatrix} \frac{2}{3}a \\ \frac{1}{3}a \\ \frac{1}{3}a \end{pmatrix}$$

(3) Ist $\overline{F'D'}$ die Höhe des Tetraeders A'B'C'D', so ist die zugehörige Grundfläche A'B'C'. Dies ist aber auch die Grundfläche der Teilpyramide A'B'C'S' mit der Höhe $\overline{F'S'}$. Die 4 Teilpyramiden sind volumengleich, das Volumen der Teilpyramide A'B'C'S' ist daher gleich $\frac{1}{4}$ des Volumens des Tetraeders. Da Tetraeder und Teilpyramide die gleiche Grundfläche haben, muss die Höhe der Teilpyramide gleich $\frac{1}{4}$ der Höhe des Tetraeders sein. Somit ist:

$$\vec{s} = \vec{f}\,' + \frac{1}{4} \cdot \overrightarrow{F'D'} = \begin{pmatrix} \frac{2}{3}a \\ \frac{1}{3}a \\ \frac{1}{3}a \end{pmatrix} + \frac{1}{4} \cdot \left[\begin{pmatrix} 0 \\ a \\ a \end{pmatrix} - \begin{pmatrix} \frac{2}{3}a \\ \frac{1}{3}a \\ \frac{1}{3}a \end{pmatrix} \right] = \begin{pmatrix} \frac{2}{3}a \\ \frac{1}{3}a \\ \frac{1}{3}a \end{pmatrix} + \frac{1}{4} \cdot \begin{pmatrix} -\frac{2}{3}a \\ \frac{2}{3}a \\ \frac{2}{3}a \end{pmatrix} = \begin{pmatrix} \frac{1}{2}a \\ \frac{1}{2}a \\ \frac{1}{2}a \end{pmatrix}$$

Der Punkt S' ist gleich dem Schwerpunkt des Tetraeders A'B'C'D'. Der Ortsvektor des Schwerpunkts dieses Tetraeders kann berechnet werden mithilfe der Formel $\vec{s}\,' = \frac{1}{4} \cdot (\vec{a}\,' + \vec{b}\,' + \vec{c}\,' + \vec{d}\,')$. Dieser einfache Weg ist **nicht** möglich, da in der Aufgabenstellung „… unter Verwendung von F'…“ steht.

Abiturprüfung 2020 Mathematik Leistungskurs (Nordrhein-Westfalen) Prüfungsteil B – Stochastik B5 (GTR/CAS)

Reisen mit dem Fernbus werden immer beliebter. Reiseanbieter werben mit günstigen Preisen und besonderem Komfort.

Punkte

a) Für eine Städtereise stellt ein Busunternehmen einen Fernbus mit 59 Plätzen bereit, die vor Reiseantritt gebucht und bezahlt werden. Im Mittel werden 95 % der Buchungen angetreten.

(1) Erläutern Sie, unter welcher Voraussetzung die Anzahl der angetretenen Buchungen bei einer Reise als binomialverteilt mit $p = 0{,}95$ angenommen werden kann. 3

Im Folgenden wird die Anzahl der angetretenen Buchungen als binomialverteilt mit $p = 0{,}95$ vorausgesetzt. Für einen bestimmten Reisetermin sind genau 59 Buchungen vorgenommen worden.

(2) Bestimmen Sie jeweils die Wahrscheinlichkeit für folgende Ereignisse:
E_1: Genau 59 Buchungen werden angetreten.
E_2: Mindestens 55 Buchungen werden angetreten. 6

b) Da erfahrungsgemäß nicht alle Buchungen angetreten werden, verkauft das Busunternehmen mehr Plätze als vorhanden sind. Für eine Städtereise mit 96 Plätzen werden 99 Buchungen vorgenommen (Überbuchung). Es wird unverändert angenommen, dass die Anzahl der angetretenen Buchungen binomialverteilt mit $p = 0{,}95$ ist.

(1) Ermitteln Sie die Wahrscheinlichkeit, dass mehr als eine Person ihre Reise wegen Überbuchung nicht antreten kann. 4

(2) Bestimmen Sie die Anzahl der Buchungen, die das Busunternehmen bei einer Reise mit 96 Plätzen höchstens bestätigen darf, um das Risiko, dass mindestens eine Person ihre Reise aufgrund der Überbuchung nicht antreten kann, auf 5 % zu begrenzen. 5

Kann eine Person die Reise wegen Überbuchung nicht antreten, wird vom Busunternehmen der komplette Reisepreis von 20 Euro zurückerstattet. Als Entschädigung wird zusätzlich ein Betrag von 300 Euro ausgezahlt.

(3) Beurteilen Sie, ob sich aus finanzieller Sicht die Praxis, 99 Buchungen für eine Reise mit 96 Plätzen zu bestätigen, für das Busunternehmen im Mittel lohnt. 8

c) In der Werbung eines anderen Busunternehmens werden bisher Kunden damit gewonnen, dass bis kurz vor Reiseantritt eine kostenlose Stornierung der Buchung möglich ist. Aktuell liegt der Anteil der kurzfristig stornierten Buchungen bei 7 %.
Das Busunternehmen möchte diesen Anteil verringern und ändert die Vertragsbedingungen dahingehend, dass bei kurzfristigen Stornierungen ein Teil des Fahrpreises gezahlt werden muss. Es möchte die Vermutung absichern, dass durch diese Maßnahme der Anteil der kurzfristig stornierten Buchungen sinkt.
Die nächsten 1 000 Buchungen sollen auf diese Wirkung hin untersucht werden. Die Anzahl der kurzfristig stornierten Buchungen wird als binomialverteilt angenommen.

(1) Geben Sie begründet an, welche Nullhypothese aus der Sicht des Busunternehmens gewählt wird. 4

(2) Bestimmen Sie die Anzahl der kurzfristig stornierten Buchungen, bis zu der das Busunternehmen auf einem Signifikanzniveau von 5 % von einem Erfolg der Maßnahme ausgehen wird. 5

(3) Bei einem Signifikanzniveau von 1 % lautet die Entscheidungsregel: „Das Busunternehmen verwirft die Nullhypothese H_0 und geht von einem Erfolg der Maßnahme aus, falls die Anzahl der kurzfristig stornierten Buchungen höchstens 51 beträgt."
Bestimmen Sie die Wahrscheinlichkeit für den Fehler 2. Art, falls aufgrund der Maßnahmen der Anteil der kurzfristig stornierten Buchungen nur noch 4 % beträgt, und erläutern Sie diesen Fehler im Sachzusammenhang. 5

Hinweise und Tipps

Teilaufgabe a

(1) Gehen Sie davon aus, dass genau 59 Buchungen vorgenommen wurden.

Die Binomialverteilung ist eine diskrete Wahrscheinlichkeitsverteilung.

Zugrunde gelegt wird ein n-stufiger Bernoulli-Versuch mit genau zwei möglichen Ergebnissen von stets gleicher Wahrscheinlichkeit.

(2) Die Zufallsvariable X beschreibt die Anzahl der angetretenen Buchungen.

Dann sind folgende Berechnungen mittels GTR/CAS durchzuführen:

$P(E_1) = P(X = 59)$
$P(E_2) = P(X \geq 55)$

Teilaufgabe b

(1) Die Zufallsvariable X gibt die Anzahl der angetretenen Buchungen an. X ist binomialverteilt mit $n=99$ und $p=0{,}95$.

Die Ausgangssituation bei dieser Aufgabe ist, dass für eine Reise mit 96 Plätzen 99 Buchungen vorgenommen worden sind.

Drücken Sie die Tatsache, dass mehr als eine Person die Reise wegen Überbuchung nicht antreten kann, durch eine Ungleichung mit X aus und berechnen Sie deren Wahrscheinlichkeit.

(2) Bezeichnen Sie die Anzahl der durch das Busunternehmen bestätigten Buchungen mit n. X sei die Anzahl der angetretenen Buchungen und ist binomialverteilt mit n und $p=0{,}95$.

Die Tatsache, dass mindestens eine Person ihre Reise wegen Überbuchung nicht antreten kann, lässt sich dann (bei 96 Plätzen) durch $X \geq 97$ ausdrücken.

Die Wahrscheinlichkeit dieser Ungleichung soll kleiner als 5 % sein.

Der größte Wert von n, der dies leistet, soll ermittelt werden.

Benutzen Sie ein GTR/CAS.

(3) Ermitteln Sie die Kosten K, die dem Busunternehmen durch Überbuchung auf 99 Personen entstehen.

Diese setzen sich aus Erstattung und Entschädigung zusammen und sind für die Fälle $X=97$, $X=98$, $X=99$ zu betrachten.

Stellen Sie diesen Kosten die Mehreinnahmen bei 3 Überbuchungen gegenüber.

Teilaufgabe c

In dieser Aufgabenstellung geht es um einen einseitigen Hypothesentest.

Machen Sie sich mit den σ-Regeln für die Bestimmung von Annahme- und Verwerfungsbereich sowie mit Fehlern 1. und 2. Art vertraut.

(1) Die Wahl der Nullhypothese hängt häufig davon ab, welche Bedeutung der Fehler 1. Art für den Analysten, hier konkret für das Busunternehmen hat.

Dessen Wahrscheinlichkeit lässt sich über das Signifikanzniveau vorgeben und somit möglichst klein halten.

Folglich wählt man die Nullhypothese gerade so, dass der Fehler 1. Art der folgenreichere Fehler ist.

Überlegen Sie also, welche Fehler bei diesem Test auftreten und welcher für das Busunternehmen der „schlimmere" ist.

(2) Zu bestimmen ist hier der Annahme- und Ablehnungsbereich der Nullhypothese H_0: $p \geq 0{,}07$.

Bei einer Irrtumswahrscheinlichkeit von 5 % wird die 1,64σ-Umgebung verwendet.

(3) Ein Fehler 2. Art liegt vor, wenn H_0 falsch ist, die Anzahl X der kurzfristig stornierten Buchungen aber im Annahmebereich von H_0 liegt, wenn also gilt: $X \geq 52$.

X ist binomialverteilt mit $n = 1\,000$ und $p = 0{,}04$.

Lösung

a) (1) Voraussetzung für die Anwendung der Binomialverteilung ist, dass für die Buchungen der Städtereisen die folgenden Bedingungen erfüllt sind:

- die Wahrscheinlichkeit p für den Antritt der Buchung ist bei jeder Buchung gleich ($p=0{,}95$);
- jede Buchung wird unabhängig von den anderen Buchungen mit $p=0{,}95$ angetreten;
- für jede Buchung gibt es nur zwei (verschiedene) Ergebnisse: „Buchung wird angetreten“ bzw. „Buchung wird nicht angetreten“ (Bernoulli-Versuch).

(2) Die Zufallsvariable X gibt die Anzahl der angetretenen Buchungen an. X ist binomialverteilt mit $n=59$ und $p=0{,}95$. Die zu ermittelnden Wahrscheinlichkeiten lassen sich mit einem GTR/CAS wie folgt berechnen.

binomPdf(59,0.95,59)	0.048495
1-binomCdf(59,0.95,0,54)	0.828133

E_1: Genau 59 Buchungen werden angetreten.
$P(E_1)=P(X=59)\approx 0{,}0485$

E_2: Mindestens 55 Buchungen werden angetreten.
$P(E_2)=P(X\geq 55)=1-P(X\leq 54)\approx 0{,}8281$

b) (1) Die Zufallsvariable X gibt wieder die Anzahl der angetretenen Buchungen an. X ist binomialverteilt mit $n=99$ und $p=0{,}95$.
Wenn mehr als eine Person (also mindestens zwei Personen) ihre Reise wegen Überbuchung nicht antreten können, dann müssen bei 96 zur Verfügung stehenden Plätzen mindestens 98 die Reise antreten wollen.

Es ist also die folgende Wahrscheinlichkeit mit dem GTR/CAS zu berechnen:

$P(98\leq X\leq 99)\approx 0{,}0387$

binomCdf(99,0.95,98,99)	0.038705
binomPdf(99,0.95,98)+binomPdf(99,0.95,99)	0.038705

Alternativ:

$$P(98\leq X\leq 99)=P(X=98)+P(X=99)\approx 0{,}0387$$

(2) Die Anzahl der Buchungen, die das Busunternehmen bei der betrachteten Reise bestätigt, sei mit n bezeichnet. Die Zufallsvariable X ist daher binomialverteilt mit unbekanntem n und $p=0{,}95$.
Gesucht ist der größte Wert für n, sodass die Wahrscheinlichkeit, dass mindestens eine Person wegen Überbuchung die Reise nicht antreten kann, maximal 5 % beträgt:

$P(X\geq 97)\leq 0{,}05 \quad \Leftrightarrow \quad 1-P(X\leq 96)\leq 0{,}05 \quad (*)$

Die Lösung lässt sich mit dem GTR/CAS durch gezieltes Probieren ermitteln, indem man in (*) nacheinander für n die Werte 97, 98, 99, … einsetzt und beobachtet, wann die 5 %-Grenze überschritten wird:

$n=97$: $1-P(X \leq 96) \approx 0{,}007$

$n=98$: $1-P(X \leq 96) \approx 0{,}0404$

$n=99$: $1-P(X \leq 96) \approx 0{,}1225$

1-binomCdf(97,0.95,0,96)	0.006905
1-binomCdf(98,0.95,0,96)	0.040397
1-binomCdf(99,0.95,0,96)	0.12245

Die Ergebnisse bedeuten:
- Bei 97 bestätigten Buchungen für 96 Plätze beträgt das Risiko für eine Überbuchung 0,7 %.
- Bei 98 bestätigten Buchungen für 96 Plätze beträgt das Risiko für eine Überbuchung 4,04 %.
- Bei 99 bestätigten Buchungen für 96 Plätze beträgt das Risiko für eine Überbuchung 12,25 %.

Will das Busunternehmen das Risiko auf maximal 5 % begrenzen, darf es folglich nicht mehr als 98 Buchungen bestätigen.

(3) Die Zufallsvariable X gibt wieder die Anzahl der angetretenen Buchungen an. X ist binomialverteilt mit $n=99$ und $p=0{,}95$.
Zu ermitteln sind die Kosten K, die dem Busunternehmen langfristig durch die Überbuchung auf 99 Personen entstehen (bestehend aus Erstattung und Entschädigung). Die Kosten K müssen den Mehreinnahmen E durch Überbuchung gegenübergestellt werden.

$$K = P(X=97) \cdot 320\text{ €} + P(X=98) \cdot 640\text{ €} + P(X=99) \cdot 960\text{ €} \approx 53{,}56\text{ €}$$

(Entschädigung und Erstattung für 1, 2 bzw. 3 Personen)

binomPdf(99,0.95,97)	0.083745
binomPdf(99,0.95,98)	0.032473
binomPdf(99,0.95,99)	0.006232
binomPdf(99,0.95,97)· 320+binomPdf(99,0.9▸	53.5639

Für die Mehreinnahmen E gilt:
$E = 3 \cdot 20\text{ €} = 60\text{ €}$

Das bedeutet: Für das Busunternehmen ergibt sich auf längere Sicht ein Überschuss von $60\text{ €} - 53{,}56\text{ €} = 6{,}44\text{ €}$ pro Fahrt. Somit lohnt sich die Überbuchung aus finanzieller Sicht.

c) (1) Bei dieser Aufgabenstellung handelt es sich um einen einseitigen Hypothesentest. Im Kontext steht dem bisherigen Anteil kurzfristiger Stornierungen von $p \geq 7\%$ die Vermutung von $p < 7\%$ im Falle von Entschädigungszahlungen bei kurzfristigen Stornierungen gegenüber. Aus dieser Konstellation ergeben sich zwei Hypothesen, die jeweils Gegenhypothesen zueinander und zunächst gleichrangig sind.

Im Interesse des Analysten (des Busunternehmens) ist es nun, die Nullhypothese so zu wählen, dass der Fehler, der für das Unternehmen am schädlichsten ist, zum Fehler 1. Art wird, da man die Wahrscheinlichkeit dieses Fehlers durch die Ermittlung des Annahme- bzw. Verwerfungsbereiches der Nullhypothese vorgeben kann.
Ein solch schädlicher Fehler ist die Situation, dass die Stornierungsrate weiterhin $p = 7\ \%$ beträgt, man aber zukünftig irrtümlich (wegen des Versuchsergebnisses) von einer niedrigeren Stornierungsrate ausgeht. Folglich wird man H_0: $p \geq 0{,}07$ als Nullhypothese testen und den Fehler 1. Art z. B. auf 5 % begrenzen.

(2) Zu ermitteln ist der Annahme- und Ablehnungsbereich der Nullhypothese H_0: $p \geq 0{,}07$ bei $n = 1\,000$ und einer Irrtumswahrscheinlichkeit von 5 %. Dazu bestimmt man die $1{,}64\sigma$-Umgebung von μ mit:

$\mu = n \cdot p = 1\,000 \cdot 0{,}07 = 70$

$\sigma = \sqrt{n \cdot p \cdot (1-p)} = \sqrt{1\,000 \cdot 0{,}07 \cdot 0{,}93} \approx 8{,}068 > 3$

Die Laplace-Bedingung ist erfüllt und die σ-Umgebungen sind zur Abschätzung geeignet.

Die Grenze zwischen Annahme- und Ablehnungsbereich ergibt sich durch:
$\mu - 1{,}64\sigma = 70 - 1{,}64 \cdot 8{,}068 \approx 56{,}77 \approx 56$ (Abrundung zur sicheren Seite)

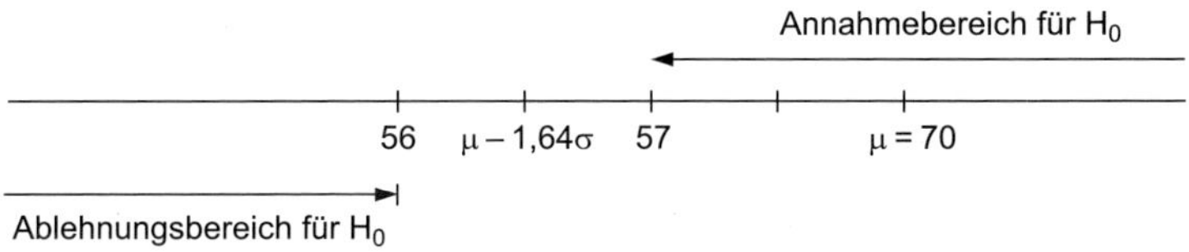

Das bedeutet: Mit einer Wahrscheinlichkeit von 95 % ist die Anzahl der Stornierungen bei einer Stornierungsrate von $p = 0{,}07$ größer oder gleich 57.

Liegt die Stornierungsrate bei 56 oder darunter, wird die Nullhypothese H_0 abgelehnt und man hält $p < 0{,}07$ für wahr und die Maßnahme von Stornierungsgebühren für erfolgreich.

Alternativ:
Die Zufallsvariable X gibt die Anzahl der kurzfristigen Stornierungen an.
X ist binomialverteilt mit $n = 1\,000$ und $p = 0{,}07$.
Man ermittelt durch systematisches Probieren mit dem GTR/CAS die Grenze, bei der die Irrtumswahrscheinlichkeit von 5 % überschritten wird:

$P(X \leq 56) \approx 0{,}0437$

$P(X \leq 57) \approx 0{,}0574$

binomCdf(1000,0.07,56)	0.043729
binomCdf(1000,0.07,57)	0.057396

Hieraus ergibt sich als Grenze der Wert 56 und das Busunternehmen wird von einem Erfolg der Maßnahme ausgehen, wenn die Anzahl der kurzfristigen Stornierungen höchstens 56 beträgt.

(3) Die Zufallsvariable X gibt die Anzahl der kurzfristigen Stornierungen an. X ist binomialverteilt mit $n = 1\,000$ und $p = 0{,}04$.
Ein Fehler 2. Art liegt vor, wenn die Nullhypothese falsch ist und $p < 0{,}07$ (hier $p = 0{,}04$ angenommen) gilt, die Anzahl X der kurzfristig stornierten Buchungen aber im Annahmebereich der Nullhypothese liegt, also $X \geq 52$ gilt. Somit ist folgende Wahrscheinlichkeit zu berechnen:

$P(X \geq 52) = 1 - P(X \leq 51) \approx 0{,}0357$

1−binomCdf(1000,0.04,51)	0.035682

Im Sachzusammenhang bedeutet das: In der Stichprobe von 1 000 Buchungen werden zufällig mehr als 51 kurzfristig storniert, die Nullhypothese wird folglich nicht verworfen, obwohl der Anteil kurzfristiger Stornierungen nur noch 4 % beträgt.

Abiturprüfung 2021 Mathematik Leistungskurs (Nordrhein-Westfalen)
Prüfungsteil A3 – Aufgaben ohne Hilfsmittel

Punkte

a) Gegeben ist eine in $\mathbb{R}$ definierte Funktion f mit $f(x) = x^4 - k \cdot x^2$, wobei k eine positive reelle Zahl ist. Abbildung 1 zeigt den Graphen von f.

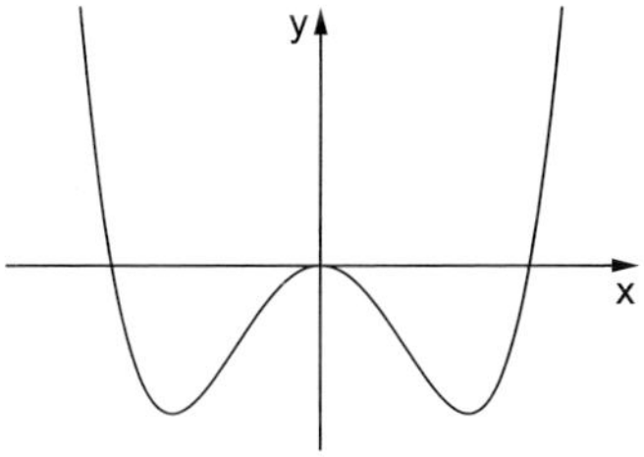

Abbildung 1

(1) Zeigen Sie, dass $f'(x) = 2x \cdot (2x^2 - k)$ eine Gleichung der ersten Ableitungsfunktion von f ist. 1

(2) Die beiden Tiefpunkte des Graphen von f haben jeweils die y-Koordinate -1.
Ermitteln Sie den Wert von k. 4

b) Die Funktion f ist gegeben durch $f(x) = -x^3 + 9x^2 - 23x + 15,\ x \in \mathbb{R}$. Die Funktion F ist eine Stammfunktion zur Funktion f. Der Graph von f ist in Abbildung 2 dargestellt.

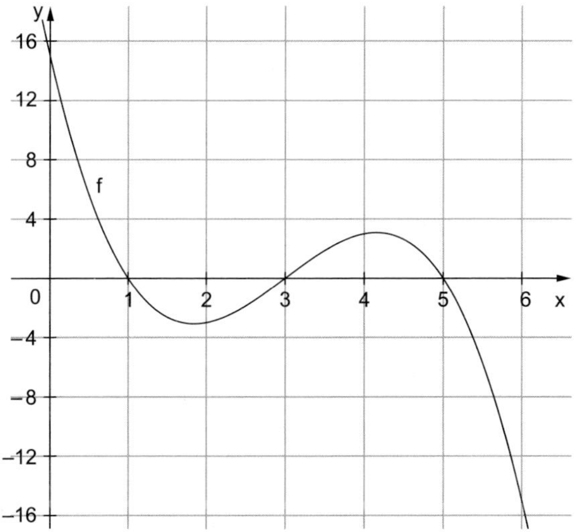

Abbildung 2

(1) Interpretieren Sie die Aussage $F(5) - F(1) = 0$ in Bezug auf den Graphen von f. 2

(2) Berechnen Sie $\int_0^1 f(x)\,dx$. 3

c) Gegeben ist die Funktion f mit $f(x) = (x^2 + 2x) \cdot e^{-x+4}$ mit $x \in \mathbb{R}$.
Der Graph von f ist in Abbildung 3 dargestellt.

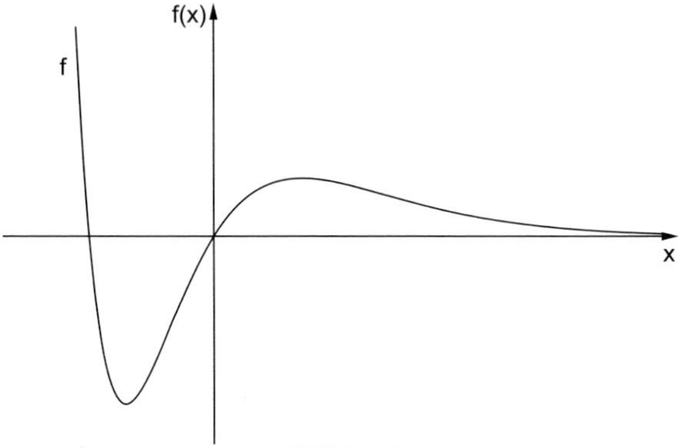

Abbildung 3

(1) Die Funktion f besitzt genau zwei Extremstellen.
Ermitteln Sie die beiden Extremstellen von f.
[Hinweis: Ein Nachweis der hinreichenden Bedingung ist nicht erforderlich.] 3

(2) Skizzieren Sie in Abbildung 3 den Graphen der ersten Ableitungsfunktion von f.
[Hinweis: Die Größe der y-Werte kann dabei unberücksichtigt bleiben.] 2

d) Für jedes $a \in \mathbb{R}$ ist durch die Gleichung

$$f_a(x) = \frac{1}{2}(x+2)(3x+a)^2 e^x, \ x \in \mathbb{R},$$

eine Funktion f_a gegeben.

In Abbildung 4 ist der Graph der Funktion f_a für $a = 0$ abgebildet.

(1) Es gibt genau einen Wert von a, sodass die Funktion f_a nur eine Nullstelle besitzt. Ermitteln Sie diesen Wert von a. 2

(2) Ermitteln Sie, für welche Werte von a der Punkt $P(3\,|\,90e^3)$ auf dem Graphen der Funktion f_a liegt. 3

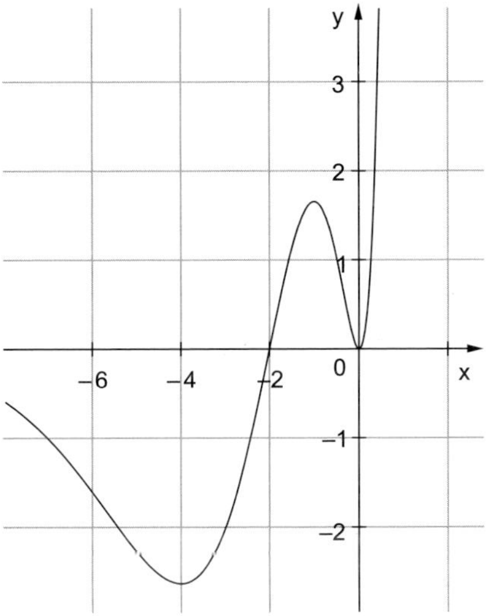

Abbildung 4

e) Betrachtet werden die Ebene $E\colon x_1 - x_2 + x_3 - 3 = 0$ und für $a \in \mathbb{R}$ die Gerade $g_a\colon \vec{x} = \begin{pmatrix} 1 \\ -2 \\ 0 \end{pmatrix} + s \cdot \begin{pmatrix} 2 \\ 1+a \\ 2 \end{pmatrix}$ mit $s \in \mathbb{R}$.

(1) Bestimmen Sie denjenigen Wert von a, für den die Gerade g_a senkrecht zu E steht. 2

(2) Untersuchen Sie, ob es einen Wert von a gibt, für den die Gerade g_a in E liegt. 3

f) Bei einem Gewinnspiel beträgt der Einsatz für die Teilnahme 3 Euro. Die Auszahlung in Euro wird durch die Zufallsgröße A beschrieben. Abbildung 5 zeigt die Wahrscheinlichkeitsverteilung von A.

(1) Zeigen Sie, dass p den Wert $\frac{1}{6}$ hat. 1

(2) Bei wiederholter Durchführung des Spiels ist zu erwarten, dass sich auf lange Sicht Einsätze und Auszahlungen ausgleichen. Berechnen Sie den Wert von b. 2

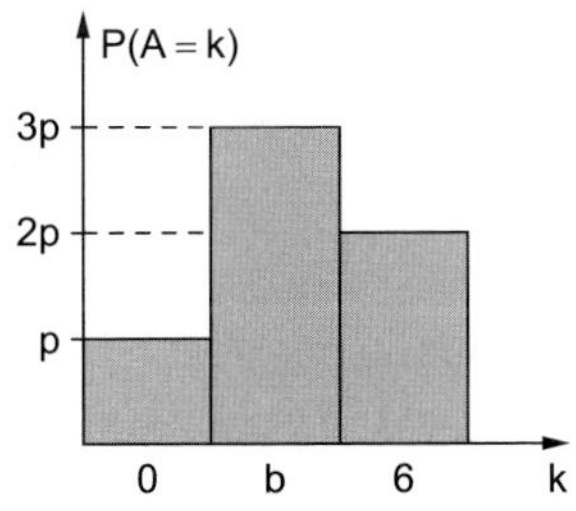

Abbildung 5

(3) Beschreiben Sie, wie das Gewinnspiel unter Verwendung eines Behälters sowie roter, grüner und blauer Kugeln durchgeführt werden könnte. 2

Hinweise und Tipps

Teilaufgabe a

(1) Ermitteln Sie den Funktionsterm der 1. Ableitung und formen Sie ihn durch Ausklammern passend um.

(2) Bestimmen Sie mithilfe der 1. Ableitung die möglichen Extremstellen.

Verwenden Sie dazu den Ableitungsterm in der Produktschreibweise.

Überlegen Sie, weshalb bei $x = 0$ kein Tiefpunkt liegen kann.

Berechnen Sie die y-Koordinate der Tiefpunkte in Abhängigkeit von k und setzen Sie diesen Term gleich –1.

Lösen Sie die entstehende Gleichung nach k auf und beachten Sie den Definitionsbereich von k.

Teilaufgabe b

(1) Betrachten Sie die Flächen, die vom Graphen von f und der x-Achse im Intervall [1; 5] eingeschlossen werden.

(2) Ermitteln Sie mithilfe einer Stammfunktion von f das Integral.

Teilaufgabe c

(1) Bestimmen Sie mithilfe der Ketten- und Produktregel die 1. Ableitung.

Formen Sie den Funktionsterm von f' durch Ausklammern so um, dass er als Produkt vorliegt.

Beachten Sie, dass ein Produkt null wird, wenn mindestens ein Faktor null ist.

(2) Überlegen Sie anhand des Tief- bzw. Hochpunktes von f, für welche x-Werte gilt: $f'(x) = 0$, $f'(x) < 0$ und $f'(x) > 0$

Untersuchen Sie anhand des Funktionsterms das Verhalten des Graphen von f' für $x \to \infty$.

Teilaufgabe d

(1) Bestimmen Sie die möglichen Nullstellen von f_a.

Ermitteln Sie einen Wert für a so, dass sich als einzige Nullstelle –2 ergibt.

(2) Setzen Sie die Koordinaten des Punktes P in die Funktionsgleichung ein und lösen Sie diese nach a auf.

Teilaufgabe e

(1) Der Normalenvektor der Ebene E und der Richtungsvektor der Geraden g_a müssen kollinear sein.

Erstellen Sie dazu ein Gleichungssystem und ermitteln Sie a.

(2) Zeigen Sie mit einer Punktprobe, dass der Punkt P zum Stützvektor der Geraden g_a in E liegt.

Beachten Sie, dass der Normalenvektor der Ebene E und der Richtungsvektor der Geraden g_a senkrecht zueinander sein müssen.

Erstellen Sie mithilfe des Skalarproduktes eine Gleichung und lösen Sie diese nach a auf.

Teilaufgabe f

(1) Berücksichtigen Sie, dass die Summe aller Einzelwahrscheinlichkeiten 1 ergibt.

(2) Der Erwartungswert μ einer Wahrscheinlichkeitsverteilung beschreibt die zu erwartenden Auszahlungen auf lange Sicht.

Ein Ausgleich von Einsatz und Auszahlung auf lange Sicht bedeutet, dass beide denselben Wert annehmen.

Erstellen Sie einen Term für den Erwartungswert, indem Sie die in Abbildung 5 dargestellten Zufallsgrößen mit den entsprechenden Wahrscheinlichkeiten kombinieren.

(3) Nehmen Sie einen Behälter mit 6 Kugeln an.

Wählen Sie die Anzahl der farbigen Kugeln entsprechend der Wahrscheinlichkeitsverteilung in Abbildung 5.

Lösung

a) (1) $f'(x) = 4x^3 - 2kx = 2x \cdot (2x^2 - k)$

(2) Mögliche Tiefpunkte errechnen sich aus $f'(x) = 0$:
$f'(x) = 2x \cdot (2x^2 - k) = 0$

Daraus ergibt sich:
(I) $2x = 0$ oder (II) $2x^2 - k = 0$

Da $f(0) = 0 \neq -1$, liegen die Tiefpunkte nicht bei $x = 0$ und es muss nur (II) betrachtet werden.

$$2x^2 - k = 0$$
$$2x^2 = k$$
$$x_1 = -\sqrt{\frac{k}{2}} \text{ oder } x_2 = \sqrt{\frac{k}{2}}$$

Diese beiden Stellen sind mögliche Extremstellen, da $k > 0$.

Für die y-Koordinate der Tiefpunkte gilt:

$$f\left(-\sqrt{\frac{k}{2}}\right) = f\left(\sqrt{\frac{k}{2}}\right) = \frac{k^2}{4} - k \cdot \frac{k}{2} = -\frac{k^2}{4}$$

Da die y-Koordinate des Tiefpunktes –1 betragen soll, gilt:

$$-\frac{k^2}{4} = -1$$
$$k^2 = 4$$
$$k = 2 \text{ (da } k > 0)$$

b) (1) Im Intervall von [1; 5] werden zwei Flächen vom Graphen von f eingeschlossen. Die Fläche im Intervall von [1; 3] liegt unterhalb der x-Achse und ist genauso groß wie die Fläche im Intervall von [3; 5] oberhalb der x- Achse.

(2) Eine Stammfunktion von f lautet:

$$F(x) = -\frac{1}{4}x^4 + 3x^3 - \frac{23}{2}x^2 + 15x$$

Das Integral ergibt:

$$\int_0^1 f(x)\,dx = F(1) - F(0) = -\frac{1}{4} + 3 - \frac{23}{2} + 15 - 0 = -\frac{1}{4} + \frac{12}{4} - \frac{46}{4} + \frac{60}{4} = \frac{25}{4}$$

c) (1) Um die Ableitung von f zu bestimmen, muss die Ketten- und die Produktregel angewendet werden:

$$f'(x) = (2x + 2) \cdot e^{-x+4} + (x^2 + 2x) \cdot e^{-x+4} \cdot (-1)$$
$$= (2x + 2 - x^2 - 2x) \cdot e^{-x+4}$$
$$= (2 - x^2) \cdot e^{-x+4}$$

Für mögliche Extremstellen (notwendige Bedingung) gilt:

$f'(x) = (2 - x^2) \cdot e^{-x+4} = 0$

Wegen $e^{-x+4} \neq 0$ für alle $x \in \mathbb{R}$ gilt:

$2 - x^2 = 0$

$x^2 = 2$

$x_1 = -\sqrt{2}$ oder $x_2 = \sqrt{2}$

Die beiden Extremstellen liegen bei $x_1 = -\sqrt{2}$ oder $x_2 = \sqrt{2}$.

(2) Da bei der Funktion f für $x_1 = -\sqrt{2}$ ein Tiefpunkt und für $x_2 = \sqrt{2}$ ein Hochpunkt vorliegt, lässt sich für die y-Werte von f' Folgendes schließen:

Die Nullstellen von f' liegen bei $x_1 = -\sqrt{2}$ und $x_2 = \sqrt{2}$.

$f'(x) < 0$ für $x < -\sqrt{2}$, da der Graph von f fällt.

$f'(x) > 0$ für $-\sqrt{2} < x < \sqrt{2}$, da der Graph von f steigt.

$f'(x) < 0$ für $x > \sqrt{2}$, da der Graph von f fällt.

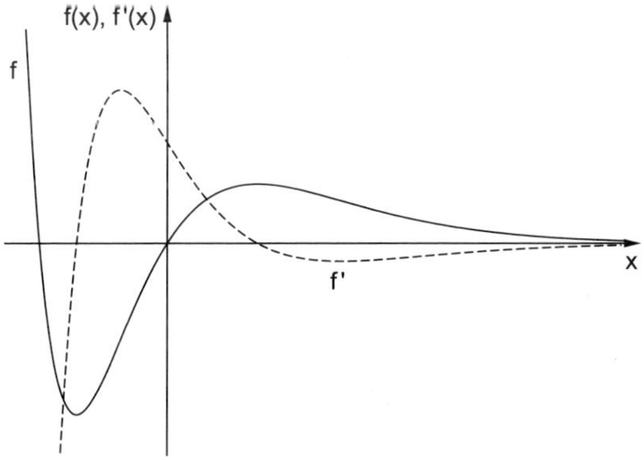

An dem Funktionsterm von f' ist zu sehen, dass sich der Graph der x-Achse als Asymptote nähert, denn für $x \to \infty$ gilt: $f'(x) \to 0$.

d) (1) Für die Nullstellen muss $f_a(x) = 0$ gelten:

$f_a(x) = \frac{1}{2}(x+2)(3x+a)^2 e^x = 0$

Wegen $e^x \neq 0$ für alle $x \in \mathbb{R}$ gilt:

$x + 2 = 0 \quad \vee \quad (3x + a)^2 = 0$

$x = -2 \quad \vee \quad 3x + a = 0$

$x = -\frac{1}{3}a$

Da f_a nur eine Nullstelle besitzen soll, muss gelten:

$-\frac{1}{3}a = -2 \quad \Leftrightarrow \quad a = 6$

Somit besitzt die Funktion f_a für $a = 6$ nur eine Nullstelle.

(2) Setzt man den Punkt $P(3\,|\,90e^3)$ in die Funktionsgleichung ein, so ergibt sich:

$$\begin{aligned}
f_a(3) &= 90e^3 \\
\frac{1}{2}\cdot 5\cdot(9+a)^2\cdot e^3 &= 90e^3 \\
\frac{5}{2}\cdot(9+a)^2 &= 90 \\
(9+a)^2 &= 36 \\
9+a=6 \quad &\vee \quad 9+a=-6 \\
a=-3 \quad &\vee \quad a=-15
\end{aligned}$$

Somit liegt der Punkt P für die Werte $a=-3$ oder $a=-15$ auf dem Graphen von f_a.

e) (1) Der Normalenvektor der Ebene E lautet:

$$\vec{n}=\begin{pmatrix}1\\-1\\1\end{pmatrix}$$

Der Richtungsvektor der Geraden g_a ist:

$$\vec{v}_a=\begin{pmatrix}2\\1+a\\2\end{pmatrix}$$

Damit die Gerade g_a senkrecht zu E steht, müssen der Normalenvektor und der Richtungsvektor kollinear sein:

$$r\cdot\begin{pmatrix}1\\-1\\1\end{pmatrix}=\begin{pmatrix}2\\1+a\\2\end{pmatrix} \iff \begin{matrix}r=2\\-r=(1+a)\\r=2\end{matrix} \iff r=2 \text{ und } a=-3$$

Für $a=-3$ steht die Gerade g_a senkrecht zu E.

(2) Zunächst ist zu prüfen, ob der Punkt $P(1\,|\,-2\,|\,0)$ der Geraden g_a in E liegt. Einsetzen in die Ebenengleichung ergibt:

$1-(-2)+0-3=0$

Daher liegt P in E.

Der Normalenvektor der Ebene $\vec{n}=\begin{pmatrix}1\\-1\\1\end{pmatrix}$ und der Richtungsvektor der Geraden $\vec{v}_a=\begin{pmatrix}2\\1+a\\2\end{pmatrix}$ müssen senkrecht zueinander sein. Für das Skalarprodukt aus beiden Vektoren muss gelten:

$$\begin{pmatrix}1\\-1\\1\end{pmatrix}\circ\begin{pmatrix}2\\1+a\\2\end{pmatrix}=0 \iff 2-1\cdot(1+a)+2=0 \iff a=3$$

Für $a=3$ liegt die Gerade g_a in der Ebene E.

f) (1) Die Summe der Einzelwahrscheinlichkeiten ergibt $100\,\% = 1$.

$$p + 3p + 2p = 1 \quad \Leftrightarrow \quad 6p = 1 \quad \Leftrightarrow \quad p = \frac{1}{6}$$

(2) Ein langfristiger Ausgleich von Einsatz und Auszahlung bedeutet, dass der Erwartungswert $E = \mu$ mit 3 Euro genauso groß ist wie der Einsatz.

$\mu = 0 \cdot P(A = 0) + b \cdot P(A = b) + 6 \cdot P(A = 6) = 3$

$$0 \cdot \frac{1}{6} + b \cdot \frac{3}{6} + 6 \cdot \frac{2}{6} = 3$$

$$\frac{1}{2} \cdot b + 2 = 3$$

$$b = 2$$

Für $b = 2$ gleichen sich auf lange Sicht die Einsätze und die Auszahlungen aus.

(3) Wählt man z. B. insgesamt 6 Kugeln für den Behälter, so befinden sich dort z. B. eine rote, drei grüne und zwei blaue Kugeln.
Die Spielerin/der Spieler entnimmt dem Behälter zufällig eine Kugel. Ist die entnommene Kugel rot, erfolgt keine Auszahlung. Ist sie grün, werden 2 Euro ausgezahlt. Ist sie blau, werden 6 Euro ausgezahlt.

Abiturprüfung 2021 Mathematik Leistungskurs (Nordrhein-Westfalen)
Prüfungsteil B – Analysis B1 (GTR)

Die Funktion f ist gegeben durch die Gleichung $f(x) = 10 \cdot (x-1) \cdot e^{-x}$, $x \in \mathbb{R}$.
Der Graph von f ist in Abbildung 1 dargestellt.

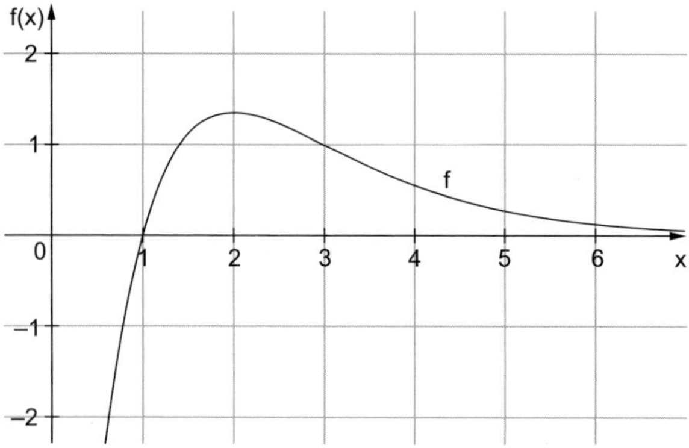

Abbildung 1

Punkte

a) (1) Begründen Sie, dass $x = 1$ die einzige Nullstelle von f ist. 1

(2) Zeigen Sie: $f'(x) = 10 \cdot (2-x) \cdot e^{-x}$. 2

(3) Untersuchen Sie f rechnerisch auf lokale Extremstellen. 3

b) (1) Gegeben ist die Funktion t mit $t(x) = -10 \cdot e^{-3} \cdot x + 50 \cdot e^{-3}$, $x \in \mathbb{R}$, und der Wendepunkt $W(3\,|\,f(3))$ des Graphen von f.
Weisen Sie rechnerisch nach, dass der Graph von t die Tangente an den Graphen von f im Punkt W ist. 4

(2) Die Schnittpunkte der in b(1) gegebenen Tangente mit den beiden Koordinatenachsen legen eine Strecke fest.
Berechnen Sie die Länge dieser Strecke. 3

(3) Im Intervall [1; 5] begrenzen der Graph von f und die in b(1) gegebene Tangente zusammen mit der x-Achse eine Fläche F (siehe Abbildung 2).
Bestimmen Sie den Flächeninhalt von F. 3

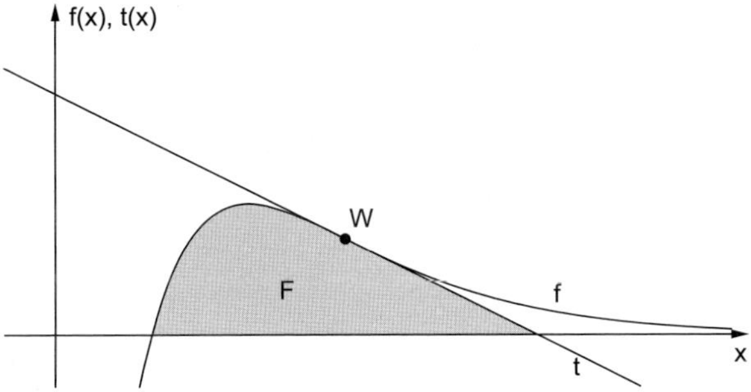

Abbildung 2

c) Die Gerade g ist die Parallele zur x-Achse durch den Hochpunkt $H(2\,|\,f(2))$ des Graphen von f. Die y-Achse, g und der Graph von f schließen eine Fläche ein (siehe grau gefärbte Fläche in Abbildung 3).

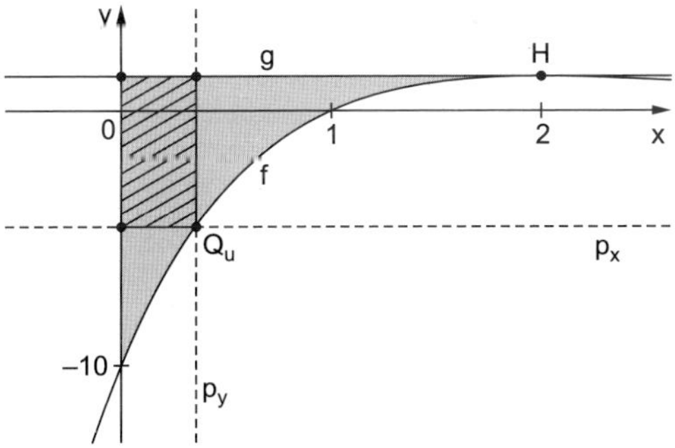

Abbildung 3

(1) Ermitteln Sie den Inhalt dieser Fläche. 3

$Q_u(u\,|\,f(u))$, $0 < u < 2$, ist ein Punkt auf dem Graphen von f. Die Parallelen durch Q_u zu den beiden Koordinatenachsen werden mit p_x und p_y bezeichnet. Die y-Achse, g, p_x und p_y begrenzen ein Rechteck (siehe schraffierte Fläche in Abbildung 3).

(2) Ermitteln Sie den Flächeninhalt dieses Rechtecks für den Fall, dass Q_u mit dem Schnittpunkt übereinstimmt, den der Graph von f mit der x-Achse hat. 2

(3) Untersuchen Sie, um wie viel Prozent sich der Wert aus (2) maximal vergrößern lässt, wenn für $Q_u(u\,|\,f(u))$ eine andere Position mit $0 < u < 2$ gewählt wird. 5

d) Die Gerade mit der Gleichung $y = x$ wird als „1. Winkelhalbierende" bezeichnet. Es gibt genau eine Tangente t_R an den Graphen von f, die parallel zur 1. Winkelhalbierenden ist. Eine mit vier Nachkommastellen angegebene näherungsweise Gleichung für t_R ist
$y = x - 0{,}3824$.

Ermitteln Sie rechnerisch den Abstand, den die Tangente t_R von der 1. Winkelhalbierenden hat. 4

e) Die Funktion f gehört zur Schar h_a, die gegeben ist durch
$h_a(x) = 10 \cdot (x - a) \cdot e^{-x}$, $x \in \mathbb{R}$, $a \in \mathbb{R}$.

Ohne Nachweis kann verwendet werden
$h_a''(x) = 10 \cdot (x - a - 2) \cdot e^{-x}$.

Der Graph von h_a besitzt genau einen Wendepunkt W_a.

(1) Ermitteln Sie die Koordinaten des Wendepunktes W_a.
[Hinweis: Ein Nachweis der hinreichenden Bedingung ist hier nicht erforderlich.] 4

(2) t_a ist die Tangente im Wendepunkt W_a. Eine Gleichung für t_a ist
$y = -10 \cdot e^{-a-2} \cdot x + 10 \cdot (a + 4) \cdot e^{-a-2}$.

Für $a \neq -4$ begrenzt t_a mit den beiden Koordinatenachsen ein Dreieck. Leiten Sie einen Term für den Flächeninhalt A_D des Dreiecks her.
[Mögliche Lösung: $A_D(a) = 5 \cdot (a + 4)^2 \cdot e^{-a-2}$] 4

(3) Ermitteln Sie einen Wert von a, für den die Dreiecksfläche die Größe 10 FE hat. 2

Hinweise und Tipps

Teilaufgabe a

(1) Setzen Sie den Funktionsterm gleich 0 und lösen Sie die entstehende Gleichung nach x auf.

(2) Leiten Sie den Funktionsterm mithilfe der Faktor-, Produkt- und Kettenregel ab.

(3) Die notwendige Bedingung für eine Extremstelle lautet: $f'(x) = 0$

Die hinreichende Bedingung für eine Extremstelle lautet: $f'(x) = 0 \wedge f''(x) \neq 0$

Bilden Sie die 2. Ableitung mithilfe der Faktor-, Produkt- und Kettenregel.

Oder

Die hinreichende Bedingung für eine Extremstelle lautet: $f'(x) = 0$ und an der möglichen Extremstelle findet ein Vorzeichenwechsel statt.

Teilaufgabe b

(1) Denken Sie daran, dass bei einer Tangente an den Graphen einer Funktion f im Punkt P die gleiche Steigung und der gleiche Funktionswert vorliegen.

Die Steigung des Graphen der Funktion an der Stelle $x = 3$ ist gleich dem Wert der 1. Ableitung an der Stelle $x = 3$.

(2) Der Schnittpunkt mit der y-Achse kann mithilfe des y-Achsenabschnitts der Tangente bestimmt werden.

Im Schnittpunkt der Tangente mit der x-Achse ist der Funktionswert der Tangente gleich null.

Die Länge einer Strecke mit den Endpunkten $P(x_P \mid y_P)$ und $Q(x_Q \mid y_Q)$ berechnet sich nach folgender Formel:

$d(P; Q) = \sqrt{(x_P - x_Q)^2 + (y_P - y_Q)^2}$

(3) Die Gesamtfläche kann durch eine Senkrechte vom Wendepunkt W auf die x-Achse in zwei Teilflächen unterteilt werden.

Achten Sie bei den Integrationsgrenzen auf die vorherigen Aufgaben.

Berechnen Sie den Flächeninhalt der Teilflächen mithilfe des GTR.

Teilaufgabe c

(1) Beachten Sie bei der Geradengleichung die y-Koordinate des Hochpunktes.

Stellen Sie mithilfe der Geradengleichung und der Funktionsgleichung der Funktion f die Differenzfunktion d auf.

Entnehmen Sie die Integrationsgrenzen der Abbildung oder der Beschreibung der Fläche.

(2) Der Flächeninhalt A eines Rechtecks mit den Seitenlängen a und b berechnet sich nach folgender Formel:
$A = a \cdot b$

Achten Sie bei der Bestimmung der Seitenlängen auf den Hochpunkt und auf den Schnittpunkt des Graphen der Funktion f mit der x-Achse.

(3) Stellen Sie mithilfe der Flächeninhaltsformel für ein Rechteck die Zielfunktion auf.

Bestimmen Sie das Maximum mit dem GTR grafisch.

Wählen Sie den Flächeninhalt aus Teilaufgabe c (2) als Grundwert und den maximalen Flächeninhalt als vermehrten Grundwert.

Teilaufgabe d

- Denken Sie daran, dass der Abstand die kürzeste Entfernung ist.
- Ein Punkt P, der vom Punkt Q auf der 1. Winkelhalbierenden die kürzeste Entfernung hat, liegt auf der Senkrechten zur 1. Winkelhalbierenden durch P.
- Für die Steigungen zweier senkrecht aufeinanderstehender Geraden mit den Steigungen m_1 und m_2 gilt $m_1 \cdot m_2 = -1$.
- Bestimmen Sie die Gleichung der Senkrechten zur 1. Winkelhalbierenden durch den Ursprung.
- Ermitteln Sie mithilfe der Senkrechten und der vorgegebenen Tangentengleichung den Schnittpunkt der beiden Geraden.
- Wenden Sie den Satz des Pythagoras an, um den Abstand zu berechnen.

Oder

- Beachten Sie, dass das Dreieck zwischen der 1. Winkelhalbierenden, der Senkrechten und der y-Achse ein rechtwinklig-gleichschenkliges Dreieck ist.
- Entnehmen Sie der Tangentengleichung die Länge der Hypotenuse.
- Wenden Sie den Satz des Pythagoras zur Berechnung des Abstandes an.

Teilaufgabe e

- (1) Die notwendige Bedingung für eine Wendestelle lautet: $h_a''(x) = 0$
- Die hinreichende Bedingung für eine Wendestelle braucht laut Aufgabenstellung nicht überprüft zu werden.
- Vergessen Sie nicht, die y-Koordinate des Wendepunktes zu berechnen.
- (2) Das Dreieck zwischen der Wendetangente und den Koordinatenachsen ist rechtwinklig.
- Denken Sie bei der Berechnung der Seitenlängen an Teilaufgabe b (2).
- Der Flächeninhalt eines rechtwinkligen Dreiecks berechnet sich nach folgender Formel:

  $A = \frac{1}{2} \cdot \text{Kathete 1} \cdot \text{Kathete 2}$
- Setzen Sie die ermittelten Seitenlängen der Katheten in die Flächeninhaltsformel ein.
- (3) Setzen Sie den Funktionsterm gleich dem vorgegebenen Flächeninhalt und berechnen Sie die Gleichung mit dem GTR.

  Oder
- Zeichnen Sie den Graphen der Funktion A_D und eine Gerade, die den Flächeninhalt angibt, und bestimmen Sie grafisch die Schnittpunkte.

Lösung

a) (1) In den Nullstellen der Funktion $f(x) = 10 \cdot (x-1) \cdot e^{-x}$, $x \in \mathbb{R}$ ist der Funktionswert null.

$$10 \cdot (x-1) \cdot e^{-x} = 0 \quad \Big| : 10e^{-x} \neq 0 \text{ für alle } x \in \mathbb{R}$$
$$x - 1 = 0$$
$$x = 1$$

$x = 1$ ist die einzige Nullstelle.

(2) Eine Ableitung mithilfe der Faktor-, Produkt- und Kettenregel ergibt:

$f'(x) = 10 \cdot [1 \cdot e^{-x} + (x-1) \cdot (-1) \cdot e^{-x}] = 10 \cdot [(1 - x + 1) \cdot e^{-x}] = 10 \cdot (2 - x) \cdot e^{-x}$

(3) Zunächst wird die 2. Ableitung mithilfe der Faktor-, Produkt- und Kettenregel berechnet:

$$f''(x) = 10 \cdot [-1 \cdot e^{-x} + (2-x) \cdot (-1) \cdot e^{-x}]$$
$$= 10 \cdot [(-1 - 2 + x) \cdot e^{-x}]$$
$$= 10 \cdot (x - 3) \cdot e^{-x}$$

Die notwendige Bedingung für eine Extremstelle lautet: $f'(x) = 0$

$$10 \cdot (2 - x) \cdot e^{-x} = 0 \quad \Big| : 10e^{-x} \neq 0 \text{ für alle } x \in \mathbb{R}$$
$$2 - x = 0$$
$$x = 2$$

Die hinreichende Bedingung für eine Extremstelle lautet: $f'(x) = 0 \wedge f''(x) \neq 0$

$f''(2) = 10 \cdot (2-3) \cdot e^{-2} = -10e^{-2} < 0$

Da $f''(2) < 0$ ist, liegt an der Stelle $x = 2$ eine lokale Maximumstelle vor.

Alternativ:
Die hinreichende Bedingung für eine Extremstelle lautet: $f'(x) = 0$ und an der möglichen Extremstelle findet ein Vorzeichenwechsel statt.

$f'(1) = 10 \cdot (2-1) \cdot e^{-1} = 10e^{-1} > 0$

$f'(3) = 10 \cdot (2-3) \cdot e^{-1} = -10e^{-1} < 0$

An der Stelle $x = 2$ findet ein (+/–)-Vorzeichenwechsel statt. Daher liegt hier eine lokale Maximumstelle vor.

Eine Rechnung mit dem GTR reicht bei den Operatoren „begründen Sie“, „zeigen Sie“, „untersuchen Sie rechnerisch“ oder „weisen Sie rechnerisch nach“ nicht aus. Dies betrifft die Teilaufgaben a und b (1).

b) (1) Wenn die Gerade mit der Gleichung $t(x) = -10e^{-3} \cdot x + 50e^{-3}$ Tangente an den Graphen der Funktion f im Wendepunkt $W(3 \mid f(3))$, also die Wendetangente, ist, dann müssen die Funktionswerte von Gerade und Funktion f an der Stelle $x = 3$ übereinstimmen. Ebenso muss die Steigung des Graphen an der Stelle $x = 3$ mit der Steigung der Geraden übereinstimmen.

Es gilt:

$f(3) = 10 \cdot (3-1) \cdot e^{-3} = 20e^{-3}$

$t(3) = -10e^{-3} \cdot 3 + 50e^{-3} = 20e^{-3}$

Die Funktionswerte stimmen überein.

Die Steigung der Geraden ist $m = -10e^{-3}$.
Die Steigung des Graphen der Funktion f an der Stelle $x = 3$ ist gleich dem Wert der 1. Ableitung an der Stelle $x = 3$.

$f'(3) = 10 \cdot (2-3) \cdot e^{-3} = -10e^{-3}$

Die Steigungen stimmen überein.

Somit gilt: Die Gerade t ist die Tangente am Graphen der Funktion f im Wendepunkt.

(2) Der y-Achsenabschnitt der Tangente liefert den Schnittpunkt mit der y-Achse: $S_y(0 \mid 50e^{-3})$

Im Schnittpunkt der Tangente mit der x-Achse ist der Funktionswert der Tangente gleich null.

$$-10e^{-3} \cdot x + 50e^{-3} = 0$$
$$50e^{-3} = 10e^{-3} \cdot x \quad \mid : (10e^{-3})$$
$$x = 5$$

Der Schnittpunkt mit der x-Achse ist $N(5 \mid 0)$.

Die Länge einer Strecke mit den Endpunkten $P(x_P \mid y_P)$ und $Q(x_Q \mid y_Q)$ berechnet sich nach folgender Formel:

$$d(P; Q) = \sqrt{(x_P - x_Q)^2 + (y_P - y_Q)^2}$$

Einsetzen der Koordinaten der Punkte S_y und N in die Abstandsformel ergibt:

$$d(S_y; N) = \sqrt{(0-5)^2 + (50e^{-3} - 0)^2} \approx 5{,}59\,[\text{LE}]$$

Die Strecke hat eine Länge von ca. 5,59 Längeneinheiten.

(3) Die Gesamtfläche kann durch eine Senkrechte vom Wendepunkt W auf die x-Achse in zwei Teilflächen unterteilt werden.

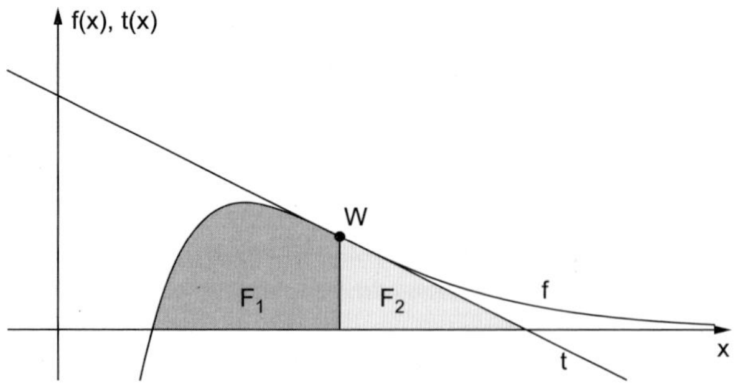

Die Gesamtfläche setzt sich zusammen aus der Fläche F_1 unter dem Graphen der Funktion f in [1; 3] und der Fläche F_2 unter dem Graphen der Funktion t in [3; 5].

$$\int_1^3 f(x)\,dx + \int_3^5 t(x)\,dx \approx 3{,}18$$

$f(x):=10\cdot(x-1)\cdot e^{-x}$	*Fertig*
$t(x):=-10\cdot e^{-3}\cdot x+50\cdot e^{-3}$	*Fertig*
$\int_1^3 f(x)\,dx+\int_3^5 t(x)\,dx$	3.18092

Alternativ:

Die Teilfläche zwischen der Senkrechten, der x-Achse und der Tangente ist ein rechtwinkliges Dreieck, dessen Flächeninhalt durch die Formel $A=\frac{1}{2}\cdot \text{Kathete 1}\cdot\text{Kathete 2}$ berechnet werden kann.

Mit den Kathetenlängen $(5-3)$ und $t(3)$ berechnet man mit dem GTR:

$$\int_1^3 f(x)\,dx + \frac{1}{2}\cdot(5-3)\cdot t(3) \approx 3{,}18$$

$\int_1^3 f(x)\,dx+\frac{1}{2}\cdot(5-3)\cdot t(3)$	3.18092

Der Inhalt der Fläche F beträgt ca. 3,18 FE.

c) (1) Die Fläche wird eingeschlossen von der Geraden g und dem Graphen der Funktion f im Intervall [0; 2].

Die Gerade g hat die Gleichung $y=f(2)$, die Differenzfunktion d die Gleichung $d(x)=f(2)-f(x)$. Da $g(x)\geq f(x)$ in [0; 2] ist, sind die Funktionswerte der Differenzfunktion d nicht-negativ.

Es gilt:

$$\int_0^2 d(x)\,dx \approx 5{,}41$$

$g(x):=f(2)$	*Fertig*
$d(x):=f(2)-f(x)$	*Fertig*
$\int_0^2 d(x)\,dx$	5.41341

Der Flächeninhalt beträgt ca. 5,41 FE.

(2) Der Flächeninhalt A eines Rechtecks mit den Seitenlängen a und b berechnet sich nach der Formel $A=a\cdot b$.

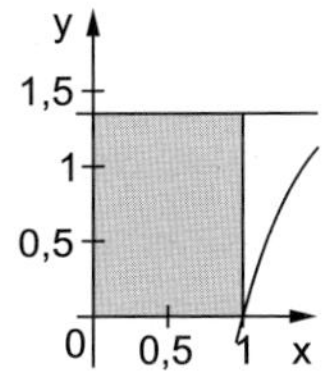

Die Seitenlängen des Rechtecks sind 1 [LE] und f(2) [LE].

Folglich ist der Flächeninhalt:

$A=1\cdot f(2)=10e^{-2}\approx 1{,}35\,[\text{FE}]$

Das Rechteck hat einen Flächeninhalt von ca. 1,35 FE.

(3) Die Seiten des Rechtecks haben die Längen u [LE] und d(u) [LE]. Mit der Flächeninhaltsformel für ein Rechteck lautet die Extremalbedingung:
$A = u \cdot d(u)\,[FE]$

Die zugehörige Zielfunktion lautet:
$A(u) = u \cdot d(u);\ 0 < u < 2$

Der Graph der Zielfunktion wird mit dem GTR gezeichnet und anschließend grafisch das Maximum ermittelt.
Der Graph der Funktion A(u) hat bei H(0,485 | 2,19) einen absoluten Hochpunkt.

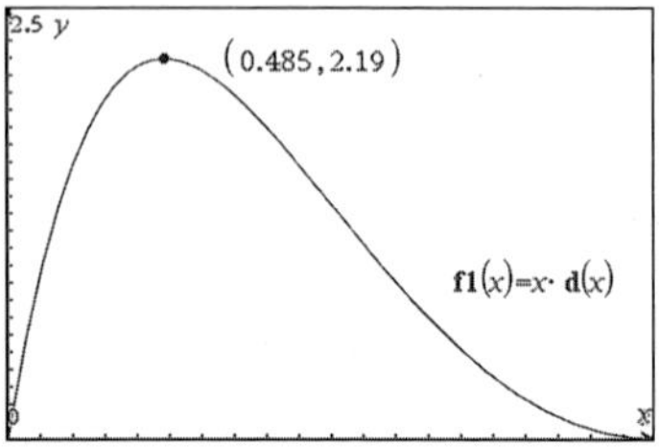

Der Flächeninhalt aus Teilaufgabe c (2) ist der Grundwert. Der maximale Flächeninhalt ist der vermehrte Grundwert. Damit gilt:

$$\frac{2{,}19}{1{,}35} \approx 1{,}6222$$

Der Flächeninhalt des Rechtecks aus Teilaufgabe c (2) kann maximal um ca. 62 % vergrößert werden.

d) Der Abstand ist die kürzeste Entfernung. Diese kürzeste Entfernung erhält man, wenn man sich auf einer Senkrechten zur 1. Winkelhalbierenden bewegt. Für die Steigungen zweier senkrecht aufeinanderstehender Geraden mit den Steigungen m_1 und m_2 gilt $m_1 \cdot m_2 = -1$.

Die 1. Winkelhalbierende hat die Steigung 1, eine Senkrechte zur 1. Winkelhalbierenden folglich die Steigung –1. Läuft die Senkrechte durch den Ursprung, so lautet die Gleichung der Senkrechten $y = -x$ (dies ist die Gleichung der 2. Winkelhalbierenden).

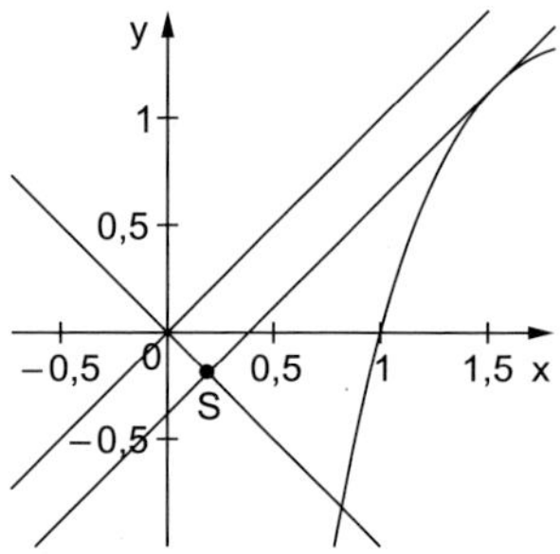

Der Abstand der Tangente t_R von der 1. Winkelhalbierenden ist gleich dem Abstand des Schnittpunktes S der Senkrechten mit der Tangente t_R.

Der Schnittpunkt S wird durch Gleichsetzen der Tangenten t_R und der Senkrechten zu t_R berechnet:

$$x - 0{,}3824 = -x$$
$$2x = 0{,}3824$$
$$x = 0{,}1912$$
$$\Rightarrow\ y = -0{,}1912$$

Der Schnittpunkt S der Tangenten mit der Senkrechten lautet S(0,1912 | –0,1912).

Mit dem Satz des Pythagoras berechnet man:

$d(O; S) = \sqrt{0{,}1912^2 + 0{,}1912^2} \approx 0{,}27$ [LE]

Der Abstand der Tangente t_R von der 1. Winkelhalbierenden beträgt ca. 0,27 LE.

Alternativ:
Die 1. Winkelhalbierende, die Senkrechte und die y-Achse schließen ein rechtwinklig-gleichschenkliges Dreieck ein. Die Länge der Hypotenuse ist gleich dem Betrag des y-Achsenabschnittes der Tangente t_R. Ist z die Länge der Kathete, so erhält man durch Anwenden des Satzes des Pythagoras folgende Gleichung:

$$z^2 + z^2 = 0{,}3824^2$$
$$z \approx 0{,}27 \text{ [LE]}$$

e) (1) Die notwendige Bedingung für eine Wendestelle lautet: $h_a''(x) = 0$

$$10 \cdot (x - a - 2) \cdot e^{-x} = 0 \quad \left|:10e^{-x} \neq 0 \text{ für alle } x \in \mathbb{R}\right.$$
$$x - a - 2 = 0$$
$$x = a + 2$$

Die hinreichende Bedingung für eine Wendestelle braucht laut Aufgabenstellung nicht überprüft zu werden.

Für die y-Koordinate des Wendepunktes gilt:

$$h_a(a+2) = 10 \cdot (a + 2 - a) \cdot e^{-(a+2)} = 20e^{-a-2}$$

Nach Aufgabenstellung gibt es genau einen Wendepunkt. Dieser Wendepunkt W_a hat die Koordinaten $W_a(a+2 \mid 20e^{-a-2})$.

(2) Das Dreieck zwischen der Wendetangenten und den Koordinatenachsen ist rechtwinklig. Die Länge der Kathete, die auf der y-Achse liegt, entspricht dem y-Achsenabschnitt $10 \cdot (a+4) \cdot e^{-a-2}$ der Wendetangenten.

Die Länge der 2. Kathete auf der x-Achse entspricht dem Abstand zwischen dem Ursprung und dem Schnittpunkt mit der x-Achse.

$$-10 \cdot e^{-a-2} \cdot x + 10 \cdot (a+4) \cdot e^{-a-2} = 0 \quad \left|:10e^{-a-2} \neq 0 \text{ für alle } a \in \mathbb{R}\right.$$
$$-x + a + 4 = 0$$
$$x = a + 4$$

Die Länge der Kathete, die auf der x-Achse liegt, beträgt $a+4$ [LE].

Der Flächeninhalt eines rechtwinkligen Dreiecks berechnet sich nach der Formel:

$$A = \frac{1}{2} \cdot \text{Kathete 1} \cdot \text{Kathete 2}$$

Für den Flächeninhalt des Dreiecks erhält man damit folgende Flächeninhaltsfunktion:

$$A_D(a) = \frac{1}{2} \cdot 10 \cdot (a+4) \cdot e^{-a-2} \cdot (a+4) = 5 \cdot (a+4)^2 \cdot e^{-a-2}$$

(3) Zur Berechnung des Parameters a, bei dem das Dreieck den Flächeninhalt 10 FE hat, wird der Funktionsterm gleich 10 gesetzt und die entstehende Gleichung rechnerisch mit dem GTR gelöst.

$A_D(a) = 10 \quad \Leftrightarrow \quad a \approx 0{,}1559$

$a\_d(a) := 5 \cdot (a+4)^2 \cdot e^{-a-2}$	*Fertig*
nSolve$(a_d(a)=10, a)$	0.155921

Alternativ:

Es werden der Graph der Funktion A_D und die Gerade mit der Gleichung $y = 10$ gezeichnet. Anschließend werden grafisch die Schnittpunkte bestimmt.

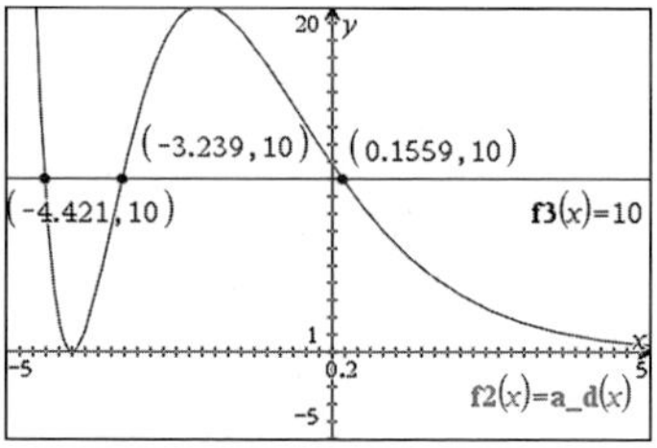

Für $a \approx 0{,}1559$, $a \approx -3{,}239$ oder $a \approx -4{,}421$ hat das Dreieck einen Flächeninhalt von 10 FE.

Abiturprüfung 2021 Mathematik Leistungskurs (Nordrhein-Westfalen)
Prüfungsteil B – Analysis B2 (CAS)

Gegeben sind die in $\mathbb{R}$ definierten Funktionen f_a und g_a mit

$f_a(x) = -\frac{a}{250}x^4 + \frac{1}{25}x^3,\ a \in \mathbb{R},\ a > 0$ sowie

$g_a(x) = f_a(x) - \frac{3}{5}x.$

Abbildung 1 zeigt den Graphen von g_1.

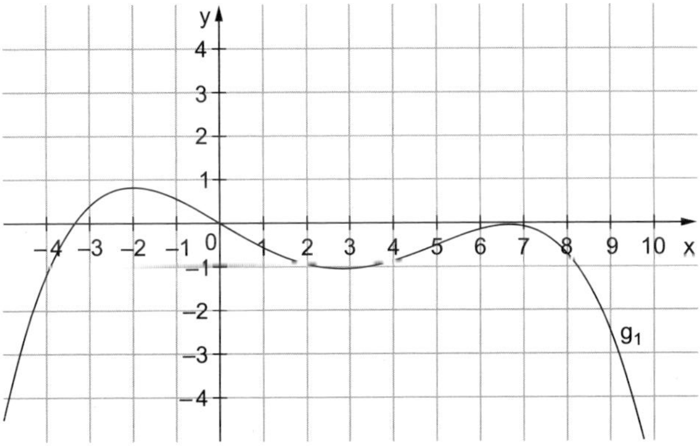

Abbildung 1

Punkte

a) (1) Berechnen Sie für den Graphen von f_1 die Koordinaten der Schnittpunkte mit den Koordinatenachsen sowie die Koordinaten des Extrempunktes.
Zeichnen Sie den Graphen von f_1 in die Abbildung 1 ein. 6

(2) Geben Sie an, für welche Werte von x der Graph von f_1 oberhalb des Graphen von g_1 verläuft und für welche unterhalb. Begründen Sie Ihre Angabe. 3

(3) Für jeden Wert von a gilt:

I Die Funktionsterme von f_a und g_a unterscheiden sich nur um den Summanden $-\frac{3}{5}x$.

II Der Graph von f_a hat genau zwei Wendepunkte, deren x-Koordinaten 0 und $\frac{5}{a}$ sind.

Geben Sie an, was sich aus I und II hinsichtlich der Anzahl und der Lage der Wendepunkte des Graphen von g_a im Vergleich zu den Wendepunkten des Graphen von f_a folgern lässt. Begründen Sie Ihre Angabe ausgehend von I und II. 5

b) Die Tangente t_{f_a} an den Graphen von f_a im Punkt $\left(\frac{5}{a} \,\middle|\, f_a\left(\frac{5}{a}\right)\right)$ hat die Steigung $\frac{1}{a^2}$, die Tangente t_{g_a} an den Graphen von g_a im Punkt $\left(\frac{5}{a} \,\middle|\, g_a\left(\frac{5}{a}\right)\right)$ hat die Steigung $\frac{5-3a^2}{5a^2}$.

Der Schnittpunkt dieser beiden Tangenten wird mit S_a bezeichnet.

(1) Weisen Sie nach, dass S_a für jeden Wert von a auf der y-Achse liegt. 3

(2) Die Gerade mit der Gleichung $x = \frac{5}{a}$ schneidet t_{f_a} im Punkt F_a und t_{g_a} im Punkt G_a. Das Dreieck $S_aG_aF_a$ hat für keinen Wert von a einen rechten Winkel beim Punkt S_a. [Nachweis nicht erforderlich.] Untersuchen Sie, für welche Werte von $a \in \mathbb{R}$ mit $a > 0$ das Dreieck $S_aG_aF_a$ rechtwinklig ist. 5

c) Abbildung 2 zeigt schematisch die Profillinie des Längsschnittes einer Skipiste in einer Skihalle. Die Piste ist in Querrichtung nicht geneigt und durchgehend 30 m breit.

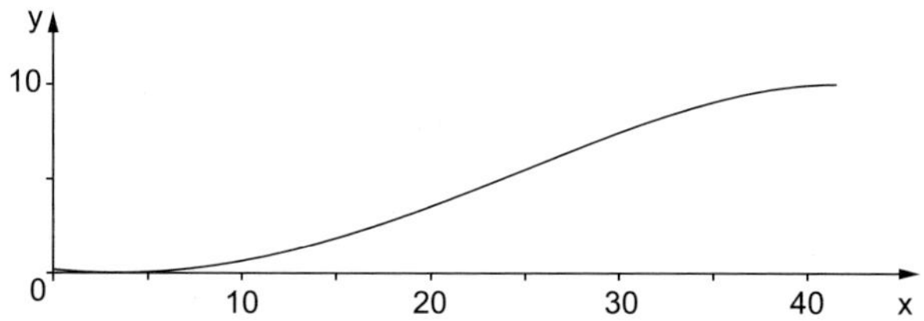

Abbildung 2

Die Profillinie wird für $0 \leq x \leq 41{,}5$ modellhaft durch den Graphen der in $\mathbb{R}$ definierten Funktion p mit

$p(x) = -0{,}000004x^4 + 0{,}015x^2 - 0{,}1x + 0{,}1875$

dargestellt.

Im verwendeten Koordinatensystem beschreibt die x-Achse die Horizontale; eine Längeneinheit im Koordinatensystem entspricht 10 m in der Realität.

(1) Berechnen Sie die größte Neigung der Piste gegenüber der Horizontalen in Prozent.
[Hinweis: Die Randwerte müssen nicht betrachtet werden.] 4

Über der Piste verläuft in deren Längsrichtung ein Seil. Die beiden Enden des Seils werden im Modell durch $A(5 \mid 2{,}31)$ und $B(37 \mid 10{,}68)$ dargestellt; der Verlauf des Seils kann mithilfe einer in $\mathbb{R}$ definierten Funktion h mit $h(x) = b \cdot c^x$, $b > 0$, $c > 0$ beschrieben werden.

(2) Bestimmen Sie die Werte von b und c.
[Zur Kontrolle: $b \approx 1{,}818$, $c \approx 1{,}049$] 2

(3) Untersuchen Sie, in welchen Bereichen der vertikale Abstand des Seils zur Piste mindestens 3 m beträgt.
Ermitteln Sie die Höhendifferenz, um die die beiden Enden des Seils gemeinsam mindestens angehoben werden müssten, damit das Seil an jeder Stelle von der Piste einen vertikalen Abstand von mindestens 3 m hat. 7

Abbildung 3 zeigt grau markiert die Schneeauflage im unteren Bereich der Piste; dazu wurde Abbildung 2 in Richtung der y-Achse stärker vergrößert als in Richtung der x-Achse. Der Untergrund, auf dem der Schnee aufgebracht ist, wird für $0 \leq x \leq 5$ durch die x-Achse dargestellt. Für den übrigen Teil der Piste soll davon ausgegangen werden, dass die in vertikaler Richtung gemessene Schneehöhe 60 cm beträgt.

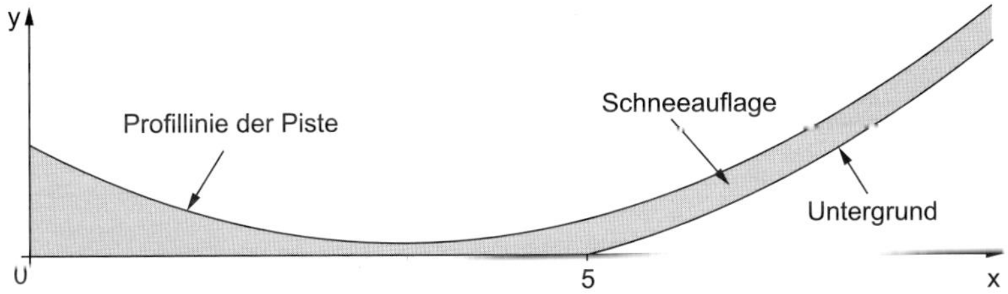

Abbildung 3

(4) Bestimmen Sie das Volumen der Schneeauflage der gesamten Piste. 5

Hinweise und Tipps

Teilaufgabe a

(1) Der Schnittpunkt mit der y-Achse ergibt sich aus dem Funktionswert von f_1 an der Stelle $x=0$: $(0\,|\,f_1(0))$

Die Schnittpunkte mit der x-Achse ergeben sich aus den Nullstellen von f_1.

Zur Berechnung der Nullstellen von f_1 klammern Sie im Funktionsterm den Ausdruck x^3 aus und beachten Sie die Tatsache, dass ein Produkt den Wert null hat, wenn mindestens einer der Faktoren den Wert null hat.

Um die Koordinaten des Extrempunktes zu ermitteln, berechnen Sie zunächst die Nullstellen von f_1', da die Funktion f_1 nur an diesen Stellen ein lokales Extremum annehmen kann (notwendige Bedingung).

Die hinreichende Bedingung für eine Extremstelle lautet: $f_1'(x)=0 \wedge f_1''(x) \neq 0$

Oder

Der Beweis für ein lokales Extremum (hinreichende Bedingung) erfolgt durch Nachweis eines Vorzeichenwechsels von f_1' an den Nullstellen.

Wählen Sie geeignete Testwerte in der Umgebung der Nullstellen von f_1' und ziehen Sie die zutreffenden Schlüsse aus dem Vorzeichenverhalten von f_1'.

(2) Untersuchen Sie, für welche Werte von x die folgenden Ungleichungen erfüllt sind: $f_1(x) > g_1(x)$ bzw. $f_1(x) < g_1(x)$

(3) Betrachten Sie zunächst die notwendige Bedingung für das Vorliegen einer Wendestelle von g_a: $g_a''(x) = \left(f_a(x) - \frac{3}{5}x\right)'' = f_a''(x) = 0$

Ziehen Sie daraus die Schlüsse über die Nullstellen von g_a'' im Vergleich mit den Nullstellen von f_a'' und die möglichen Wendestellen von g_a.

Untersuchen Sie, wie sich die y-Koordinaten der Wendepunkte von g_a und f_a unterscheiden.

Teilaufgabe b

(1) Bestimmen Sie zunächst die Gleichungen der Tangenten t_{f_a} bzw. t_{g_a} an die Graphen von f_a bzw. g_a in den Punkten $\left(\frac{5}{a} \middle| f_a\left(\frac{5}{a}\right)\right)$ bzw. $\left(\frac{5}{a} \middle| g_a\left(\frac{5}{a}\right)\right)$.

Bestimmen Sie dann den Schnittpunkt der beiden Tangenten und prüfen Sie, ob die x-Koordinate unabhängig vom Wert des Parameters a ist.

(2) Um sich die Aufgabenstellung besser vorstellen zu können, ist es hilfreich, den Sachverhalt für den Wert $a = 1$ zu skizzieren.

Betrachten Sie zunächst den Punkt F_a.

Ein rechter Winkel bei F_a ergibt sich nur dann, wenn die Tangente t_{f_a} parallel zur x-Achse verläuft. Überlegen Sie, ob das möglich ist.

Betrachten Sie dann den Punkt G_a.

Hier ergibt sich ein rechter Winkel, wenn die Tangente t_{g_a} die Steigung null hat.

Berechnen Sie, für welchen Wert von a das der Fall ist.

Teilaufgabe c

(1) Die Neigung der Piste entspricht der Steigung der Funktion p, die größte Neigung ist also das (lokale) Maximum der Ableitungsfunktion p'.

Der Nachweis der Extremstelle erfolgt über die Ermittlung der Nullstelle von p'' (notwendige Bedingung).

Die hinreichende Bedingung für die Extremstelle lautet: $p''(x) = 0 \wedge p'''(x) \neq 0$

Oder

Wenn p'' an der ermittelten Stelle einen Vorzeichenwechsel hat, handelt es sich um eine Extremstelle (hinreichende Bedingung).

(2) Setzen Sie die Koordinaten der Punkte A und B in die Funktionsgleichung von h mit $h(x) = b \cdot c^x$ ein.

Sie erhalten zwei Gleichungen mit den Unbekannten b und c. Das CAS liefert die Lösungen.

(3) Die Funktion d mit $d(x) = h(x) - p(x)$ gibt den vertikalen Abstand des Seils zur Skipiste an.

Er beträgt mindestens 3 m, wenn gilt $d(x) \geq 0{,}3$. (Achten Sie auf den verwendeten Maßstab 1 : 10.)

Um die Lösungen dieser Ungleichung zu bestimmen, betrachten Sie zunächst die Lösungen der Gleichung $d(x) = 0{,}3$.

Die Lösungen der Ungleichung lassen sich dann entweder durch die Betrachtung von Testwerten in den Intervallen zwischen den Nullstellen herleiten oder durch die grafische Betrachtung der Funktion d(x).

Ermitteln Sie den minimalen Abstand des Seils zur Piste.

Das Minimum von d(x) können Sie im Grafikmodus Ihres CAS bestimmen.

Oder

Das (lokale) Minimum ist mittels notwendiger $(d'(x) = 0)$ und hinreichender $(d''(x) \neq 0)$ Bedingung bestimmbar.

Ziehen Sie aus der y-Koordinate des Tiefpunktes Rückschlüsse daraus, um wie viele Meter die Seilenden angehoben werden müssen.

(4) Das gesuchte Volumen der Schneeauflage ergibt sich aus der Querschnittsfläche der Auflage (siehe Skizze in der Aufgabenstellung) multipliziert mit der Pistenbreite.

Die Querschnittsfläche setzt sich aus zwei Teilen zusammen:
- Fläche im Bereich von 0 bis 5: Hier reicht die Schneeauflage bis zur x-Achse.
- Fläche im Bereich von 5 bis 41,5: Hier ist die Auflage 60 cm dick und befindet sich zwischen den Graphen von p(x) und $p(x) - 0{,}06$.

Mittels bestimmtem Integral können Sie die Inhalte dieser Teilflächen berechnen.

Das Volumen ergibt sich durch Multiplikation mit der Pistenbreite. (Beachten Sie bei den Größen den Maßstab 1 : 10.)

Lösung

a) (1) Für den Funktionsterm von f_1 gilt:

$$f_1(x) = -\frac{1}{250}x^4 + \frac{1}{25}x^3$$

Schnittpunkt mit der y-Achse:

$f_1(0) = 0 \;\Rightarrow\; S_y(0|0)$

Schnittpunkte mit der x-Achse (Nullstellen):

$$\begin{aligned} f_1(x) = 0 \;&\Leftrightarrow\; -\frac{1}{250}x^4 + \frac{1}{25}x^3 = 0 \\ &\Leftrightarrow\; x^3\left(-\frac{1}{250}x + \frac{1}{25}\right) = 0 \\ &\Leftrightarrow\; x = 0 \text{ oder } x = \frac{250}{25} = 10 \end{aligned}$$

Somit sind $S_{x_1}(0|0)$ und $S_{x_2}(10|0)$ die Nullstellen der Funktion f_1.

Extrempunkte:

Für die Ermittlung der Koordinaten des Extrempunktes werden die ersten beiden Ableitungen benötigt:

$$f_1'(x) = -\frac{2}{125}x^3 + \frac{3}{25}x^2$$

$$f_1''(x) = -\frac{6}{125}x^2 + \frac{6}{25}x$$

Notwendige Bedingung:

$$\begin{aligned} f_1'(x) = 0 \;&\Leftrightarrow\; -\frac{2}{125}x^3 + \frac{3}{25}x^2 = 0 \\ &\Leftrightarrow\; x^2\left(-\frac{2}{125}x + \frac{3}{25}\right) = 0 \\ &\Leftrightarrow\; x = 0 \;\text{ oder }\; x = \frac{\frac{3}{25}}{\frac{2}{125}} = \frac{15}{2} = 7{,}5 \end{aligned}$$

Hinreichende Bedingung: $f_1'(x) = 0 \wedge f_1''(x) \neq 0$

$f_1''(0) = -\frac{6}{125} \cdot 0^2 + \frac{6}{25} \cdot 0 = 0 \;\Rightarrow\;$ hinreichende Bedingung ist nicht erfüllt

(es sollte zusätzlich noch der Vorzeichenwechsel betrachtet werden)

$$f_1''\left(\frac{15}{2}\right) = -\frac{6}{125} \cdot \left(\frac{15}{2}\right)^2 + \frac{6}{25} \cdot \left(\frac{15}{2}\right) = -\frac{9}{10} < 0 \;\Rightarrow\; \text{Maximum}$$

Alternativ:

Hinreichende Bedingung (über Vorzeichenwechsel):

$f_1'(-5) = 5 > 0$ und $f_1'(5) = 1 > 0 \;\Rightarrow\;$ kein Vorzeichenwechsel

An der Stelle $x = 0$ liegt keine Extremstelle vor.

$f_1'(5) = 1 > 0$ und $f_1'(10) = -4 < 0 \quad \Rightarrow$ Vorzeichenwechsel

An der Stelle $x = 7{,}5$ hat f_1' einen (+/–)-Vorzeichenwechsel und die Funktion f_1 somit ein lokales Maximum.

Für die y-Koordinate des Hochpunktes gilt:

$$f_1\left(\frac{15}{2}\right) = -\frac{1}{250} \cdot \left(\frac{15}{2}\right)^4 + \frac{1}{25} \cdot \left(\frac{15}{2}\right)^3 = \frac{135}{32}$$

Somit ist $H\left(\frac{15}{2} \,\middle|\, \frac{135}{32}\right)$ der Extrempunkt der Funktion f_1.

Zeichnung:

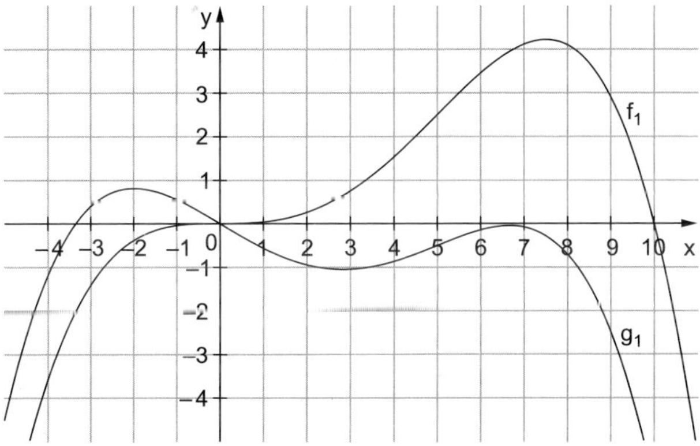

(2) Der Graph von f_1 verläuft oberhalb von g_1, wenn Folgendes gilt:

$$f_1(x) > g_1(x) \quad \Leftrightarrow \quad f_1(x) > f_1(x) - \frac{3}{5}x \quad \Leftrightarrow \quad \frac{3}{5}x > 0 \quad \Leftrightarrow \quad x > 0$$

Der Graph von f_1 verläuft unterhalb von g_1, wenn Folgendes gilt:

$$f_1(x) < g_1(x) \quad \Leftrightarrow \quad f_1(x) < f_1(x) - \frac{3}{5}x \quad \Leftrightarrow \quad \frac{3}{5}x < 0 \quad \Leftrightarrow \quad x < 0$$

Für $x > 0$ verläuft der Graph von f_1 oberhalb des Graphen von g_1, für $x < 0$ verläuft der Graph von f_1 unterhalb des Graphen von g_1.

(3) Für die Funktionen f_a und g_a gilt:

$$g_a(x) = f_a(x) - \frac{3}{5}x$$

f_a hat genau zwei Wendestellen bei 0 und $\frac{5}{a}$.

Notwendige Bedingung für die Existenz von Wendestellen der Funktion g_a:

$$g_a''(x) = 0 \quad \Leftrightarrow \quad \left(f_a(x) - \frac{3}{5}x\right)'' = 0$$

$$\Leftrightarrow \qquad f_a''(x) = 0$$

g_a'' hat also dieselben Nullstellen wie f_a'', d. h. die Wendestellen von g_a stimmen mit den Wendestellen von f_a überein.

Für die Koordinaten der Wendepunkte gilt:

$$g_a(0) = f_a(0) - \frac{3}{5} \cdot 0 = f_a(0)$$

An der Stelle 0 sind die Wendepunkte von f_a und g_a identisch.

$$g_a\left(\frac{5}{a}\right) = f_a\left(\frac{5}{a}\right) - \frac{3}{5} \cdot \frac{5}{a} = f_a\left(\frac{5}{a}\right) - \frac{3}{a}$$

Die y-Koordinate des Wendepunktes von g_a an der Stelle $\frac{5}{a}$ ist um $\frac{3}{a}$ kleiner als die y-Koordinate des Wendepunktes von f_a.

b) (1) Um den Schnittpunkt S_a der Tangenten t_{f_a} und t_{g_a} zu ermitteln, bestimmt man zunächst die Gleichungen der beiden Tangenten.

Der Befehl tangentLine (über menu, 4: Analysis, 9: Tangententerm) liefert:

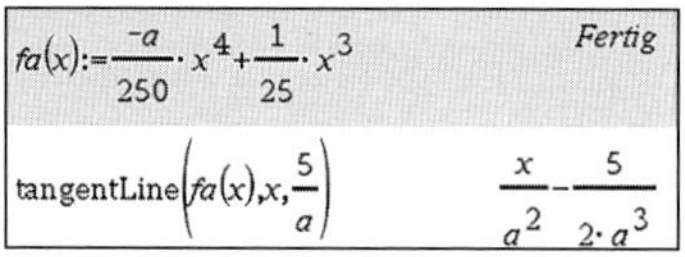

$$t_{f_a}(x) = \frac{1}{a^2}x - \frac{5}{2a^3}$$

und

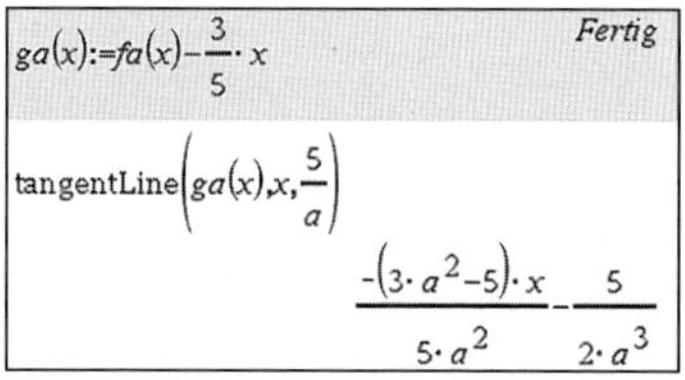

$$t_{g_a}(x) = \frac{5-3a^2}{5a^2}x - \frac{5}{2a^3}$$

Alternativ:

Die allgemeine Geradengleichung lautet: $y = mx + b$

Wegen $f_a\left(\frac{5}{a}\right) = \frac{5}{2a^3}$ und $m = \frac{1}{a^2}$ folgt:

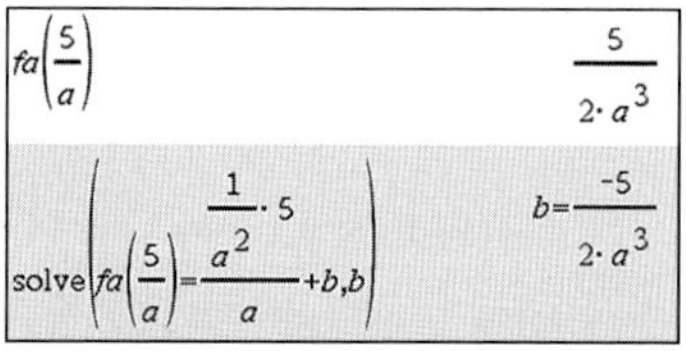

$$\frac{5}{2a^3} = \frac{1}{a^2} \cdot \frac{5}{a} + b \quad \Leftrightarrow \quad b = -\frac{5}{2a^3}$$

Damit ergibt sich für die Tangente t_{f_a}:

$$t_{f_a}(x) = \frac{1}{a^2}x - \frac{5}{2a^3}$$

Wegen $g_a\left(\frac{5}{a}\right) = \frac{5}{2a^3} - \frac{3}{a}$ und $m = \frac{5-3a^2}{5a^2}$ folgt:

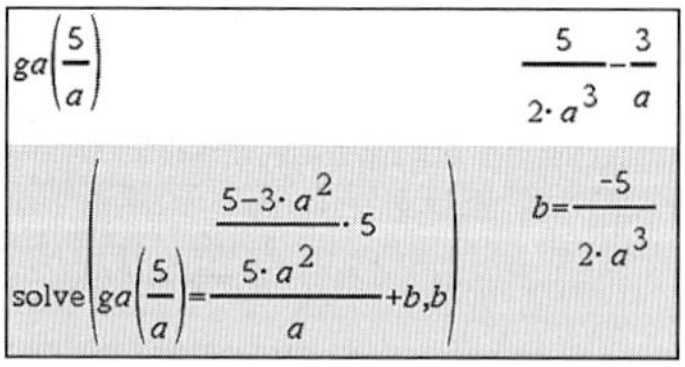

$$\frac{5}{2a^3} - \frac{3}{a} = \frac{5-3a^2}{5a^2} \cdot \frac{5}{a} + b$$

$$\Leftrightarrow \quad b = -\frac{5}{2a^3}$$

Damit ergibt sich für die Tangente t_{g_a}:

$$t_{g_a}(x) = \frac{5-3a^2}{5a^2}x - \frac{5}{2a^3}$$

Um den Schnittpunkt der beiden Tangenten zu bestimmen, werden die Funktionsterme gleichgesetzt:

$$t_{f_a}(x) = t_{g_a}(x) \quad \Leftrightarrow \quad \frac{1}{a^2}x - \frac{5}{2a^3} = \frac{5-3a^2}{5a^2}x - \frac{5}{2a^3}$$

$$\Leftrightarrow \quad \frac{1}{a^2}x - \frac{5-3a^2}{5a^2}x = 0$$

$$\Leftrightarrow \quad x\left(\frac{1}{a^2} - \frac{5-3a^2}{5a^2}\right) = 0$$

$$\Leftrightarrow \quad x = 0$$

Für die y-Koordinate des Schnittpunktes gilt:

$$t_{f_a}(0) = t_{g_a}(0) = -\frac{5}{2a^3}$$

Somit gilt für den Schnittpunkt $S_a\left(0 \,\middle|\, -\frac{5}{2a^3}\right)$. Da die x-Koordinate null ist und somit nicht abhängig von a ist, liegt S_a für jedes $a > 0$ auf der y-Achse.

(2) Die Parallele zur y-Achse $x = \frac{5}{a}$ schneidet t_{f_a} im Punkt F_a und t_{g_a} im Punkt G_a.

Damit man sich die gegebenen Größen besser vorstellen kann, ist der Sachverhalt in der folgenden Abbildung für den Fall $a = 1$ skizziert:

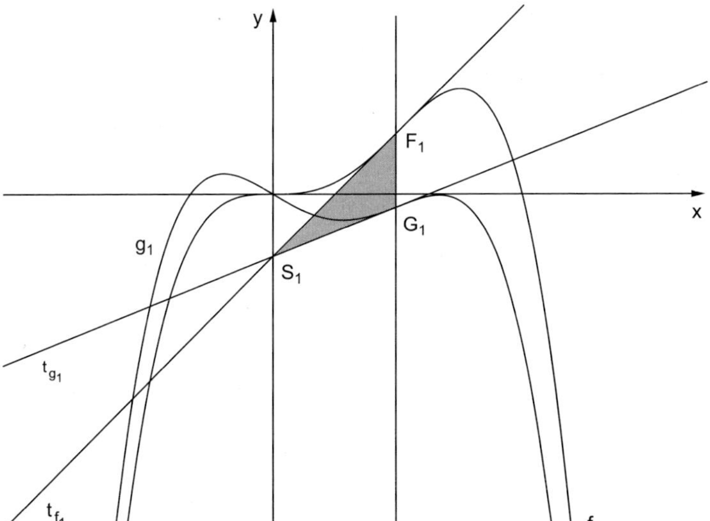

Der Punkt F_a ist der Schnittpunkt der Tangente t_{f_a} mit der zur y-Achse parallelen Gerade mit der Gleichung $x = \frac{5}{a}$. Ein rechter Winkel bei F_a ergibt sich nur dann, wenn die Tangente t_{f_a} parallel zur x-Achse verläuft, also die Steigung 0 hat. Dies ist aber nicht möglich, da die Steigung der Tangente $\frac{1}{a^2} > 0$ für alle $a > 0$ beträgt.

Der Punkt G_a ist der Schnittpunkt der Tangente t_{g_a} mit der zur y-Achse parallelen Geraden $x = \frac{5}{a}$. Hier ergibt sich ein rechter Winkel, wenn die Tangente t_{g_a} die Steigung 0 hat, wenn also gilt:

$$\frac{5-3a^2}{5a^2} = 0 \quad \Leftrightarrow \quad 5-3a^2 = 0 \quad \Leftrightarrow \quad a^2 = \frac{5}{3} \quad \Leftrightarrow \quad a = \pm\sqrt{\frac{5}{3}}$$

Wegen $a > 0$ kommt nur der Wert $a = \sqrt{\frac{5}{3}}$ infrage.

Mit $a > 0$ ist das Dreieck $S_aG_aF_a$ für $a = \sqrt{\frac{5}{3}} \approx 1{,}29$ rechtwinklig, wobei der rechte Winkel beim Punkt G_a liegt.

c) (1) Die Neigung der Piste entspricht der Steigung der Funktion p, die größte Neigung ist also das (lokale) Maximum der Ableitungsfunktion p':

$$p(x) = -0{,}000004x^4 + 0{,}015x^2 - 0{,}1x + 0{,}1875$$

$$p'(x) = -0{,}000016x^3 + 0{,}03x - 0{,}1$$

$$p''(x) = -0{,}000048x^2 + 0{,}03$$

$$p'''(x) = -0{,}000096x$$

Notwendige Bedingung:

$$(p'(x))' = p''(x) = 0 \quad \Leftrightarrow \quad -0{,}000048x^2 + 0{,}03 = 0$$

$$\Leftrightarrow \quad x^2 = \frac{0{,}03}{0{,}000048} = 625$$

$$\Leftrightarrow \quad x_1 = 25 \ \text{ oder } \ x_2 = -25$$

Wegen $0 \le x \le 41{,}5$ kommt als mögliche Extremstelle des Graphen von p' im untersuchten Bereich nur der Wert $x_1 = 25$ in Betracht.

Hinreichende Bedingung: $p''(x) = 0 \wedge p'''(x) \neq 0$

$p'''(25) = -0{,}000096 \cdot 25 < 0 \quad \Rightarrow \quad$ Maximum

Alternativ:

Hinreichende Bedingung über den Vorzeichenwechsel:

Da der Graph von p" eine nach unten geöffnete Parabel mit den Nullstellen $x_1 = 25$ und $x_2 = -25$ ist, hat p" an der Stelle $x_1 = 25$ einen (+|–)-Vorzeichenwechsel und die Funktion p' bei $x_1 = 25$ ein (lokales) Maximum.

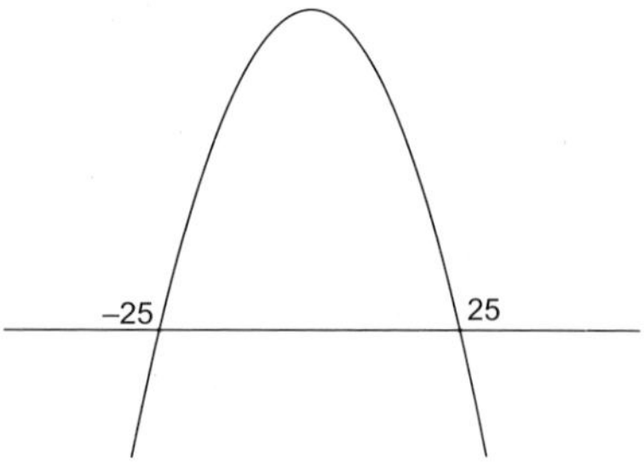

Auf die Betrachtung der Randstellen $x=0$ und $x=41{,}5$ kann laut Aufgabenstellung verzichtet werden.

Die Steigung von p an der Stelle $x=25$ beträgt:

$p'(25) = -0{,}000016 \cdot 25^3 + 0{,}03 \cdot 25 - 0{,}1 = 0{,}4 = 40\ \%$

Die maximale Neigung der Piste im Intervall [0; 41,5] beträgt 40 %.

(2) Der Graph der Funktion h mit $h(x) = b \cdot c^x,\ b, c > 0,$ verläuft durch die Punkte $A(5\,|\,2{,}31)$ und $B(37\,|\,10{,}68)$. Folglich gilt:

$h(5) = b \cdot c^5 = 2{,}31$ und

$h(37) = b \cdot c^{37} = 10{,}68$

Mittels CAS (Menu, 3: Algebra, 7: Löse Gleichungssystem) ergeben sich die Lösungen:

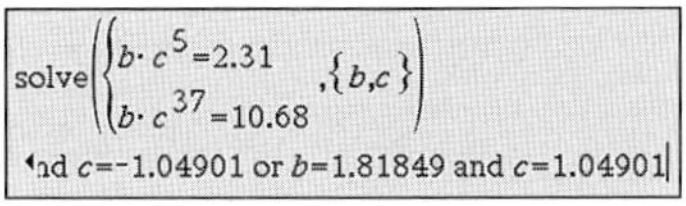

$b \approx 1{,}818$ und

$c \approx 1{,}049$ (wegen $b, c > 0$)

Die gesuchte Funktion h lautet also:

$h(x) = 1{,}818 \cdot 1{,}049^x$

(3) Der vertikale Abstand vom Seil zur Skipiste ist:

$d(x) = h(x) - p(x)$

Er beträgt mindestens 3 m, wenn gilt:

$d(x) \geq 0{,}3$ (wegen des verwendeten Maßstabes Division durch 10)

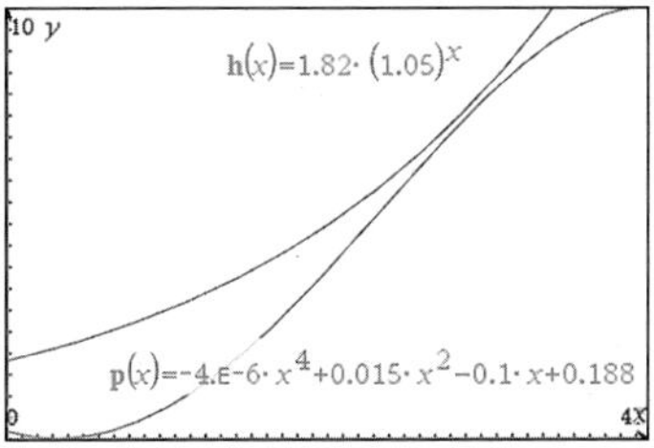

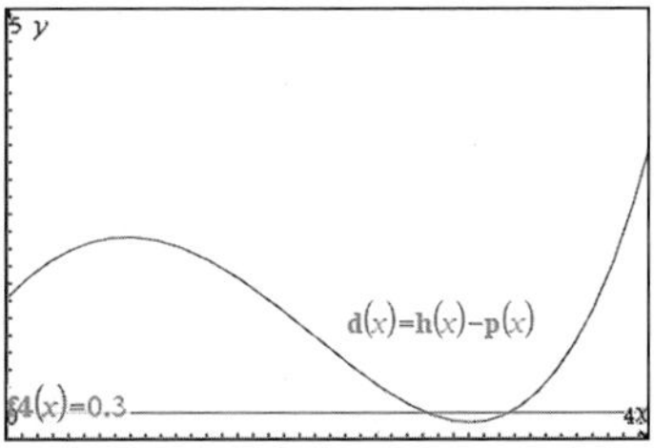

Um die Lösungen dieser Ungleichung zu ermitteln, werden zunächst die Lösungen der Gleichung $d(x) = 0{,}3$ bestimmt.

$d(x) = 0{,}3$

$\Leftrightarrow\quad x_1 \approx 27{,}24$ oder $x_2 \approx 32{,}64$

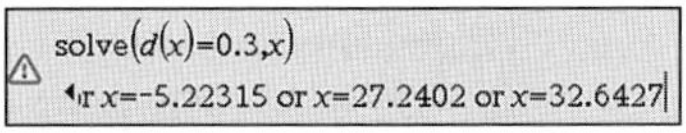

Die weiteren Lösungen liegen nicht im Definitionsbereich.

Durch die grafische Betrachtung der Funktion d(x) erkennt man, dass ihre Funktionswerte in den Bereichen [5; 27,24] und [32,64; 37] größer als 3 m sind.

Alternativ:

Um zu untersuchen, in welchen Bereichen die Ungleichung erfüllt ist, werden Testwerte aus den Intervallen [5; 27,24],]27,24; 32,64[und [32,64; 37] in die Funktion d(x) eingesetzt:

$d(10) \approx 2,286 > 0,3$
$d(30) \approx 0,188 < 0,3$
$d(35) \approx 0,639 > 0,3$

$d(10)$	2.28575
$d(30)$	0.18837
$d(35)$	0.639201

Der vertikale Abstand des Seils zur Piste beträgt in den Bereichen [5; 27,24] und [32,64; 37] mindestens 3 m. Nur im Bereich]27,24; 32,64[ist der vertikale Abstand kleiner als 3 m.

Die Seilenden sollen nun so angehoben werden, dass der Mindestabstand zwischen Seil und Piste 3 m beträgt.
Dazu wird zunächst der kleinste Abstand zwischen Seil und Piste, also das Minimum der Funktion d(x) für $5 \le x \le 37$, ermittelt.
Mithilfe des CAS lässt sich der Tiefpunkt bestimmen: (30,09 | 0,1882)

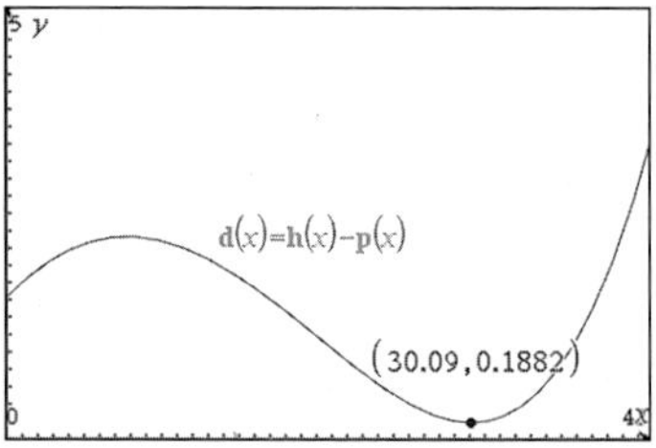

Alternativ:

Notwendige Bedingung:
$d'(x) = 0$

Das CAS liefert als mögliche Extremstellen im Untersuchungsbereich die Werte $x_3 \approx 7,79$ und $x_4 \approx 30,09$.

$d1(x):=\frac{d}{dx}(d(x))$	*Fertig*
$d2(x):=\frac{d}{dx}(d1(x))$	*Fertig*
solve(d1(x)=0,x)	x=−45.031 or x=7.79499 or x=30.0882

Hinreichende Bedingung:
$d''(7,79) < 0 \Rightarrow$ Maximum
$d''(30,09) > 0 \Rightarrow$ Minimum

Für die y-Koordinate gilt:
$d(30,09) \approx 0,1882$

$d2(7.79)$	−0.021048
$d2(30.09)$	0.031009
$d(30.09)$	0.18825

Der minimale vertikale Abstand des Seils von der Piste beträgt also ca. 1,9 m (Maßstab beachten). Das Seil muss folglich um mindestens 1,1 m an beiden Enden angehoben werden, um einen Mindestabstand von 3 m zu gewährleisten.

(4) Das gesuchte Volumen der Schneeauflage ergibt sich aus der Querschnittsfläche der Auflage multipliziert mit der Pistenbreite von 30 m. Die Querschnittsfläche setzt sich aus zwei Teilen zusammen.

Im Bereich von $0 \leq x \leq 5$ wird die Fläche von der Funktion p(x) und der x-Achse eingeschlossen:

$$\int_0^5 p(x)\, dx$$

Im Bereich von $5 < x \leq 41{,}5$ liegt die Fläche zwischen der Funktion p(x) und der Funktion $p(x) - 0{,}06$ (bei den Größen ist wieder der Maßstab 1 : 10 zu berücksichtigen):

$$\int_5^{41{,}5} (p(x) - (p(x) - 0{,}06))\, dx = \int_5^{41{,}5} 0{,}06\, dx$$

Damit gilt für die Querschnittsfläche:

$$\int_0^5 p(x)\, dx + \int_5^{41{,}5} 0{,}06\, dx = 2{,}5$$

$$\int_0^5 p(x)\, dx + \int_5^{41.5} 0.06\, dx \qquad 2.5$$

Die Querschnittsfläche hat unter Berücksichtigung des Maßstabs die Größe 250 m^2.

Das Volumen der Schneeauflage der gesamten Piste beträgt:

$250\ m^2 \cdot 30\ m = 7\,500\ m^3$

Abiturprüfung 2021 Mathematik Leistungskurs (Nordrhein-Westfalen)
Prüfungsteil B – Vektorielle Geometrie B3 (GTR/CAS)

Bei einem Secret-Sharing-Verfahren wird ein Geheimnis in Teilgeheimnisse auf verschiedene Personen aufgeteilt, um die Verantwortung in mehrere Hände zu legen. Es kann sinnvoll sein, dass ein geheimer Code, z. B. zum Öffnen eines Tresors, nicht einer Person allein bekannt ist, sondern lediglich von mehreren Personen gemeinsam ermittelt werden kann.
Unternehmen können ein solches Verfahren beispielsweise auf geometrischer Basis realisieren. Hierbei kann eine Auswahl von Mitarbeitenden mit Kenntnissen über notwendige Teilgeheimnisse den geheimen Code ermitteln, indem sie ihre Teilgeheimnisse in ein Computersystem eingeben, welches mit den Eingaben geometrische Fragestellungen löst.
Vereinfachend wird im Folgenden angenommen, dass der zu ermittelnde geheime Code immer aus drei Ziffern besteht.

Punkte

a) (1) Das Computersystem kennt die Gerade g mit

$$g\colon \vec{x} = \begin{pmatrix} 1 \\ 3 \\ 4 \end{pmatrix} + t \cdot \begin{pmatrix} 4 \\ -2 \\ -1 \end{pmatrix},\ t \in \mathbb{R}.$$

Die Punkte $A(0|-3|-1)$, $B(4|2|1)$ und $C(1|-1|-1)$ liegen in einer Ebene H. Drei eingeweihte Mitarbeiter kennen als Teilgeheimnisse die Koordinaten von jeweils einem dieser Punkte. Der geheime Code wird durch die Koordinaten des Schnittpunktes S der Geraden g mit der Ebene H ermittelt.

(i) Die Koordinaten der Punkte A, B und C werden ins System eingegeben.
Berechnen Sie den geheimen Code.

(ii) Der Punkt S liegt nicht auf der Geraden durch A und B. Ein vierter Mitarbeiter erhält den Punkt $D(12|12|5)$ als Teilgeheimnis. Der Punkt D liegt in der Ebene H.
Begründen Sie, warum bei der Eingabe der Koordinaten der Punkte A, B und D das System den geheimen Code trotzdem nicht ermitteln kann. 7

(2) Es ist nicht nur möglich, die Koordinaten von Punkten von Ebenen in das System einzugeben, das System kann auch andere Informationen über die Ebene verarbeiten, z. B. die Koordinaten eines Normalenvektors. Eine Geschäftsführerin kennt als Teilgeheimnis die Koordinaten eines Normalenvektors der Ebene H.

(i) Begründen Sie, warum die Geschäftsführerin bereits zusammen mit einem beliebigen der vier eingeweihten Mitarbeiter den geheimen Code ermitteln kann.

(ii) Berechnen Sie einen Normalenvektor von H. 4

b) Ein anderes Unternehmen verwendet als geheimen Code die ersten drei Ziffern der ungerundeten Dezimaldarstellung des Volumens einer quadratischen Pyramide. Die quadratische Grundfläche der Pyramide liegt in der dem System bekannten Ebene Q: $-3x_1+4x_3=9$.
Eine Geschäftsführerin kennt (1,5 | 3,5 | 6,5) als Koordinaten der Spitze der Pyramide. Die Mitarbeitenden kennen als Teilgeheimnisse die Koordinaten von jeweils einem Eckpunkt der Grundfläche.
Drei Mitarbeitende und die Geschäftsführerin geben ihre Teilgeheimnisse (1 | 1 | 3), (1 | 6 | 3), (5 | 1 | 6) und (1,5 | 3,5 | 6,5) ein.
Berechnen Sie den geheimen Code. 5

c) Ein weiteres Unternehmen verwendet als geheimen Code die ersten drei Nachkommastellen der ungerundeten Länge der Höhe $h_{\overline{IJ}}$ eines gleichschenkligen Dreiecks IJK mit der Basis $\overline{IJ}$.
Zwei Mitarbeitende kennen als Teilgeheimnisse mit I(4 | 3 | 2) bzw. J(8 | 6 | −1) jeweils die Koordinaten eines der beiden Endpunkte der Basis IJ, ein dritter eingeweihter Mitarbeitender kennt mit K(6 | 5 | 1) die Koordinaten der Spitze des gleichschenkligen Dreiecks IJK.

(1) Zeigen Sie, dass I, J und K die Eckpunkte eines gleichschenkligen Dreiecks mit der Basis $\overline{IJ}$ sind. 2

(2) Berechnen Sie den geheimen Code.
[Zur Kontrolle: Der geheime Code ist 707.] 2

(3) Der Punkt L(6 | 4 | 0) ergibt sich durch Spiegelung des Punktes K an der Geraden IJ. [Ein Nachweis ist nicht erforderlich]. Mit den Koordinaten von L kann ein anderer Mitarbeitender zusammen mit den Mitarbeitenden, die die Koordinaten von I und J kennen, den geheimen Code ermitteln.
Ein weiterer Mitarbeitender soll die Koordinaten eines Punktes P erhalten, der wie K bzw. L zusammen mit den Punkten I und J ein gleichschenkliges Dreieck IJP mit der Basis $\overline{IJ}$ bildet. Auch aus den Koordinaten von I, J und P soll sich in gleicher Weise wie oben beschrieben der in c (2) berechnete geheime Code ergeben.

(i) Beschreiben Sie die Lage geeigneter Punkte.

(ii) Aus Sicherheitsgründen sollen sich die Koordinaten des Punktes P von den Koordinaten der beiden Punkte K und L unterscheiden.
Ermitteln Sie rechnerisch die Koordinaten eines geeigneten Punktes P.
[Hinweis: Die Koordinaten des Punktes P müssen nicht ganzzahlig sein.] 5

Hinweise und Tipps

Teilaufgabe a

(1) (i) Stellen Sie mithilfe der Punkte A, B und C die Dreipunkteform der Ebenengleichung der Ebene H auf.

Stellen Sie mithilfe der Ebenen- und Geradengleichung ein Gleichungssystem auf.

Lösen Sie das Gleichungssystem (mit einem GTR/CAS).

Bestimmen Sie durch Einsetzen der berechneten Parameter den Ortsvektor des Schnittpunktes S.

Vergessen Sie nicht, den Code anzugeben.

(ii) Stellen Sie mithilfe der Punkte A, B und D die Dreipunkteform der Ebenengleichung der Ebene H auf.

Fassen Sie die Spannvektoren so weit wie möglich zusammen. Welche Bedeutung hat die vereinfachte Vektorgleichung?

Beachten Sie, dass der Punkt S laut Aufgabenstellung nicht auf der Geraden durch die Punkte A und B liegt.

Oder

Stellen Sie die Geradengleichung durch die Punkte A und B auf.

Prüfen Sie, ob der Punkt D auf der Geraden durch die Punkte A und B liegt.

Beachten Sie, dass der Punkt S laut Aufgabenstellung nicht auf der Geraden durch die Punkte A und B liegt.

Oder

Führen Sie eine Punktprobe durch, ob der Punkt D in der Parameterform der Ebene H liegt.

Welche Bedeutung hat die Lösung?

Beachten Sie, dass der Punkt S laut Aufgabenstellung nicht auf der Geraden durch die Punkte A und B liegt.

(2) (i) Denken Sie an die Punkt-Normalenform der Ebenengleichung.

(ii) Ein Normalenvektor der Ebene H steht senkrecht auf den Spannvektoren der Ebene.

Bei senkrecht aufeinanderstehenden Vektoren ist das Skalarprodukt der Vektoren gleich null.

Stellen Sie mithilfe der Spannvektoren der Ebene E_{ABC} und dem Normalenvektor $\vec{n} = \begin{pmatrix} n_1 \\ n_2 \\ n_3 \end{pmatrix}$ ein unterbestimmtes Gleichungssystem auf.

Ermitteln Sie daraus einen Normalenvektor.

Teilaufgabe b

- Überlegen Sie, welche Form das Dreieck aus den vorgegebenen Punkten hat, wenn die Grundfläche ein Quadrat ist.
- Die Länge einer Strecke mit den Endpunkten $A(a_1 \mid a_2 \mid a_3)$ und $B(b_1 \mid b_2 \mid b_3)$ berechnet sich nach folgender Formel:
  $|\overline{AB}| = |\overrightarrow{AB}| = |\vec{b} - \vec{a}| = \sqrt{(b_1 - a_1)^2 + (b_2 - a_2)^2 + (b_3 - a_3)^2}$
- Bestimmen Sie mithilfe der vorgegebenen Punkte die Seitenlängen des Dreiecks.
- Überlegen Sie, welche Seitenlänge die Seitenlänge des Grundflächenquadrates ist.
- Der Richtungsvektor der Lotgeraden von der Spitze der Pyramide auf die Ebene Q entspricht dem Normalenvektor der Ebene Q.
- Stellen Sie die Punkt-Richtungsform der Lotgeraden auf.
- Bestimmen Sie den Ortsvektor des Lotfußpunktes.
- Die Länge der Höhe entspricht dem Abstand der Spitze zum Lotfußpunkt.

Oder

- Der Abstand eines Punktes P mit dem Ortsvektor $\vec{p}$ zu einer Ebene E: $\vec{n} \circ \vec{x} = d$ kann berechnet werden durch die Formel:
  $d(P; E) = \frac{|n \circ p - d|}{|\vec{n}|}$
- Berechnen Sie die Länge der Höhe mit der Abstandsformel.
- Für den Flächeninhalt eines Quadrates mit der Seitenlänge a gilt: $A = a^2$
- Das Volumen einer Pyramide mit der Grundfläche G und der Höhe h kann berechnet werden durch die Formel $V = \frac{1}{3} \cdot G \cdot h$.
- Vergessen Sie nicht, den Code anzugeben.

Teilaufgabe c

- (1) Berechnen Sie die Seitenlängen der Dreiecksseiten $\overline{IK}$ und $\overline{JK}$.
- (2) Beachten Sie, dass die Höhe und die Mittelsenkrechte zur Basis im gleichschenkligen Dreieck zusammenfallen.
- Der Ortsvektor des Mittelpunktes M einer Strecke mit den Endpunkten P und Q berechnet sich nach der Formel $\vec{m} = \frac{1}{2} \cdot (\vec{p} + \vec{q})$.
- Berechnen Sie den Ortsvektor des Mittelpunktes M_{IJ} der Strecke $\overline{IJ}$.
- Die Länge der Höhe h_{IJ} ist gleich dem Abstand des Punktes K vom Mittelpunkt M_{IJ}.
- Vergessen Sie nicht, den geheimen Code anzugeben.

(3) (i) Beachten Sie, dass das Dreieck IJP auch wieder gleichschenklig ist.

Erinnern Sie sich nochmals an den Zusammenhang zwischen Höhe und Mittelsenkrechte zur Basis im gleichschenkligen Dreieck.

Denken Sie daran, dass ein Normalenvektor zu einer Geraden im Raum nicht eindeutig festgelegt ist. Beachten Sie, dass der Abstand von P zum Mittelpunkt M_{IJ} der gleiche wie bei c (2) sein soll.

(ii) Bestimmen Sie einen zum Richtungsvektor $\overrightarrow{IJ}$ senkrechten Vektor $\vec{v}$.

Normieren Sie den Vektor $\vec{v}$ auf die Länge 1 und bestimmen Sie mithilfe des Einheitsvektors $\vec{v}_e$ den Ortsvektor eines Punktes P.

Beachten Sie, dass der Punkt P den gleichen Abstand vom Mittelpunkt M_{IJ} haben muss wie der Punkt K.

Oder

Stellen Sie mithilfe des Mittelpunktes M_{IJ} und des Vektors $\vec{v}$ die Punkt-Richtungsform der Geradengleichung h auf.

Drücken Sie den Ortsvektor von P als Punkt der Geraden h mithilfe eines Parameters aus.

Bestimmen Sie den Abstand des Mittelpunktes M_{IJ} von P in Abhängigkeit von dem Parameter.

Setzen Sie den Abstand gleich dem Abstand in Teilaufgabe c (2) und lösen Sie die Gleichung.

Bestimmen Sie mit dem Parameter den Ortsvektor des Punktes P.

Lösung

a) (1) Zunächst werden die Ortsvektoren der gegebenen Punkte und die Geradengleichung im GTR/CAS abgespeichert (Geradengleichung nur im CAS möglich).

$oa:=\begin{bmatrix}0\\-3\\-1\end{bmatrix}:ob:=\begin{bmatrix}4\\2\\1\end{bmatrix}:oc:=\begin{bmatrix}1\\-1\\-1\end{bmatrix}$ $\quad\begin{bmatrix}1\\-1\\-1\end{bmatrix}$

$g:=\begin{bmatrix}1\\3\\4\end{bmatrix}+t\cdot\begin{bmatrix}4\\-2\\-1\end{bmatrix}$ $\quad\begin{bmatrix}4\cdot t+1\\3-2\cdot t\\4-t\end{bmatrix}$

Anmerkung: Damit die Schreibweise von Vektoren und Parametern nicht zu Schwierigkeiten bei der Rechnung mit dem GTR/CAS führt, werden die Ortsvektoren in der Form $\overrightarrow{OP}$ (Ortsvektor des Punktes P) geschrieben.

(i) Die Dreipunkteform der Ebenengleichung der Ebene H wird durch die Punkte A(0|–3|–1), B(4|2|1) und C(1|–1|–1) festgelegt. Sie lautet:

CAS

$e\_abc:=oa+r\cdot(ob-oa)+s\cdot(oc-oa)$ $\quad\begin{bmatrix}4\cdot r+s\\5\cdot r+2\cdot s-3\\2\cdot r-1\end{bmatrix}$

$$H=E_{ABC}\colon\ \vec{x}=\vec{a}+r\cdot(\vec{b}-\vec{a})+s\cdot(\vec{c}-\vec{a});\ r,s\in\mathbb{R}$$

$$H\colon\ \vec{x}=\begin{pmatrix}0\\-3\\-1\end{pmatrix}+r\cdot\left[\begin{pmatrix}4\\2\\1\end{pmatrix}-\begin{pmatrix}0\\-3\\-1\end{pmatrix}\right]+s\cdot\left[\begin{pmatrix}1\\-1\\-1\end{pmatrix}-\begin{pmatrix}0\\-3\\-1\end{pmatrix}\right]$$

$$=\begin{pmatrix}0\\-3\\-1\end{pmatrix}+r\cdot\begin{pmatrix}4\\5\\2\end{pmatrix}+s\cdot\begin{pmatrix}1\\2\\0\end{pmatrix};\ r,s\in\mathbb{R}$$

Der Schnittpunkt S wird durch Gleichsetzen der Ebenen- und der Geradengleichung bestimmt:

CAS

$\text{solve}(e\_abc=g,\{r,s,t\})$ $\quad r=2\text{ and }s=-3\text{ and }t=1$

$$\begin{pmatrix}0\\-3\\-1\end{pmatrix}+r\cdot\begin{pmatrix}4\\5\\2\end{pmatrix}+s\cdot\begin{pmatrix}1\\2\\0\end{pmatrix}=\begin{pmatrix}1\\3\\4\end{pmatrix}+t\cdot\begin{pmatrix}4\\-2\\-1\end{pmatrix};\ r,s,t\in\mathbb{R}$$

Dies führt zu folgendem Gleichungssystem:

$$\begin{array}{ll}\text{I} & 4r+s=1+4t\\ \text{II} & -3+5r+2s=3-2t\\ \text{III} & -1+2r=4-t\end{array}$$

GTR

$\text{linSolve}\left(\begin{cases}4\cdot r+s=1+4\cdot t\\-3+5\cdot r+2\cdot s=3-2\cdot t\\-1+2\cdot r=4-t\end{cases},\{r,s,t\}\right)$ $\quad\{2,-3,1\}$

Lösen des Gleichungssystems mit einem GTR/CAS ergibt die Lösung r = 2, s = –3 und t = 1.

Durch Einsetzen von t = 1 in die Geradengleichung erhält man den Ortsvektor des Schnittpunktes S:

$$\vec{s}=\begin{pmatrix}1\\3\\4\end{pmatrix}+1\cdot\begin{pmatrix}4\\-2\\-1\end{pmatrix}=\begin{pmatrix}5\\1\\3\end{pmatrix}$$

$s:=g|t=1$ $\quad\begin{bmatrix}5\\1\\3\end{bmatrix}$

Der Schnittpunkt der Ebene H mit der Geraden g ist der Punkt S(5|1|3). Der geheime Code lautet somit 513.

(ii) Mit den Ortsvektoren der Punkte A, B und D erhält man die Dreipunkteform der Ebenengleichung:

$$\vec{x}=\begin{pmatrix}0\\-3\\-1\end{pmatrix}+r\cdot\begin{pmatrix}4\\5\\2\end{pmatrix}+s\cdot\begin{pmatrix}12\\15\\6\end{pmatrix}=\begin{pmatrix}0\\-3\\-1\end{pmatrix}+r\cdot\begin{pmatrix}4\\5\\2\end{pmatrix}+3s\cdot\begin{pmatrix}4\\5\\2\end{pmatrix}$$

$$=\begin{pmatrix}0\\-3\\-1\end{pmatrix}+(r+3s)\cdot\begin{pmatrix}4\\5\\2\end{pmatrix}=\begin{pmatrix}0\\-3\\-1\end{pmatrix}+r'\cdot\begin{pmatrix}4\\5\\2\end{pmatrix};\ r, r', s\in\mathbb{R}$$

Die Vektoren $\begin{pmatrix}4\\5\\2\end{pmatrix}$ und $\begin{pmatrix}12\\15\\6\end{pmatrix}$ sind linear abhängig. Der Punkt D liegt somit auf der Geraden g_{AB} durch die Punkte A und B. Da der Punkt S laut Aufgabenstellung nicht auf der Geraden g_{AB} liegt, kann das System den geheimen Code nicht ermitteln.

Alternativ:
Für die Gerade durch die Punkte A und B gilt:

$$g_{AB}\colon \vec{x}=\begin{pmatrix}0\\-3\\-1\end{pmatrix}+k\cdot\begin{pmatrix}4\\5\\2\end{pmatrix},\ k\in\mathbb{R}$$

Es wird überprüft, ob der Punkt D auf der Geraden durch die Punkte A und B liegt:

$$\begin{pmatrix}12\\12\\5\end{pmatrix}=\begin{pmatrix}0\\-3\\-1\end{pmatrix}+k\cdot\begin{pmatrix}4\\5\\2\end{pmatrix}\quad\Rightarrow\quad k=3$$

Der Punkt D liegt auf der Geraden durch die Punkte A und B. Daher wird durch die Punkte A, B und D nicht die Ebene H festgelegt. Somit kann auch der Schnittpunkt S nicht bestimmt werden.

Alternativ:
Überprüft man, ob der Punkt D in der Ebene H liegt, indem man den Ortsvektor des Punktes D in die Parameterform der Ebenengleichung von H einsetzt, so erkennt man anhand der Lösung $r=3$ und $s=0$, dass der Punkt D auf der Geraden durch die Punkte A und B liegt. Da der Punkt S nicht auf der Geraden liegt, kann das System den Code nicht ermitteln.

GTR

$od:=\begin{bmatrix}12\\12\\5\end{bmatrix}$	$\begin{bmatrix}12\\12\\5\end{bmatrix}$
$\text{linSolve}\left(\begin{cases}4\cdot r+s=12\\5\cdot r+2\cdot s-3=12\\2\cdot r-1=5\end{cases},\{r,s\}\right)$	$\{3,0\}$

CAS

$od:=\begin{bmatrix}12\\12\\5\end{bmatrix}$	$\begin{bmatrix}12\\12\\5\end{bmatrix}$
solve(od=e_abc,{r,s})	r=3 and s=0

(2) (i) Durch einen Punkt P der Ebene H und einen Normalenvektor $\vec{n}$ der Ebene H ist die Ebene H eindeutig festgelegt.

Anmerkung: Die Ebene ist die Punkt-Normalenform der Ebene:
$\vec{n} \circ \vec{x} - \vec{n} \circ \vec{p} = 0$

(ii) Ein Normalenvektor der Ebene H steht senkrecht auf den Spannvektoren der Ebene. Bei senkrecht aufeinander stehenden Vektoren ist das Skalarprodukt der Vektoren gleich null.

Ist $\vec{n} = \begin{pmatrix} n_1 \\ n_2 \\ n_3 \end{pmatrix}$, so erhält man mit den Spannvektoren aus der Drei-Punkteform von Teilaufgabe a (1) ein unterbestimmtes Gleichungssystem mit den beiden Gleichungen:

$$\text{I} \quad \begin{pmatrix} n_1 \\ n_2 \\ n_3 \end{pmatrix} \circ \begin{pmatrix} 4 \\ 5 \\ 2 \end{pmatrix} = 0 \quad \Leftrightarrow \quad 4n_1 + 5n_2 + 2n_3 = 0$$

$$\text{II} \quad \begin{pmatrix} n_1 \\ n_2 \\ n_3 \end{pmatrix} \circ \begin{pmatrix} 1 \\ 2 \\ 0 \end{pmatrix} = 0 \quad \Leftrightarrow \quad n_1 + 2n_2 = 0 \quad \Leftrightarrow \quad n_1 = -2n_2$$

Wählt man $n_2 = 1$, so ist $n_1 = -2$. Einsetzen von $n_1 = -2$ und $n_2 = 1$ ergibt die Gleichung:
$4 \cdot (-2) + 5 \cdot 1 + 2n_3 = 0 \quad \Leftrightarrow \quad n_3 = 1{,}5$

Der Vektor $\vec{n} = \begin{pmatrix} -2 \\ 1 \\ 1{,}5 \end{pmatrix}$ ist ein Normalenvektor der Ebene H.

b) Die drei Eckpunkte $P_1(1|1|3)$, $P_2(1|6|3)$ und $P_3(5|1|6)$ des Grundflächenquadrates bilden ein gleichschenklig-rechtwinkliges Dreieck. Die Kathetenlänge des Dreiecks entspricht der Grundkantenlänge des Quadrates und die Länge der Hypotenuse ist gleich der Länge der Diagonale des Quadrates.

$$|\overline{P_1P_2}| = |\overrightarrow{P_1P_2}| = \left| \begin{pmatrix} 1 \\ 6 \\ 3 \end{pmatrix} - \begin{pmatrix} 1 \\ 1 \\ 3 \end{pmatrix} \right| = \left| \begin{pmatrix} 0 \\ 5 \\ 0 \end{pmatrix} \right| = \sqrt{25} = 5\,[\text{LE}]$$

$p1:=\begin{bmatrix}1\\1\\3\end{bmatrix}:p2:=\begin{bmatrix}1\\6\\3\end{bmatrix}:p3:=\begin{bmatrix}5\\1\\6\end{bmatrix}:p\_s:=\begin{bmatrix}1.5\\3.5\\6.5\end{bmatrix}$	$\begin{bmatrix}1.5\\3.5\\6.5\end{bmatrix}$
norm(p1−p2)	5
norm(p2−p3)	$5\cdot\sqrt{2}$
norm(p1−p3)	5

$$|\overline{P_2P_3}| = |\overrightarrow{P_2P_3}| = \left| \begin{pmatrix} 5 \\ 1 \\ 6 \end{pmatrix} - \begin{pmatrix} 1 \\ 6 \\ 3 \end{pmatrix} \right| = \left| \begin{pmatrix} 4 \\ -5 \\ 3 \end{pmatrix} \right| = \sqrt{16+25+9} = \sqrt{50} = 5\sqrt{2}\,[\text{LE}]$$

$$|\overline{P_1P_3}| = |\overrightarrow{P_1P_3}| = \left| \begin{pmatrix} 5 \\ 1 \\ 6 \end{pmatrix} - \begin{pmatrix} 1 \\ 1 \\ 3 \end{pmatrix} \right| = \left| \begin{pmatrix} 4 \\ 0 \\ 3 \end{pmatrix} \right| = \sqrt{16+9} = 5\,[\text{LE}]$$

Die quadratische Grundfläche der Pyramide hat die Kantenlänge 5 LE.

Zur Berechnung der Länge der Höhe wird das Lot vom Punkt $P_4(1{,}5\,|\,3{,}5\,|\,6{,}5)$ auf die Ebene Q gefällt.

Mit dem Ortsvektor des Punktes P_4 und dem Normalenvektor $\vec{n} = \begin{pmatrix} -3 \\ 0 \\ 4 \end{pmatrix}$ der Ebene Q als Richtungsvektor der Lotgeraden lautet die Gleichung der Geraden:

$$g_\ell\colon \vec{x} = \begin{pmatrix} 1{,}5 \\ 3{,}5 \\ 6{,}5 \end{pmatrix} + r \cdot \begin{pmatrix} -3 \\ 0 \\ 4 \end{pmatrix};\ r \in \mathbb{R}$$

Durch Einsetzen der Koordinaten der Lotgeraden in die Ebenengleichung der Ebene erhält man folgende Gleichung:

$$\begin{aligned} -3 \cdot (1{,}5 - 3r) + 4 \cdot (6{,}5 + 4r) &= 9 \\ -4{,}5 + 9r + 26 + 16r &= 9 \\ 25r &= -12{,}5 \\ r &= -0{,}5 \end{aligned}$$

Durch Einsetzen von $r = -0{,}5$ in die Gleichung der Lotgeraden erhält man den Ortsvektor des Lotfußpunktes L_f:

$$\vec{\ell}_f = \begin{pmatrix} 1{,}5 \\ 3{,}5 \\ 6{,}5 \end{pmatrix} - 0{,}5 \cdot \begin{pmatrix} -3 \\ 0 \\ 4 \end{pmatrix} = \begin{pmatrix} 3 \\ 3{,}5 \\ 4{,}5 \end{pmatrix}$$

Der Abstand des Lotfußpunktes vom Punkt P_4 ist gleich der Länge der Höhe.

$$|\overline{P_4P_{L_f}}| = |\overrightarrow{P_4P_{L_f}}| = \left| \begin{pmatrix} 3 \\ 3{,}5 \\ 4{,}5 \end{pmatrix} - \begin{pmatrix} 1{,}5 \\ 3{,}5 \\ 6{,}5 \end{pmatrix} \right| = \left| \begin{pmatrix} 1{,}5 \\ 0 \\ -2 \end{pmatrix} \right| = \sqrt{2{,}25 + 4} = 2{,}5\,[\text{LE}]$$

Die Höhe hat eine Länge von 2,5 LE.

Alternativ:

Der Abstand eines Punktes P mit dem Ortsvektor $\vec{p}$ zu einer Ebene E: $\vec{n} \circ \vec{x} = d$ kann berechnet werden durch folgende Formel:

$$d(P; E) = \frac{|\vec{n} \circ \vec{p} - d|}{|\vec{n}|}$$

Einsetzen von $\vec{n} = \begin{pmatrix} -3 \\ 0 \\ 4 \end{pmatrix}$, $\vec{p} = \begin{pmatrix} 1{,}5 \\ 3{,}5 \\ 6{,}5 \end{pmatrix}$ und $d = 9$ in die Formel ergibt:

$$\begin{aligned} d(P; E) &= \frac{\left| \begin{pmatrix} -3 \\ 0 \\ 4 \end{pmatrix} \circ \begin{pmatrix} 1{,}5 \\ 3{,}5 \\ 6{,}5 \end{pmatrix} - 9 \right|}{5} \\ &= \frac{|-4{,}5 + 26 - 9|}{5} = \frac{12{,}5}{5} = 2{,}5\,[\text{LE}] \end{aligned}$$

$$n\_q := \begin{bmatrix} -3 \\ 0 \\ 4 \end{bmatrix} \qquad \begin{bmatrix} -3 \\ 0 \\ 4 \end{bmatrix}$$

$$\frac{|\text{dotP}(n\_q, p\_s) - 9|}{\text{norm}(n\_q)} \qquad 2.5$$

Das Volumen einer Pyramide mit der Grundfläche G und der Höhe h wird berechnet durch die Formel $V = \frac{1}{3} \cdot G \cdot h$; der Flächeninhalt eines Quadrates mit der Seitenlänge a durch die Formel $A = a^2$.

Mit a = 5 und h = 2,5 erhält man als Volumen:

$$V = \frac{1}{3} \cdot 5^2 \cdot 2{,}5 = \frac{125}{6} = 20{,}8\overline{3}\,[\text{VE}]$$

Der geheime Code lautet 208.

c) (1) Berechnen der Seitenlängen des Dreiecks ergibt:

$$|\overline{IK}| = |\overrightarrow{IK}| = \left|\begin{pmatrix}6\\5\\1\end{pmatrix} - \begin{pmatrix}4\\3\\2\end{pmatrix}\right| = \left|\begin{pmatrix}2\\2\\-1\end{pmatrix}\right|$$

$$= \sqrt{4+4+1} = 3\,[\text{LE}]$$

$$|\overline{JK}| = |\overrightarrow{JK}| = \left|\begin{pmatrix}6\\5\\1\end{pmatrix} - \begin{pmatrix}8\\6\\-1\end{pmatrix}\right| = \left|\begin{pmatrix}-2\\-1\\2\end{pmatrix}\right|$$

$$= \sqrt{4+1+4} = 3\,[\text{LE}]$$

$oi := \begin{bmatrix}4\\3\\2\end{bmatrix} : oj := \begin{bmatrix}8\\6\\-1\end{bmatrix} : ok := \begin{bmatrix}6\\5\\1\end{bmatrix}$	$\begin{bmatrix}6\\5\\1\end{bmatrix}$
norm(oi−ok)	3
norm(oj−ok)	3

Die Dreiecksseiten $\overline{IK}$ und $\overline{JK}$ haben die gleiche Länge. Sie sind somit die Schenkel des Dreiecks und die Seite $\overline{IJ}$ ist die Basis des gleichschenkligen Dreiecks.

(2) Die Höhe und die Mittelsenkrechte zur Basis fallen im gleichschenkligen Dreieck zusammen.

Der Ortsvektor des Mittelpunktes M einer Strecke mit den Endpunkten P und Q berechnet sich nach folgender Formel:

$$\vec{m} = \frac{1}{2} \cdot (\vec{p} + \vec{q})$$

Daraus folgt für den Ortsvektor des Mittelpunktes der Strecke $\overline{IJ}$:

$$\vec{m}_{IJ} = \frac{1}{2} \cdot (\vec{i} + \vec{j}) = \frac{1}{2} \cdot \left[\begin{pmatrix}4\\3\\2\end{pmatrix} + \begin{pmatrix}8\\6\\-1\end{pmatrix}\right] = \begin{pmatrix}6\\4{,}5\\0{,}5\end{pmatrix}$$

Die Länge der Höhe h_{IJ} ist gleich dem Abstand des Punktes K vom Mittelpunkt M_{IJ}.

$$|\overline{M_{IK}K}| = |\overrightarrow{M_{IK}K}|$$

$$= \left|\begin{pmatrix}6\\5\\1\end{pmatrix} - \begin{pmatrix}6\\4{,}5\\0{,}5\end{pmatrix}\right| = \left|\begin{pmatrix}0\\0{,}5\\-0{,}5\end{pmatrix}\right|$$

$$= \sqrt{0{,}5} \approx 0{,}7071\,[\text{LE}]$$

$m\_ij := \frac{1}{2} \cdot (oi+oj)$	$\begin{bmatrix}6.\\4.5\\0.5\end{bmatrix}$
norm(ok−m_ij)	0.707107

Der geheime Code ist 707.

(3) (i) Der Punkt P liegt auf der Mittelsenkrechten der Strecke $\overline{IJ}$ und hat vom Mittelpunkt M_{IJ} der Strecke den Abstand 0,707.

Da die Richtung einer Senkrechten zu einer Geraden im Raum nicht eindeutig festgelegt ist, liegen alle Punkte P auf einem Kreis um M_{IJ} mit dem Radius $r = 0{,}707$, dessen Kreisfläche senkrecht zu einer Geraden durch die Punkte I und J steht.

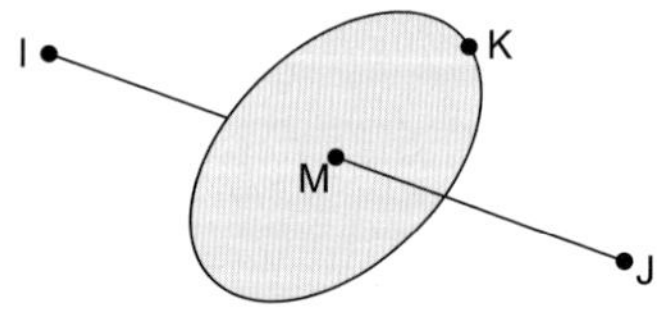

(ii) Für einen Vektor $\vec{v} = \begin{pmatrix} v_1 \\ v_2 \\ v_3 \end{pmatrix}$, der senkrecht zum Richtungsvektor $\overrightarrow{IJ} = \begin{pmatrix} 4 \\ 3 \\ -3 \end{pmatrix}$ der Geraden durch die Punkte I und J steht, gilt:

$$\begin{pmatrix} v_1 \\ v_2 \\ v_3 \end{pmatrix} \circ \begin{pmatrix} 4 \\ 3 \\ -3 \end{pmatrix} = 0 \quad \Leftrightarrow \quad 4v_1 + 3v_2 - 3v_3 = 0$$

Bei dem unterbestimmten Gleichungssystem kann man zwei Variablen beliebig festlegen. Wählt man $v_3 = 0$ und $v_1 = 3$, so ist $v_2 = -4$. Ein möglicher Vektor ist somit:

$$\vec{v} = \begin{pmatrix} 3 \\ -4 \\ 0 \end{pmatrix}$$

Normiert man den Vektor $\vec{v}$ auf die Länge 1 und addiert das 0,707-Fache des normierten Vektors zu den Koordinaten des Mittelpunktes M_{IJ}, so erhält man den Ortsvektor eines Punktes P:

$$\vec{p} = \begin{pmatrix} 6 \\ 4{,}5 \\ 0{,}5 \end{pmatrix} + 0{,}707 \cdot \frac{1}{\left|\begin{pmatrix} 3 \\ -4 \\ 0 \end{pmatrix}\right|} \cdot \begin{pmatrix} 3 \\ -4 \\ 0 \end{pmatrix} = \begin{pmatrix} 6 \\ 4{,}5 \\ 0{,}5 \end{pmatrix} + 0{,}707 \cdot \frac{1}{5} \cdot \begin{pmatrix} 3 \\ -4 \\ 0 \end{pmatrix} \approx \begin{pmatrix} 6{,}42 \\ 3{,}93 \\ 0{,}5 \end{pmatrix}$$

Würde man den Vektor $\vec{v} = \begin{pmatrix} 0 \\ 1 \\ 1 \end{pmatrix}$ als Normalenvektor wählen, würde man die Ortsvektoren der Punkte K und L erhalten.

Alternativ:
Der Punkt P ist ein fester Punkt der Geraden mit der Gleichung

$$\vec{p} = \begin{pmatrix} 6 \\ 4{,}5 \\ 0{,}5 \end{pmatrix} + r_f \cdot \begin{pmatrix} 3 \\ -4 \\ 0 \end{pmatrix}; \; r_f \text{ fest},$$

der vom Mittelpunkt M_{IJ} den Abstand 0,707 hat.

$$|\overrightarrow{M_{IJ}P}|=0,707$$

$$\left|\begin{pmatrix}6\\4,5\\0,5\end{pmatrix}+r_f\cdot\begin{pmatrix}3\\-4\\0\end{pmatrix}-\begin{pmatrix}6\\4,5\\0,5\end{pmatrix}\right|=0,707$$

$$\left|r_f\cdot\begin{pmatrix}3\\-4\\0\end{pmatrix}\right|=0,707$$

$$|r_f|\cdot 5=0,707$$

$$|r_f|=0,1414$$

$$r_{f_1}=-0,1414 \vee r_{f_2}=0,1414$$

Durch Einsetzen von $r_{f_1}=-0,1414$ erhält man als Ortsvektor des Punktes P:

$$\vec{p}=\begin{pmatrix}6\\4,5\\0,5\end{pmatrix}-0,1414\cdot\begin{pmatrix}3\\-4\\0\end{pmatrix}\approx\begin{pmatrix}5,58\\5,07\\0,5\end{pmatrix}$$

Dies ist der Spiegelpunkt des Punktes P aus der 1. Rechnung.

Abiturprüfung 2021 Mathematik Leistungskurs (Nordrhein-Westfalen) Prüfungsteil B – Stochastik B4 (GTR)

Im Jahr 2018 wurden in Nordrhein-Westfalen etwa 390 000 praktische Führerscheinprüfungen abgelegt. Der relative Anteil von bestandenen Prüfungen lag in dem Jahr bei etwa 70 %.
Für eine Fahrschule, in der n praktische Prüfungen durchgeführt werden, beschreibt im Folgenden die Zufallsgröße X jeweils die Anzahl an bestandenen Prüfungen. Es wird vereinfachend angenommen, dass X stets binomialverteilt ist.

Punkte

a) Bei einer Fahrschulkette geht man am Standort Düsseldorf für das Jahr 2021 von insgesamt 250 praktischen Führerscheinprüfungen aus. Im Modell wird angenommen, dass X binomialverteilt mit $p = 0{,}7$ ist.

(1) Ermitteln Sie für die folgenden Ereignisse jeweils die Wahrscheinlichkeit:
E1: „Es werden höchstens 160 praktische Prüfungen bestanden."
E2: „Es werden mehr als 80 % der praktischen Prüfungen bestanden."
E3: „Die Anzahl der bestandenen praktischen Prüfungen ist um fünf größer als der Erwartungswert." 7

(2) (i) Bestimmen Sie die Wahrscheinlichkeit, dass mindestens 165 praktische Prüfungen bestanden werden.
(ii) Ermitteln Sie, wie groß die Zahl k mindestens gewählt werden muss, damit die Wahrscheinlichkeit für mindestens k bestandene praktische Prüfungen kleiner oder gleich 60 % ist. 4

b) Die Fahrschulkette plant für das Jahr 2022 die Eröffnung einer Filiale in Soest. Im Jahr 2022 sollen die ersten praktischen Prüfungen stattfinden. Die Zentrale hat viel Geld in die digitale Ausstattung des Standorts investiert. Sie ist zuversichtlich, dass an dem neuen Standort die Ausbildungsstandards so gut sind, dass im Schnitt mehr als 70 % der praktischen Prüfungen bestanden werden. Um einen Anhaltspunkt dafür zu bekommen, ob die Qualität diesen Erwartungen entspricht, soll die Nullhypothese „Der Anteil der bestandenen praktischen Führerscheinprüfungen liegt bei höchstens 70 %" auf einem Signifikanzniveau von 5 % untersucht werden.

(1) Erläutern Sie, für welchen Fehler die Zentrale mit der Wahl der Nullhypothese die zugehörige Wahrscheinlichkeit klein halten möchte. 2

(2) Die Zentrale geht davon aus, dass 200 Prüfungen im Jahr 2022 abgelegt werden.
Bestimmen Sie die zugehörige Entscheidungsregel. 4

(3) Ermitteln Sie die Wahrscheinlichkeit, dass die Zentrale zu der Einschätzung kommt, dass die Ausbildungsqualität nicht den Erwartungen entspricht, obwohl die Ausbildungsqualität dazu führt, dass jede Prüfung sogar mit einer Wahrscheinlichkeit von 75 % bestanden wird. 3

c) Eine andere Fahrschulkette führt für den Standort Bielefeld eine Prognose für das Jahr 2021 durch. Von der Prognose ist bekannt, dass der zu erwartende Wert an bestandenen praktischen Fahrprüfungen 255 beträgt. Die Standardabweichung liegt bei einem Wert von 6,18.
Berechnen Sie den Stichprobenumfang n und die Wahrscheinlichkeit p einer dazu passenden binomialverteilten Zufallsgröße. 5

Hinweise und Tipps

Teilaufgabe a

In dieser Aufgabenstellung wird die Zufallsvariable X untersucht. Sie gibt die Anzahl der bestandenen praktischen Führerscheinprüfungen pro Jahr an. Die Grundgesamtheit ist $n = 250$ bei einer Bestehenswahrscheinlichkeit von $p = 0{,}7$. Der Einfachheit halber wird vorausgesetzt, dass X binomialverteilt ist.

(1) Berechnen Sie die Wahrscheinlichkeiten mit dem GTR.

Berechnen Sie für E2 zuerst, wie viel 80 % von 250 sind. Verwenden Sie anschließend die Gegenwahrscheinlichkeit.

Ermitteln Sie für E3 zunächst den Erwartungswert $\mu = n \cdot p$. Berechnen Sie dann $P(X = \mu + 5)$.

(2) (i) Berechnen Sie $P(X \geq 165)$ über die Gegenwahrscheinlichkeit $P(X \leq 164)$.

(ii) Ermitteln Sie durch systematisches Probieren einen kleinsten Wert für k, sodass gilt: $P(X \geq k) \leq 0{,}6$

Führen Sie die Berechnung wieder über die Gegenwahrscheinlichkeit durch. Beginnen Sie bei $k = 170$.

Teilaufgabe b

(1) Machen Sie sich zunächst die Bedeutung eines Fehlers 1. und 2. Art deutlich.

Machen Sie sich klar, dass beim Testen von Hypothesen die Nullhypothese H_0 durch Ermittlung eines Annahme- und Ablehnungsbereiches bestätigt oder abgelehnt wird. Dabei kann die Größe des Fehlers 1. Art vorgegeben werden.

Häufig wird die Nullhypothese so gewählt, dass der Fehler 1. Art der „schlimmere“ Fehler ist, den man möglichst klein halten will. Überlegen Sie, welcher Fehler das im Aufgabenkontext sein könnte.

(2) Es handelt sich um einen rechtsseitigen Hypothesentest mit dem Annahmebereich [0; k] und dem Ablehnungsbereich [k + 1; 200].

Der Fehler 1. Art soll höchstens 5 % betragen.

Der Fehler 1. Art liegt vor, wenn die Nullhypothese richtig ist, das Ergebnis aber im Ablehnungsbereich liegt.

Die Lösung der Ungleichung erhalten Sie durch systematisches Probieren mit dem GTR.

Oder

Die Ermittlung von Annahme- und Ablehnungsbereich können Sie mithilfe von σ-Umgebungen um den Erwartungswert μ durchführen. Dazu muss die Laplace-Bedingung erfüllt sein ($\sigma > 3$).

Für $\alpha = 5\ \%$ gilt: $P(X \leq \mu + 1{,}64\sigma) \approx 0{,}95$

(3) Gesucht ist die Wahrscheinlichkeit, dass das Ergebnis im Annahmebereich der Nullhypothese liegt, unter der Bedingung, dass $p = 0{,}75$ gilt.

Teilaufgabe c

Aus dem Aufgabenkontext ergeben sich zwei Gleichungen für den Erwartungswert und die Standardabweichung.

Aus diesen zwei Gleichungen lassen sich die gesuchten Werte für p und n berechnen.

Lösung

a) Die Zufallsgröße X gibt die Anzahl der bestandenen praktischen Führerscheinprüfungen an. Es wird angenommen, dass X binomialverteilt ist mit $p = 0{,}7$ und $n = 250$.

(1) Für das Ereignis E1 gilt:

$P_{250;\,0,7}(X \le 160) \approx 0{,}0240 = 2{,}4\ \%$

binomCdf(250,0.7,160)	0.024034

Für das Ereignis E2 wird zunächst berechnet, wie viel 80 % von 250 sind:
$80\ \% \cdot 250 = 0{,}8 \cdot 250 = 200$

Damit gilt:

$$\begin{aligned} P_{250;\,0,7}(X > 200) &= P_{250;\,0,7}(X \ge 201) \\ &= 1 - P_{250;\,0,7}(X \le 200) \\ &\approx 0{,}0001 \\ &= 0{,}01\ \% \end{aligned}$$

1−binomCdf(250,0.7,200)	0.00013

Für das Ereignis E3 wird zuerst der Erwartungswert berechnet:
$\mu = n \cdot p = 250 \cdot 0{,}7 = 175$

Damit gilt:

$P_{250;\,0,7}(X = 180) \approx 0{,}0441 = 4{,}41\ \%$

binomPdf(250,0.7,180)	0.04409

(2) (i) Zu bestimmen ist die folgende Wahrscheinlichkeit:

$$\begin{aligned} &P_{250;\,0,7}(X \ge 165) \\ &= 1 - P_{250;\,0,7}(X \le 164) \\ &\approx 0{,}9251 \\ &= 92{,}51\ \% \end{aligned}$$

1−binomCdf(250,0.7,164)	0.925067

(ii) Es wird der kleinste Wert von k gesucht, für den die folgende Ungleichung erfüllt ist:

$$\begin{aligned} P_{250;\,0,7}(X \ge k) \le 0{,}6 = 60\ \% \quad &\Leftrightarrow \quad 1 - P_{250;\,0,7}(X < k) \le 0{,}6 \\ &\Leftrightarrow \quad 1 - P_{250;\,0,7}(X \le k-1) \le 0{,}6 \\ &\Leftrightarrow \quad P_{250;\,0,7}(X \le k-1) \ge 0{,}4 \end{aligned}$$

Durch systematisches Probieren mit dem GTR erhält man:

$P_{250;\,0,7}(X \le 172) \approx 0{,}3620$

$P_{250;\,0,7}(X \le 173) \approx 0{,}4146$

binomCdf(250,0.7,172)	0.362031
binomCdf(250,0.7,173)	0.414586

Der Wert von $k - 1$ muss mindestens 173 betragen. Also muss der Wert von k mindestens 174 sein.

b) (1) Grundlage eines Hypothesentests ist die Nullhypothese H_0, welche abgelehnt oder angenommen werden soll. Sie steht im Gegensatz zur Alternativhypothese H_1, die bei Ablehnung von H_0 angenommen wird. Beim Testen von Hypothesen können zwei Arten von Fehlern auftreten:

Fehler 1. Art: Die Nullhypothese H_0 ist richtig, das Versuchsergebnis liegt aber im Ablehnungsbereich von H_0. H_0 wird abgelehnt, obwohl H_0 richtig ist. Der Fehler 1. Art kann über das Signifikanzniveau gesteuert werden.

Fehler 2. Art: Die getestete Hypothese H_0 ist falsch, das Versuchsergebnis liegt aber im Annahmebereich von H_0. H_0 wird nicht verworfen, obwohl H_0 falsch ist.

Die Wahl von Null- und Alternativhypothese hängt stark vom Sachzusammenhang ab. Häufig wählt man die Nullhypothese so, dass der Fehler 1. Art der „schlimmere" Fehler ist, den man nach Möglichkeit vermeiden möchte. Über die Vorgabe des Signifikanzniveaus lässt sich dieser Fehler klein halten.

Wählt man H_0: $p \le 0{,}7$, dann bedeutet der Fehler 1. Art:
$p \le 0{,}7$ ist richtig, wird aber abgelehnt.
Die Zentrale geht irrtümlich davon aus, dass mehr Fahrschüler die praktische Prüfung bestehen, als das in Wirklichkeit der Fall ist. Diese Situation will man nach Möglichkeit vermeiden und legt fest, dass dieser Fehler kleiner als 5 % sein soll.

(2) Zu ermitteln ist der Annahme- und Ablehnungsbereich für die Nullhypothese
H_0: $p \le 0{,}7$
bei einem Stichprobenumfang von $n = 200$ und einem Signifikanzniveau von $\alpha = 5\,\%$.

Für den Annahmebereich gilt: [0; k]
Für den Ablehnungsbereich gilt: [k + 1; 200]

Die Wahrscheinlichkeit, dass das Ergebnis im Ablehnungsbereich liegt, die Nullhypothese aber richtig ist, soll kleiner als 5 % sein. Es soll daher gelten:
$P_{250;\,0,7}(X \ge k+1) \le 0{,}05$

Durch systematisches Probieren mit dem GTR erhält man:

binomCdf(200,0.7,151,200)	0.050592
binomCdf(200,0.7,152,200)	0.035948

$P_{250;\,0,7}(X \ge 151) \approx 0{,}0506 \ge 0{,}05$
$P_{250;\,0,7}(X \ge 152) \approx 0{,}0359 \le 0{,}05$

Die Ungleichung ist also für $k + 1 = 152$ zum ersten Mal erfüllt. Demnach gilt:
Annahmebereich: [0; 151]
Ablehnungsbereich: [152; 200]

Die Nullhypothese wird daher abgelehnt, wenn mindestens 152 Prüfungen von den insgesamt 200 abgelegten Prüfungen bestanden werden.

Alternativ:
Annahme- und Ablehnungsbereich lassen sich bei Erfüllung der Laplace-Bedingung mithilfe von σ-Umgebungen bestimmen.

Es handelt sich um einen rechtsseitigen Hypothesentest. Die 1,64σ-Umgebung führt im Ablehnungsbereich zu einem Signifikanzniveau von 5 %:
$P(X \le \mu + 1{,}64\sigma) \approx 0{,}95$

Für den Erwartungswert und die Standardabweichung gilt:
$\mu = n \cdot p = 200 \cdot 0{,}7 = 140$

$\sigma = \sqrt{n \cdot p \cdot (1-p)} = \sqrt{200 \cdot 0{,}7 \cdot 0{,}3} \approx 6{,}48$ (> 3, Laplace-Bedingung erfüllt)

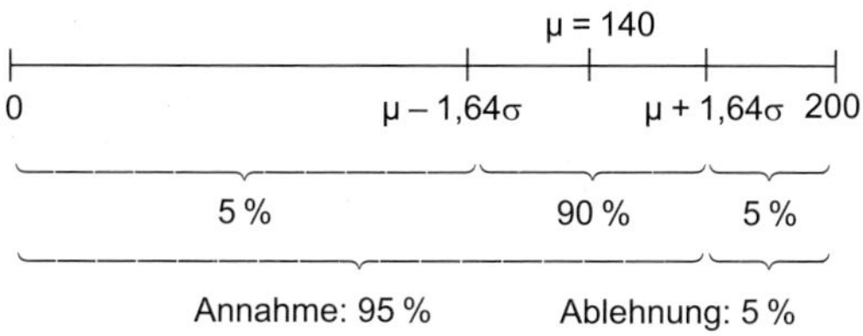

Damit ergibt sich:
$\mu + 1{,}64\sigma = 140 + 1{,}64 \cdot 6{,}48 \approx 150{,}63$
Damit ergibt sich [0; 150] als Annahme- sowie [151; 200] als Ablehnungsbereich der Nullhypothese H_0: $p \le 0{,}7$.

Die Abweichungen beim Annahme- und Ablehnungsbereich im Vergleich zur vorherigen Berechnung entstehen dadurch, dass mit den σ-Regeln nur Näherungswerte berechnet werden.

(3) Die Zentrale kommt zu der Einschätzung, dass die Ausbildungsqualität nicht den Erwartungen entspricht, wenn das Ergebnis im Annahmebereich von H_0 liegt, also aus dem Intervall [0; 151] stammt.
Die Wahrscheinlichkeit hierfür ist mit $p = 0{,}75$:
$P_{200;\,0{,}75}(X \le 151) \approx 0{,}5917$

binomCdf(200,0.75,151) 0.591722

Alternativ:
Für das Intervall [0; 150] gilt:
$P_{200;\,0{,}75}(X \le 150) \approx 0{,}5271$

binomCdf(200,0.75,150) 0.527124

c) Aus dem Aufgabenkontext ergeben sich die folgenden beiden Gleichungen:
(i) $\mu = p \cdot n = 255$ (Erwartungswert)
(ii) $\sigma = \sqrt{n \cdot p \cdot (1-p)} = 6{,}18$ (Standardabweichung)

Gleichung (i) wird zu $n = \frac{255}{p}$ umgeformt und in Gleichung (ii) eingesetzt:

$$\sqrt{\frac{255}{p} \cdot p \cdot (1-p)} = \sqrt{255 \cdot (1-p)} = 6{,}18 \quad \Leftrightarrow \quad 255(1-p) = 6{,}18^2 \quad \Rightarrow \quad p \approx 0{,}85$$

Einsetzen in Gleichung (i) ergibt:

$$n = \frac{255}{0{,}85} = 300$$

Abiturprüfung 2021 Mathematik Leistungskurs (Nordrhein-Westfalen)
Prüfungsteil B – Analysis B5 (GTR/CAS)

Die Abbildung zeigt modellhaft den Längsschnitt einer dreiteiligen Brücke aus Holz für eine Spielzeugeisenbahn. Die Züge können sowohl über die Brücke fahren als auch darunter hindurch.

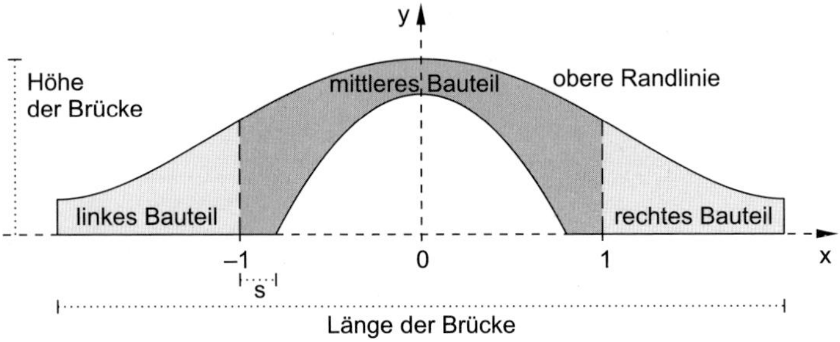

Abbildung

Die obere Randlinie des Längsschnitts der Brücke kann mithilfe des achsensymmetrischen Graphen der in $\mathbb{R}$ definierten Funktion f mit $f(x) = \frac{1}{20}x^4 - \frac{2}{5}x^2 + 1$ beschrieben werden.
Dabei werden die Endpunkte dieser Randlinie durch die beiden Tiefpunkte des Graphen von f dargestellt. Im verwendeten Koordinatensystem beschreibt die x-Achse die Horizontale; eine Längeneinheit entspricht einem Dezimeter in der Realität.

Punkte

a) Bestimmen Sie rechnerisch die Höhe und die Länge der Brücke.
[Kontrolllösung: Ein Tiefpunkt des Graphen von f hat die x-Koordinate 2.] 5

b) Betrachtet wird derjenige Punkt der oberen Randlinie, der sich am Übergang vom mittleren zum rechten Bauteil befindet.
Prüfen Sie, ob dieser Punkt auf halber Höhe zwischen dem höchsten Punkt der oberen Randlinie und deren rechtem Endpunkt liegt. 3

c) Bestimmen Sie die größte Steigung der Brücke, die beim Überfahren zu überwinden ist. 2

Der parabelförmige Teil der unteren Randlinie des Längsschnitts der Brücke kann mithilfe des Graphen einer in $\mathbb{R}$ definierten Funktion q_a mit $q_a(x) = 0{,}8 - a \cdot x^2$ mit $a \in \mathbb{R}$, $a > 0$ beschrieben werden.

d) In der Abbildung ist die Länge einer der beiden Bodenflächen des mittleren Bauteils mit s bezeichnet.
Bestimmen Sie alle Werte von a, die für diese Länge mindestens 0,1 dm liefern. 4

e) Begründen Sie im Sachzusammenhang, dass für die Beschreibung der unteren Randlinie beliebig große Werte von a nicht infrage kommen. 2

f) Für die Brücke gilt $a = 1{,}25$. Die drei Bauteile der Brücke werden aus massivem Holz hergestellt; 1 dm^3 des Holzes hat eine Masse von 800 Gramm. Die Brücke ist 0,4 dm breit.
Ermitteln Sie die Masse des mittleren Bauteils. 5

Während der Planung der Brückenform kamen zur Beschreibung der oberen Randlinie für das linke Bauteil eine Funktion g_ℓ und für das rechte Bauteil eine Funktion g_r infrage. Auch bei Verwendung dieser Funktionen wäre die obere Randlinie achsensymmetrisch gewesen.

g) Entscheiden Sie jeweils begründet, welche der folgenden Eigenschaften auf die Funktionen g_ℓ und g_r zutreffen.

(1) $-g_\ell(x) = g_r(-x)$ für $-2 \leq x \leq -1$

(2) $g_\ell(x-1) = g_r(-x+1)$ für $-1 \leq x \leq 0$ 4

Hinweise und Tipps

Teilaufgabe a

- Bestimmen Sie mithilfe der Ableitungen von f den Hoch- und die Tiefpunkte des Graphen.
- Die notwendige Bedingung für eine Extremstelle lautet: $f'(x)=0$
- Die hinreichende Bedingung für ein Minimum lautet: $f'(x)=0$ und $f''(x)>0$
  Die hinreichende Bedingung für ein Maximum lautet: $f'(x)=0$ und $f''(x)<0$
- Beachten Sie, dass für die Höhe der Brücke die y-Koordinate des Hochpunktes berechnet werden muss.
- Die Länge der Brücke erhalten Sie durch die beiden x-Koordinaten der Tiefpunkte.

Teilaufgabe b

- Bestimmen Sie die y-Koordinate des beschriebenen Punktes.
- Berechnen Sie mit den y-Koordinaten des Hoch- und Tiefpunktes die halbe Höhe zwischen dem höchsten und dem tiefsten Punkt.
- Vergleichen Sie diese „halbe Höhe“ mit f(1).

Teilaufgabe c

- Analysieren Sie mithilfe des CAS/GTR den Graphen der Ableitungsfunktion f'.
- Die größte Steigung findet man im Maximum von f'.

Teilaufgabe d

- Die Länge von s wird durch die Nullstelle der Funktion q_a bestimmt.
- Überlegen Sie, welchen Wert die Nullstelle x_0 von q_a haben muss, damit $s=0{,}1$ dm.
- Ermitteln Sie mithilfe der Gleichung $q_a(x_0)=0$ den Wert für a.
- Der Graph von q_a ist eine nach unten geöffnete Parabel. Je größer der Wert von a, umso schmaler wird die Parabel, desto größer wird auch die Länge von s.

Teilaufgabe e

- Je größer der Wert von a, umso schmaler wird die Parabel.
- Beachten Sie, dass ein Zug unter der Brücke hindurchfahren muss.

Teilaufgabe f

- Bestimmen Sie mithilfe der beiden Funktionen f und $q_{1,25}$ die Längsschnittfläche (dunkelgrau) des mittleren Bauteils.
- Dazu muss die Fläche unterhalb des Graphen von f im Intervall [–1; 1] und die Fläche unterhalb des Graphen von $q_{1,25}$ zwischen den Nullstellen berechnet werden.

- Das Volumen des Bauteils (in dm^3) berechnet sich durch:
  $V_{\text{mittleres Bauteil}} = \text{Fläche} \cdot \text{Breite der Brücke}$
- Vergessen Sie nicht, die Masse des Bauteils zu berechnen.

Teilaufgabe g

- Für die Punktsymmetrie eines Graphen zum Ursprung gilt: $-f(x) = f(-x)$
- Für die Achsensymmetrie eines Graphen zur y-Achse gilt: $f(x) = f(-x)$
- Ferner gilt: $-x + 1 = -(x - 1)$

Lösung

a) Mithilfe der Ableitungen f' und f'' können mögliche Extremstellen bestimmt werden.

$f'(x) = \frac{1}{5}x^3 - \frac{4}{5}x$

$f''(x) = \frac{3}{5}x^2 - \frac{4}{5}$

Notwendige Bedingung für Extremstellen: $f'(x) = 0$:

$$
\begin{aligned}
& f'(x) = 0 \\
\Leftrightarrow\quad & \frac{1}{5}x^3 - \frac{4}{5}x = 0 \\
\Leftrightarrow\quad & \frac{1}{5}x(x^2 - 4) = 0 \\
\Leftrightarrow\quad & x_1 = 0 \vee x^2 - 4 = 0 \\
\Leftrightarrow\quad & x_1 = 0 \vee x_2 = 2 \vee x_3 = -2 \text{ sind mögliche Extremstellen}
\end{aligned}
$$

Hinreichende Bedingung für die Extremstelle: $f'(x) = 0$ und $f''(x) \neq 0$

$f''(0) = -\frac{4}{5} < 0$

Daraus folgt, dass bei $x_1 = 0$ ein Hochpunkt des Graphen von f vorliegt.

$f''(2) = f''(-2) = \frac{8}{5} > 0$

Daraus folgt, dass bei $x_2 = 2$ und $x_3 = -2$ die Tiefpunkte des Graphen von f vorliegen.

Alternativ:
Hinreichende Bedingung für Extremstellen: $f'(x) = 0$ und f' hat an der möglichen Extremstelle einen Vorzeichenwechsel.

$f'(-1) = \frac{3}{5} > 0$ und $f'(1) = -\frac{3}{5} < 0 \Rightarrow$ Vorzeichenwechsel

Daraus folgt, dass bei $x_1 = 0$ ein Hochpunkt des Graphen von f vorliegt.

$f'(-3) = -3 < 0$ und $f'(-1) = \frac{3}{5} > 0 \Rightarrow$ Vorzeichenwechsel

$f'(1) = -\frac{3}{5} < 0$ und $f'(3) = 3 > 0 \Rightarrow$ Vorzeichenwechsel

Daraus folgt, dass bei $x = 2$ und $x = -2$ die Tiefpunkte des Graphen von f vorliegen.

Die Höhe der Brücke ergibt sich aus der y-Koordinate des Hochpunktes. Aus $f(0) = 1$ ergibt sich eine Höhe von 1 dm.
Die Länge der Brücke erhält man aus dem Abstand der x-Koordinaten der beiden Tiefpunkte. Die Brücke ist damit 4 dm lang.

b) Der Punkt der oberen Randlinie, der sich am Übergang vom mittleren zum rechten Bauteil befindet, berechnet sich durch:

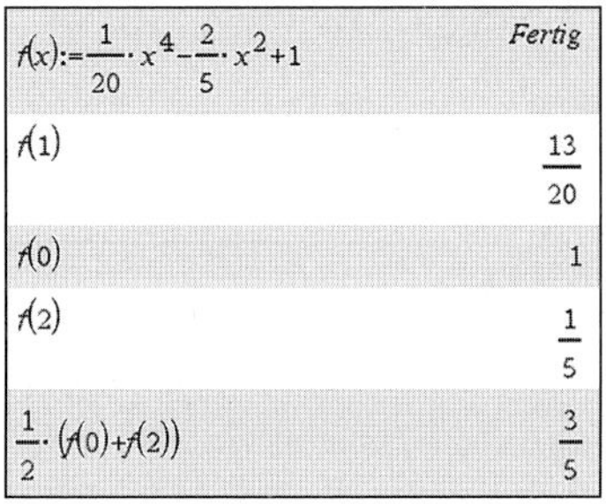

$f(1)=\frac{13}{20}$

Für den höchsten Punkt gilt $f(0)=1$ und für den tiefsten Punkt gilt:

$f(2)=\frac{1}{5}$

Für die halbe Höhe zwischen dem höchsten und dem tiefsten Punkt gilt:

$\frac{1}{2}\cdot(f(0)+f(2))=\frac{3}{5}$

Ein Vergleich der Werte ergibt:

$\frac{13}{20}\neq\frac{3}{5}$

Der Punkt der oberen Randlinie, der sich am Übergang vom mittleren zum rechten Bauteil befindet, liegt nicht auf halber Höhe zwischen dem höchsten Punkt der oberen Randlinie und deren rechtem Endpunkt.

c) Die größte Steigung entspricht dem Maximum von f' im Intervall [–2; 2].

Analysiert man den Verlauf der Graphen von f' mit dem CAS/GTR im Intervall [–2; 2], so liefert dieser näherungsweise den Punkt $(-1{,}15\,|\,0{,}616)$ als Hochpunkt von f'.

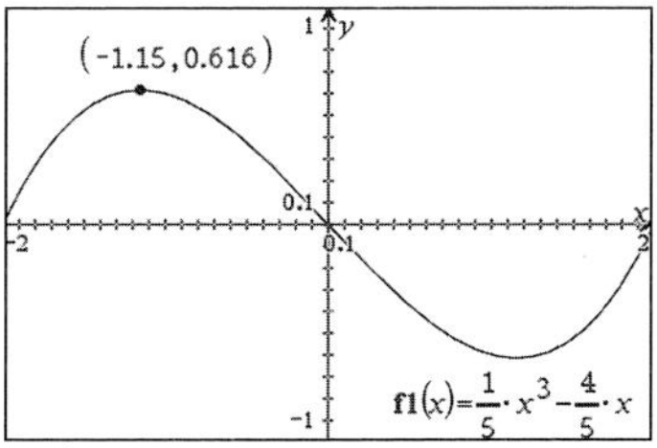

An der Stelle $x=-1{,}155$ liegt damit eine maximale Steigung im betrachteten Intervall [–2; 2] vor. Die maximale Steigung beträgt $f'(-1{,}155)\approx 0{,}616$.

Es ist damit eine maximale Steigung von 0,616 zu überwinden.

d) Anhand der Abbildung erkennt man, dass für die Länge der Bodenfläche s gilt: $s=0{,}1$, wenn die Nullstelle von q_a bei $x=-0{,}9$ [bzw. bei 0,9] liegt.

Einsetzen von $x=-0{,}9$ in q_a ergibt:

$$q_a(-0{,}9)=0{,}8-a\cdot 0{,}81=0 \quad\Leftrightarrow\quad a=\frac{0{,}8}{0{,}81}=\frac{80}{81}\approx 0{,}988$$

Für $a\in\mathbb{R}$, $a>0$ ist der Graph von q_a eine nach unten geöffnete Parabel. Wird der Wert von a vergrößert, so wird der Abstand der beiden Nullstellen kleiner und somit die Länge s größer.

Also ist für $a\geq 0{,}988$ die Länge s mindestens 0,1 dm lang.

e) Je größer der Wert von a ist, desto schmaler wird der Graph von q_a und damit die Durchfahrt der Brücke.
Wird der Wert von a zu groß, kann kein Zug mehr hindurchfahren.

f) Um das gesamte Volumen des mittleren Bauteils zu bestimmen, muss die Längsschnittfläche $A_{\text{mittleres Bauteil}}$ berechnet werden.

Dazu muss man die Fläche unterhalb des Graphen von f im Intervall [–1; 1] ermitteln. Davon wird die Fläche des Graphen von $q_{1,25}$ innerhalb der Nullstellen von $q_{1,25}$ subtrahiert.

Die Nullstellen ergeben sich aus:

$$q_{1,25}(x) = 0 \quad \Leftrightarrow \quad 0{,}8 - 1{,}25x^2 = 0$$
$$\Leftrightarrow \quad x^2 = \frac{0{,}8}{1{,}25} = 0{,}64$$
$$\Leftrightarrow \quad x = 0{,}8 \vee x = -0{,}8$$

Mit dem CAS/GTR erhält man:

$$\int_{-1}^{1} f(x)\,dx - \int_{-0,8}^{0,8} q_{1,25}(x)\,dx = 0{,}9$$

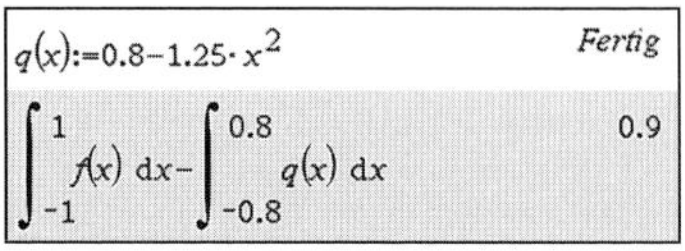

Damit beträgt die Längsschnittfläche $A_{\text{mittleres Bauteil}} = 0{,}9\ \text{dm}^2$.

Das Volumen des Bauteils berechnet sich durch:

$$V_{\text{mittleres Bauteil}} = A_{\text{mittleres Bauteil}} \cdot \text{Breite der Brücke}$$
$$= 0{,}9\ \text{dm}^2 \cdot 0{,}4\ \text{dm}$$
$$= 0{,}36\ \text{dm}^3$$

Für die gesuchte Masse ergibt sich:

$$0{,}36\ \text{dm}^3 \cdot 800\,\frac{\text{g}}{\text{dm}^3} = 288\ \text{g}$$

Die Masse des mittleren Bauteils beträgt 288 g.

g) (1) Durch die Gleichung wird eine Punktsymmetrie zum Ursprung der Graphen von g_ℓ und g_r in den Intervallen [–2; –1] und [1; 2] beschrieben.
Anhand der Abbildung erkennt man, dass die Graphen aber nicht punktsymmetrisch zum Ursprung sind. Daher ist die Eigenschaft falsch.

(2) Durch die Gleichung wird eine Achsensymmetrie zur y-Achse der Graphen g_ℓ und g_r in den Intervallen [–2; –1] und [1; 2] beschrieben.
Dies passt zur beschriebenen Bedingung für die obere Randlinie, daher ist die Eigenschaft richtig.

Abiturprüfung 2022 Mathematik Leistungskurs (Nordrhein-Westfalen)
Prüfung 2022

Um Ihnen die Prüfung 2022 schnellstmöglich zur Verfügung stellen zu können, bringen wir sie in digitaler Form heraus.

Sobald die Original-Prüfungsaufgaben 2022 freigegeben sind, können sie als PDF auf der Plattform **MyStark** heruntergeladen werden (Zugangscode vgl. Farbseiten vorne im Buch).

Prüfung 2022

www.stark-verlag.de/mystark